国家社会科学基金项目（22BGL198）成果

"双碳"目标下企业和消费者行为改变的激励机制研究

Research on Incentive Mechanisms for Changes in Enterprises and Consumers'
Behavior under Carbon Peaking and Carbon Neutrality Goals

◎余绍黔　陈新宇　著

中国矿业大学出版社

China University of Mining and Technology Press

·徐州·

图书在版编目（CIP）数据

"双碳"目标下企业和消费者行为改变的激励机制研究 / 余绍黔，陈新宇著 . — 徐州：中国矿业大学出版社，2025.3. — ISBN 978-7-5646-6430-5

I. TK01；F279.23；F723.55

中国国家版本馆 CIP 数据核字第 20240YN205 号

书　　名	"双碳"目标下企业和消费者行为改变的激励机制研究
	Shuangtan Mubiao xia Qiye he Xiaofeizhe Xingwei Gaibian de Jili Jizhi Yanjiu
著　　者	余绍黔　陈新宇
责任编辑	赵　雪　章　毅
出版发行	中国矿业大学出版社有限责任公司
	（江苏省徐州市解放南路　邮编 221008）
营销热线	（0516）83885370　83884103
出版服务	（0516）83995789　83884920
网　　址	http://www.cumtp.com　E-mail：cumtpvip@cumtp.com
印　　刷	湖南省众鑫印务有限公司
开　　本	710 mm×1000 mm　1/16　印张 16.5　字数 266 千字
版次印次	2025 年 3 月第 1 版　2025 年 3 月第 1 次印刷
定　　价	98.00 元

（图书出现印装质量问题，本社负责调换）

余绍黔 湖南工商大学计算机学院二级教授，湖南省新零售虚拟现实技术重点实验室主任，湖南省大数据与人工智能现代产业学院院长，湖南工商大学物联网与网络空间安全研究院院长；湖南工商大学电子信息专业硕士学位点负责人，信息管理与信息系统国家一流专业建设点负责人，机器人工程专业负责人。近年来，主持完成国家社科课题2项、教育部人文社科课题1项、湖南省自然科学基金课题1项、湖南省科技计划项目2项、湖南省社科基金课题2项，参与科技部重点研发项目2项，发表论文近30篇，出版学术专著5部，获得国家发明专利9项。与京东共建了智慧物流实验室，与腾讯开展了校企合作人才培养。在智慧零售、消费行为分析和生成式人工智能等方面都积累了一些成果。

陈新宇 现就读于湖南工商大学前沿交叉学院，硕士研究生，本科毕业于长沙理工大学工程管理专业，主要研究方向为低碳供应链管理，曾参与国家社会科学基金项目1项，获研究生数学建模竞赛国家二等奖1项。

前　言

　　力争2030年前实现碳达峰、2060年前实现碳中和，是以习近平同志为核心的党中央经过深思熟虑做出的重大战略决策，也是我们对国际社会的庄严承诺，也标志着我国在实现产业转型升级、推动高质量发展的道路上迈出了坚实的一步。2022年10月，习近平总书记在党的二十大报告中明确指出：我们要加快发展方式绿色转型，实施全面节约战略，发展绿色低碳产业，倡导绿色消费，推动形成绿色低碳的生产方式和生活方式。实现碳达峰、碳中和（简称"双碳"）是一场广泛而深刻的经济社会系统性变革，需要付出长期而艰巨的努力，这要求国家不仅要加强科技创新，提高能源利用效率，降低碳排放强度，还要深化产业结构调整，推动传统产业转型升级，培育壮大绿色低碳新兴产业。

　　2023年我国社会消费品零售总额为471 495亿元，同比增长7.2%。但是在低碳产品消费市场领域，一方面我国居民炫耀性消费盛行，泛物质传媒宣传泛滥，缺乏低碳产品消费优惠政策，经济社会还没有形成低碳产品的消费习惯和氛围，使得消费者的低碳购买意愿不强；另一方面目前消费市场的大部分商品还没有低碳产品标识，又罕见低碳产品配套生产环节的激励或约束政策，使得低碳产品的生产成本和零售价格都没有优势，导致零售企业缺乏低碳产品的经营主动性，制造企业也没有生产的积极性。因此，如何带动低碳产品的消费者购买行为？如何提高零售企业低碳产品的营销主动性？如何激发制造企业低碳产品的生产积极性？这些都是实现绿色低碳消费亟待解决的重要问题。

　　当前，我国政府的减排激励与约束政策主要聚焦于制造企业，而制造企业又缺乏与零售企业分享减排效益的路径，且我国零售企业规模巨大，如何激发零售企业低碳营销的积极性至关重要。如何通过零售企业的积极宣传和推荐，实现低碳商品零售占比的提升，有效提高消费者对低碳产品的购买意愿，进而形成低碳消费者、零售企业与制造企业的协同减排良性循环激励机制，将具有十分重要的意义。

在"双碳"目标背景下，本书致力于深入探索零售消费领域的低碳转型路径，以零售企业、生产企业以及消费者作为核心研究对象，系统性地展开对企业与消费者低碳行为的分析研究。研究过程中我们广泛搜集并整理了相关企业与消费者的数据资料及深度访谈记录，以低碳零售企业作为切入点，进而运用相关性分析方法，深入探讨了低碳政策、零售企业以及消费者三者之间的内在联系与相互作用。同时本书进一步聚焦消费者、零售企业与制造企业，系统研究了适用于各主体层面的低碳激励措施，重点考虑了供应链激励与协调、制造企业与零售企业的成本共担契约构建、政府精准奖惩下网络交易平台碳排放监管以及借助网络交易平台信息化优势开展低碳消费积分激励措施等核心问题，为推动我国零售消费领域的低碳化转型政策的制定提供了科学依据与实践指导。

本书的突出创新点是构建了企业和消费者低碳行为分析模型，并进行了深入的减排路径决策分析。本书认为通过广泛的社会宣传和有效的激励政策，可以显著改变消费者的高碳消费习惯与文化倾向，进而在零售企业的积极引导下，消费者的低碳行为改变能够有效地推动低碳减排。本书还深入探索了低碳消费者心理效应的作用机制，将其与零售企业的低碳营销效果紧密关联，从而跨越消费行为心理学与低碳行为管理学的学科界限，开展了跨学科的交叉研究。此外，本书将消费效用理论与零售企业的数据分析方法相结合，开创性地将效用理论应用于零售渠道的营运效果分析之中。这一研究路径不仅深化了对零售企业运营效果的理解，也为低碳零售策略的制定与实施提供了坚实的理论基础与实证支持。

全书共八章。第一章介绍了研究背景、研究意义和国内外研究现状，剖析了企业与消费者在实践降碳行动中面临的现状与挑战以及零售渠道在推动降碳进程中展现的发展趋势；阐明了开展企业和消费者低碳行为分析、低碳行为激励机制研究的重要理论意义以及为企业制定低碳营销措施提供决策分析方法、为政府制定低碳激励政策提供决策理论依据的现实价值。第二章主要介绍了相关研究理论与方法，分别详细阐述了"双碳"目标下碳排放与碳约束理论、计划行为理论、消费者效用理论、演化博弈理论、斯塔克尔伯格博弈理论、决策理论与方法的主要概念、理论应用场景以及在本书中的应用。第三章重点探索了供应链激励与协调、制造企业与零售企业的成本共担契约构建问题。第四章重点研究了政府精准奖惩政策下对网络交易平台碳排放监管以及网络交易平台和零售企业协同降碳策略问题。第五章进行了对企业和消费者低碳行为的调查研究分析，研究了制造商、零售商、消费者的低碳行为交互机制。第六章开展了基于网络交易平台的个人低碳消费积分降碳激励机制研究。第七章分析了"双碳"目标下零售消费领域降碳激励和约束政策的开展情况。第八章对全书进行了总结概括，并展望今后的研究方向。

本书的撰写得到了刘长石教授等的大力支持。刘芳钊、唐江婧等研究生参与了本书的撰写和相关科研工作，在此表示由衷的谢意。由于笔者水平有限，书中难免存在疏漏之处，敬请读者批评指正！

2024年9月15日

目　录

第一章 绪 论

第一节 研究背景与意义

一、研究背景

（一）"双碳"目标下企业和消费者的降碳现状及困境

1. 我国节能减排的现状

随着全球能源消耗的不断增加和气候变化的日益严重，节能减排已成为我国和全球的重要议题。近年来，我国在节能减排领域取得了显著的进展，不仅为应对气候变化做出了积极贡献，也在转型升级、可持续发展等方面迈出了坚实的步伐。我国在能源结构调整方面取得了突破。过去，我国的能源主要依赖于煤炭，导致了严重的环境污染和碳排放[①]。随着清洁能源的发展，我国逐渐加大了对可再生能源如风能、太阳能和水能的投资，减少了对传统煤炭的依赖。同时，核能、天然气等清洁能源也得到了推广，使能源结构更加多元化，有助于降低碳排放。在工业和交通领域也采取了一系列的节能减排措施。通过推广先进的生产技术和装备，我国工业部门降低了能源消耗和废物排放。智能制造、循环经济等概念也得到了推广，促使工业生产更加高效和环保。在交通领域，加强了公共交通的建设，推动了新能源汽车的普及，并且加强了对传统燃油车辆的排放标准，减少了尾气排放对空气质量的影响[②]。《能源发展战略行动计划（2014—2020年）》等政策文件明确提出了减少碳排放的目标，并制定了相应的措施。碳市场的建设也在逐步推

[①] 章大林，周鹏飞."双碳"政策感知对居民绿色消费意愿的影响研究：基于绿色信任的中介作用 [J]. 中国商论，2022（22）：86-88.

[②] 海骏娇，王振. 全球双碳战略的形势走向与国别模式 [J]. 国外社会科学前沿，2022（11）：47-66.

进，企业通过购买和出售碳配额来实现碳排放的控制。此外，能源税制的改革和激励机制的建立，也为企业和个人减少能源消耗提供了经济支持。

虽然我国在节能减排领域已经采取多种措施，取得了较好的节能减排效果，但是还面临如下一些挑战。一方面，能源消费仍然过于依赖传统的化石燃料，清洁能源的比例仍相对较低。另一方面，一些地方和企业在实际操作中对节能减排的重视程度不够，导致执行不力[①]。同时，能源消费的结构仍存在问题，高能耗、高排放的行业仍在增长。为了实现可持续发展和应对气候变化，我国需要进一步加强清洁能源的发展和应用，推动工业和交通的绿色转型，加强政策法规的执行和监管力度以及提高公众对节能减排重要性的认识。通过综合努力，我国将能够在节能减排领域取得更大的成就，为全球可持续发展贡献更多力量。

2. "双碳"目标下我国零售业的降碳困境

中央财经委员会第九次会议提出了倡导绿色低碳生活的建议，强调实现"双碳"需要生产者和消费者共同努力。简约、适度的生活方式被视为一种可行的实践方式，可以让绿色低碳生活方式成为新的时尚[②]。居民消费的统计指标涵盖了衣食住行、文化教育、娱乐等八个类别。

绿色发展的必经之路是要大力推动实施绿色、节约、可持续、低碳消费等理念，也是相关领域专家的一致观点。1992年，联合国环境与发展大会通过的《21世纪议程》认为，"全球环境持续恶化的根源"是"不可持续的生产方式与消费模式"。1994年，联合国环境规划署发布的《可持续消费的政策因素》报告，将可持续消费的内涵界定为："提供相关产品与服务以满足人类的基本需求，提高生活质量，同时使自然资源和有毒材料的使用量最少，使产品或服务生命周期中所产生的废物和污染物最少，从而不危及后代的需求"。国内学者还依据可持续发展的定义方式，"将可持续消费定义为既能满足当代人消费发展需要而又不对后代人满足

---

① 李政，张东杰，潘玲颖，等．"双碳"目标下我国能源低碳转型路径及建议 [J]. 动力工程学报，2021，41（11）：905-909，971.

② 刘仁厚，丁明磊，王书华．国际净零排放路线及其对中国双碳战略的启示 [J]. 改革与战略，2022，38（1）：1-12.

其消费发展需要的能力构成危害的消费"①。英国的绿色消费内涵更加直观明了，英国在1987年出版的《绿色消费者指南》中对"绿色消费"的定义是："不使用危害消费者和他人健康的商品；不使用在生产、使用和丢弃时造成大量资源消耗的商品；不使用过度、超过商品本身价值的包装或过短的使用寿命而造成不必要消费的商品；不使用来自稀有动物或自然资源的商品；不使用含有对动物残忍或不必要剥夺而生产的商品；不使用对其他国家尤其是发展中国家带来不利影响的商品"。中国消费者协会将2001年的主题确定为绿色消费："倡导消费者在消费时选择未被污染或有助于健康的绿色产品；消费中注重对废弃物的收集与处置，尽量减少环境污染；在追求生活方便、舒适的同时，注重环境保护，节约资源和能源，实现可持续消费"。

低碳消费是低碳经济的核心，也是应对气候变化的关键措施，最早于2003年在英国能源白皮书《我们能源的未来：创造低碳经济》中提出，其要旨是"在提升生活质量的前提下，积极减少高碳和奢侈消费，实现生活质量提升和减少碳排放的双赢"。低碳消费要求消费者在购物时坚守低碳原则，秉持科学、文明、健康的消费方式。简单来说，低碳消费应关注减少碳排放，以应对不可持续的消费模式②。

3. 制造商的低碳行为特征

制造商的低碳行为不仅有助于减少碳排放，还能够提高企业的竞争力，树立良好的社会形象。制造商的低碳行为主要包括以下几个方面：

（1）研发和采用低碳技术。制造商在产品研发和生产过程中采用低碳技术是实现低碳行为的重要手段。例如，采用高效节能的技术和设备，减少能源消耗和碳排放；使用环保材料和生产工艺，降低生产过程中的环境污染；推广循环经济

---

① 邓禾，李旭东. 论实现碳达峰、碳中和的司法保障 [J]. 中国矿业大学学报（社会科学版），2022，24（5）：37-49.

② 张丽峰，潘家华. 中国区域碳达峰预测与"双碳"目标实现策略研究 [J]. 中国能源，2021，43（7）：54-62，80.

和资源回收利用，提高资源利用效率等[1]。

（2）优化生产流程和管理。制造商通过优化生产流程和管理可以实现生产过程的节能减排。例如，采用精益生产、敏捷制造等先进生产管理方法，提高生产效率和资源利用效率；推广能源管理体系，加强能源管理和监测，降低能源消耗和碳排放；实施绿色供应链管理，与供应商、物流服务商等合作，推广环保、节能等措施。

（3）开展环保教育和宣传。制造商通过开展环保教育和宣传，可以提高员工的环保意识和责任感，推动低碳行为的实施。例如，开展环保培训和教育，提高员工的环保意识和技能；制作环保宣传资料和海报，宣传环保理念和低碳行为的重要性；建立环保文化，营造低碳生产的氛围。

制造商低碳行为的影响因素主要包括几个方面：

（1）政策环境。政府出台的环保政策、节能政策等都会对制造商的低碳行为产生影响。政府可以通过制定法规、提供补贴等多种手段，鼓励制造商实施低碳行为。

（2）市场需求[2]。随着消费者对环保、节能等问题关注度的不断提高，市场对环保产品的需求也在不断增加。制造商为了满足市场需求，可以推出环保产品和服务，开展低碳营销和宣传，推动低碳行为的实施。

（3）企业竞争力和社会责任感。在市场竞争日益激烈的情况下，制造商实施低碳行为可以提高企业的竞争力，吸引更多的消费者。同时，制造商作为社会的一分子，也有责任保护环境、推动可持续发展。通过实施低碳行为，制造商可以提高企业的社会形象和声誉。

4. 零售商的低碳行为特征

零售企业的低碳行为呈现多样性，不同企业根据其规模、行业、地理位置等

---

[1] 杨方亮."双碳"目标下资源综合利用转型路径分析 [J]. 煤炭加工与综合利用，2022（1）：27-33.

[2] 臧鑫宇，王峤，李含嫣."双碳"目标下的生态城市发展战略与实施路径 [J]. 科技导报，2022，40（6）：30-37.

因素采取不同的低碳策略。一些企业专注于供应链的优化，减少运输和物流环节的碳排放；另一些企业注重产品的设计和包装，推出更加环保和可持续的商品。此外，零售企业还通过节能减排、资源循环利用等内部管理措施，积极降低自身的碳足迹[1]。零售企业积极响应消费者的需求，通过减少包装浪费、提供可回收产品等方式，可以吸引更多环保意识强烈的消费者。零售商的低碳行为特征主要表现如下方面：

（1）能源管理。零售商在运营过程中需要大量的能源，如电力和燃料等。为了实现低碳目标，许多零售商开始关注能源管理。例如，安装节能设备，如 LED 灯和能效高的空调系统等，以减少能源消耗。此外，一些零售商还在建筑设计中采用可持续建筑技术，如利用自然采光和通风，减少对人工能源的依赖。

（2）绿色包装和物流。零售商在产品运输和储存过程中采用的绿色包装和物流手段也成为关注的焦点[2]。为了降低包装和物流对环境的影响，许多零售商采取了环保包装和物流策略。例如，使用可降解或可回收的包装材料，减少包装的使用，提高包装的回收率。许多零售商还采用低碳物流方式，如共同配送、电动车配送等，以减少运输过程中的碳排放。

（3）低碳产品和服务。除了在运营和管理方面采取低碳措施，零售商还在产品和服务的提供方面进行了创新。为了满足消费者对低碳产品的需求，许多零售商开始提供低碳产品和服务。例如，提供有机、环保、无公害的产品，推广节能产品如节能灯等[3]。提供绿色家居服务，如家庭能源审计和节能建议等，以帮助消费者实现低碳生活。

（4）环保教育和宣传。零售商在环保教育和宣传方面也扮演着重要角色。为了提高消费者的环保意识，许多零售商在销售过程中进行环保宣传和教育。例如，

---

① 韩晶，周一鸣．中国绿色金融赋能"双碳"目标的机理及路径 [J]．油气与新能源，2022，34（5）：53-60.

② 郑秀亮．"双碳"背景下，环保产业机遇在哪里 [J]．环境，2021（7）：66-67.

③ 徐进，董达鹏．"双碳"战略目标下新能源的投资策略与逻辑选择 [J]．新能源科技，2021（12）：5-9.

在店内张贴环保宣传海报，提供环保知识小册子，或通过社交媒体平台发布环保信息等。一些零售商还会与环保组织合作，共同举办环保活动，以鼓励消费者参与环保行动。

（5）供应链管理。除了在产品、服务和运营方面采取低碳措施，零售商还将低碳理念融入供应链管理中[①]。为了降低整个供应链的碳排放，许多零售商开始与供应商和物流合作伙伴合作，共同实行低碳措施。例如，通过信息技术优化供应链运作，减少不必要的运输和库存，推广绿色供应链管理理念等。

零售商在低碳经济发展中发挥着重要作用。通过采取能源管理、绿色包装和物流、低碳产品和服务、环保教育和宣传以及供应链管理等措施，零售商不仅能够降低环境负荷，还能提高企业形象和消费者满意度，创造新的商业机会。面对未来的发展挑战，零售商需要继续探索和实践低碳经济，以实现可持续发展的目标。

5. 消费者的低碳行为特征

中国近几年持续稳定增长的消费，除了促使经济发展，也带来了生态环境方面的问题。我国消费模式改变不仅有量的扩大，还有质的升级、结构的优化。人民对美好生活的向往总体上已经从"有没有"转向"好不好"，呈现多样化、多层次、多方面的特点。从实物商品到生活服务，从线上购物到线下商场，消费数字化、品质化、个性化、多元化、品牌化升级的趋势日益明显[②]。中国政府针对绿色消费发布了101项与绿色生活相关的政策文件，其中包括中共中央和国务院发布的26项文件以及各中央部委发布的75项相关文件。总体来看，我国已经初步构建了促进绿色消费的制度框架。在推动绿色消费方面，中国积极开展了一系列探索，积累了经验以促进绿色生活方式和消费模式的形成[③]。另外，公众对环境意识的觉醒、参与度的提升以及对维权意识的明显增强，都为绿色消费奠定了坚实的社会基础。随着公众对更高生活质量需求的日益增长，人们逐渐认识到消费行为对可持续发

---

① 童婷婷 . "双碳"背景下绿色金融发展研究 [J]. 山东纺织经济，2022，39（3）：13-17.

② 王毅，孟小燕 . 推动绿色发展实现双碳目标 [J]. 中国经贸导刊，2021（15）：25-27.

③ 周宏春，周春，李长征 . 双碳背景下的城市治理重点与政策建议 [J]. 城市管理与科技，2021，22（5）：22-25.

展的影响，从而推动了绿色消费观念的逐渐普及。根据《2020年中国消费者调查报告》，消费者在购物决策中，不仅关注健康和有机食品，还将"健康和天然成分"视为重要因素。约60%的消费者会仔细查看食品成分，从而增加了在健康和生活方式相关产品上的支出。

"90后"和"00后"将在当前和未来成为主要的消费力量。根据《中国青年气候意识与行为调研报告2020》，针对年龄在18~24岁的大学生，有68%的受访者表示愿意为环保支付更高的价格，62%的受访者表示愿意为环保支付更多的税，57%的受访者表示愿意为环保降低生活水平。这些数据明确表明，年轻人在环保意愿上具有强烈的认知和价值判断，但如何将这一意愿转化为实际购买行为仍需深入研究。女性在绿色消费中扮演着主要角色，她们主要负责家庭购物计划和消费，其消费价值的实现占比超过60%。经济合作与发展组织（OECD）的研究表明，女性更愿意购买绿色和节能产品，而在发展中国家，女性负责家庭购物的比例高达70%~80%。此外，女性在垃圾分类方面的积极回应高于男性约5个百分点。女性的性格、意识和行为对孩子和家庭都产生深远的影响，对绿色家庭建设有着重要作用[①]。新冠疫情改变了人们的生活方式和知识体系，促使人们重新思考发展方式、生活本质和日常习惯，并调整生活方式和消费习惯以适应新的现实。疫情期间，健康需求产品供应增加，如口罩、防护服、呼吸机等。同时，"宅消费"兴起，新型消费也在蓬勃发展。在线购物普及，许多人使用应用程序就能完成消费，中老年人也加入了新型消费的行列。

（二）"双碳"目标下零售渠道的降碳发展趋势

1. "双碳"目标下零售渠道的高质量发展特征

"双碳"目标是指我国提出的碳达峰和碳中和目标，这一目标已经成为全球关注的焦点。实现"双碳"目标需要全社会的共同努力，而零售渠道作为连接生产与消费的重要环节，其高质量发展对于实现"双碳"目标具有重要意义[②]。在"双

---

① 黄旭东. 低碳视角下城市更新规划策略研究 [J]. 城市建筑空间，2022，29（6）：154-156.

② 李鑫. "双碳"背景下银行如何抢跑新赛道 [J]. 中国农村金融，2022（7）：49-51.

碳"目标下，零售渠道的高质量发展特征主要包括以下几个方面：

（1）绿色供应链管理。零售渠道的绿色供应链管理是指在供应链过程中，通过采取一系列环保措施，降低碳排放对环境的影响，提高资源利用效率。具体包括采购绿色原材料、优化物流配送、促进循环经济等。在"双碳"目标下，零售渠道应加强绿色供应链管理，降低碳排放，促进可持续发展。

（2）数字化转型。数字化转型是零售渠道高质量发展的关键。通过数字化技术，可以提高零售渠道的运营效率和管理水平，优化消费者体验，降低能源消耗和碳排放[1]。例如，采用智能化的库存管理和订单配送系统可以降低物流成本，提高配送效率。同时，数字化转型还可以促进线上线下融合，拓展销售渠道，提高销售效率。

（3）智能化升级。智能化升级是指通过引入先进的技术和设备，提高零售渠道的自动化和智能化水平。例如，采用智能化的陈列柜、无人超市等可以降低人工成本，提高经营效率。同时，智能化升级还可以促进信息共享，提高供应链协同效率，降低碳排放。

（4）循环经济发展。循环经济是零售渠道高质量发展的重要方向[2]。通过促进循环使用、回收再利用等措施，可以提高资源利用效率，降低对环境的污染。例如，采用可回收的包装材料、开展回收利用等可以促进资源的循环利用，降低碳排放。循环经济还可以提高消费者的环保意识，推动可持续发展。

在实践中，零售渠道可以采取以下措施来促进高质量发展：优化采购策略，选择环保、低碳的原材料和产品，促进绿色供应链管理；引入数字化技术，提高运营和管理水平，降低能源消耗和碳排放；引入智能化设备，提高自动化和智能化水平，降低人工成本和碳排放；开展循环经济活动，促进资源循环利用，降低

① 李乔楚，杨瀚匀."双碳"目标下能源转型对低碳发展的影响机理分析 [J].科技创业月刊，2023，36（8）：19-22.

② ZHOU Z J, LIU Y L, DU J J. Analysis on the constraint mechanism of transportation carbon emissions in the Pearl River Delta based on "Dual carbon" goals[J]. Systems science & control engineering, 2022, 10(1): 854-864.

对环境的污染；加强与供应商、消费者等的合作，推动全社会的可持续发展。"双碳"目标下零售渠道的高质量发展特征包括绿色供应链管理、数字化转型、智能化升级和循环经济发展。在实践中，零售渠道应采取一系列措施，促进高质量发展，为实现"双碳"目标做出贡献。

2. 零售渠道降碳的瓶颈

零售业作为一个重要的经济领域，也面临着降低碳排放的挑战和机遇。然而，在零售渠道中，碳排放的降低却面临着一些瓶颈，这些瓶颈不仅限制了行业的可持续发展，还对碳中和目标的实现构成了阻碍。

（1）供应链碳足迹难以量化和控制。零售业的供应链通常包括从生产、加工、运输到销售的各个环节，每个环节都涉及不同的碳排放来源。然而，供应链的复杂性导致了碳排放的量化和控制变得异常困难。许多企业难以准确测算每个环节的碳足迹，更难以确定哪些环节是最大的碳排放源，从而无法有针对性地采取减排措施[①]。

（2）高度竞争与成本压力。零售行业的竞争激烈，企业往往需要通过价格来争夺市场份额，在这种情况下，一些环保措施可能会导致成本上升，从而影响竞争力。例如，采用更环保的包装材料、运输方式或能源设备可能会增加成本，导致企业在价格上不具备竞争优势。

（3）消费者需求与碳减排的冲突。消费者对于价格、品质和方便性的需求通常与碳减排的目标存在冲突。例如，一些环保产品的价格可能较高，而消费者在购物时往往更注重价格因素[②]。此外，一些消费者可能更倾向于选择方便快捷的购物方式，而这些方式往往涉及高碳排放的运输和配送模式。

（4）缺乏碳减排的激励机制。目前，许多国家和地区尚未建立完善的碳排放交易市场和减排激励机制，这导致企业在减排方面缺乏明确的经济激励。如果企

---

① 杨静，王思雨."双碳"背景下物流供应链的应对决策研究 [J]. 物流工程与管理，2023，45（8）：97-99.

② 姚慧丽，陈慧慧. 基于消费者低碳偏好的双渠道供应链协调研究 [J]. 江苏科技大学学报（社会科学版），2022，22（2）：96-102.

业减少碳排放，虽然可以降低环境风险，但往往无法直接转化为经济利益，从而降低了减排的积极性[①]。

（5）技术和创新不足。零售业在实施减排措施方面可能会面临技术和创新的挑战。例如，采用更节能的设备、引入智能化管理系统等需要投入大量的技术和资金。但一些中小企业可能缺乏相关资源，无法轻易实施这些措施。

（6）存在地区差异和规模效应。不同地区的零售市场特点各异，导致了碳减排的挑战存在差异。一些地区可能更依赖于本地生产，而另一些地区可能更注重进口商品，从而导致碳排放模式不同。同时，大规模零售企业可能更有能力采取碳减排措施，而中小型企业可能面临更大的困难。

（7）缺乏消费者教育和意识。零售业减排的成功还取决于消费者的意识和行为。如果消费者没有意识到自己的购买行为对碳排放产生影响，他们可能难以做出有意识的环保选择[②]。

为了克服这些零售渠道降碳的瓶颈，需要采取一系列的措施。首先，政府可以建立更严格的环保标准和法规，推动企业在减排方面进行创新。其次，需要增加供应链的透明度，加强碳排放数据的收集和共享。再次，政府可以通过税收、补贴和市场机制等方式，为企业提供减排激励和支持。最后，政府可以通过宣传和教育活动提高消费者的环保意识。最终，只有政府、企业和消费者共同努力，才能够克服零售渠道降碳的瓶颈，实现可持续发展的目标。

3. 零售渠道开展降碳减排的可能性和必要性

作为一个庞大的产业，零售业在全球经济中占据重要地位，因此其减排潜力和责任也越发凸显。零售业通过供应链的优化、消费者教育、技术创新等途径，有着广阔的可能性来开展降碳减排，这不仅有助于减少环境影响，也能够为企业带来长期的可持续竞争优势。

---

① 熊超，张晓恋，张贻程. 公众降碳减排约束激励机制如何完善？[J]. 环境经济，2023（9）：44-45.

② 刘文龙，吉蓉蓉. 低碳意识和低碳生活方式对低碳消费意愿的影响 [J]. 生态经济，2019，35（8）：40-45，103.

零售渠道开展降碳减排具有如下可能性。

（1）优化供应链。零售业的供应链涵盖了从原材料生产、加工制造、仓储物流到销售等多个环节，每个环节都存在着能源消耗和碳排放。优化供应链，选择更环保的供应商、采用低碳运输方式以及减少库存周转时间等，都有望减少整个供应链的碳足迹[①]。

（2）推动绿色产品和包装。零售业可以鼓励生产商开发更环保的产品，例如，推广节能家电、可再生能源产品等。同时，选择更可持续的包装材料，减少塑料使用，有助于降低包装环节的碳排放。

（3）提倡可持续消费。零售商可以通过宣传、促销和奖励计划等方式，引导消费者做出环保和可持续的购物选择。例如，鼓励消费者购买本地产品、优先选择低碳交通方式前往零售店铺等。

（4）投资绿色技术和创新。零售业可以积极投资研发和应用绿色技术，如智能供应链管理系统、能源高效设备等，从而降低能源消耗和碳排放。

（5）倡导碳中和和循环经济。零售业可以在行业内倡导碳中和的理念，通过植树、支持可再生能源项目等方式抵消碳排放。同时，积极推动循环经济模式，减少资源浪费和环境污染[②]。

零售渠道开展降碳减排具有如下必要性。

（1）应对气候变化挑战。气候变化日益严峻，减少碳排放已成为全球共识。零售业是能源消耗和碳排放的主要来源之一，开展降碳减排对于减缓气候变化具有重要作用。

（2）塑造企业形象和可持续竞争优势。在消费者越来越注重企业社会责任的时代，零售商通过积极参与碳减排可以塑造出更正面的企业形象，获得消费者的认可和信任。此外，积极开展降碳减排也有助于为企业带来长期的竞争优势，满

---

① 杨子沫，阿媛，仲昭林.随机需求条件下低碳闭环供应链网络优化研究 [J].商业观察，2022（8）：69-74.

② 宋璐璐，熊小平，陈伟强.资源循环助推碳中和的路径 [J].科技导报，2022，40（24）：5-13.

足愈发增长的可持续发展需求。

（3）合规和政策压力。许多国家和地区已经开始出台法规和政策来限制碳排放，企业可能会面临更严格的碳排放标准和减排要求。积极参与降碳减排可以帮助企业更好地适应未来的政策环境。

（4）消费者需求的变化。越来越多的消费者关注产品的环保性能和社会影响，他们更倾向于选择那些具有环保认证的产品。零售商若能提供更多环保选项，将更有可能吸引这部分消费者。

（5）全球合作的责任。零售业作为全球化的产业，其碳排放影响跨越国界。开展降碳减排不仅是企业的责任，也是为全球可持续发展作出贡献的重要方式。

零售渠道开展降碳减排不仅具有广阔的可能性，也是当前的必要之举。通过优化供应链、推动绿色消费、投资绿色技术和创新等方式，零售业可以减少碳排放，实现可持续发展，为更加绿色的未来贡献一份力量。

（三）"双碳"目标下零售渠道的降碳技术升级与应用

1. 制造商的降碳技术升级

制造商可以采用多种方法和策略减少碳排放，以下是制造商常用的降低碳排放的技术和方法。

（1）提升能源效率。改善生产过程中能源的使用效率是降低碳排放的关键。制造商可以采用先进的设备和工艺，优化生产线布局，减少能源浪费，并通过监控和分析能源数据来寻找优化的机会。

（2）使用可再生能源。将可再生能源如太阳能、风能等纳入生产过程中，可以减少对传统能源的依赖，降低碳排放。一些制造商已经开始在工厂中使用太阳能电池板、风力发电等可再生能源系统。

（3）使用碳捕捉与储存技术。某些工业过程会产生大量二氧化碳，使用碳捕捉与储存技术可以将二氧化碳从排放气流中捕获，并将其储存在地下储层中，防止其释放到大气中。

（4）采用低碳材料和设计。选择低碳排放的原材料和采用更加环保的产品设计可以降低整体生命周期碳排放。这包括使用可再生材料、降低产品重量、采用循环经济原则等。

（5）进行生命周期评估。进行产品的生命周期评估可以帮助制造商全面了解产品在制造、使用和处理后各个阶段的碳排放情况，从而找到减少排放的最佳方法。

（6）引入节能设备和技术。引入节能的生产设备和技术，比如高效照明、热能回收系统等，可以减少能源消耗，降低碳排放。

（7）优化供应链管理。通过优化供应链，减少物流的能源消耗和排放，这可能涉及优化运输方式、减少包装、促进供应链合作等。

（8）披露和报告碳排放。制造商可以通过披露和报告其碳排放情况，向利益相关者传递透明信息，激励他们采取行动减少碳排放。

这些只是减少碳排放的一些常见技术和方法。不同行业和企业可能会根据其自身情况选择适合的策略来降低碳排放，以实现降碳减排的目标。

2. 零售商的降碳技术升级

零售商可以通过一系列方法和技术来降低碳排放，这些方法涵盖了从供应链到零售店铺运营的各个方面。以下是一些零售商可以采取的降碳技术。

（1）优化供应链。优化供应链可以减少运输和物流的碳排放。零售商可以考虑采用更高效的运输方式，减少运输里程和运输次数。此外，与供应商建立紧密的合作关系，共同推动物流和库存的优化。

（2）使用节能照明和设备。在零售店铺内采用高效节能的照明系统和设备，比如 LED 照明和节能制冷系统，可以显著降低店铺的用电量和能源消耗。

（3）引入能源管理系统。引入智能能源管理系统，监测和控制店铺内的能源消耗，根据需要进行调整，从而提高能源使用效率，减少能源浪费。

（4）使用再生能源。将太阳能电池板、风力发电等可再生能源系统引入零售店铺，为能源需求提供可持续的解决方案。包装和物料：采用可再生材料、减少包装量和采用可回收包装，可以降低从供应链到消费端的碳排放。

（5）设计绿色建筑。对新建或翻新的零售店铺采用绿色建筑设计，考虑能源效率、材料选择和室内环境，从而减少店铺的碳足迹。

（6）进行碳披露和认证。对于采取了减碳措施的零售商，可以进行碳排放披露和认证，向消费者展示其环保举措，增强企业形象。

（7）实践循环经济。通过推广租赁、二手交易、商品回收等循环经济模式，减少资源消耗，降低环境影响。

（8）运用数字化技术。如智能化库存管理和智能供应链，可以减少不必要的物流和能源消耗。

（9）进行员工培训和意识提升。通过培训和教育活动，提高员工对能源节约和碳排放的意识，促使他们积极参与降碳行动。

综合利用这些技术和策略，零售商可以在供应链、运营和消费等多个环节降低碳排放，为实现"双碳"目标做出贡献。

3. 消费者绿色消费行为改变

绿色消费的理念首次由 John 等在《绿色消费指南》一书中进行了系统的定义，该理念指出绿色消费是无污染、不浪费资源、对人体安全和国家安全无害的产品[①]，发展、推动绿色消费是最大限度减少产品对环境影响、实现可持续发展的途径之一[②]。绿色消费作为消费行为的最后一个环节，可以使绿色生产活动真正发挥作用，实现可持续发展[③]。支持保护本地环境和生态的消费行为是绿色消费行为的主要表现。相对于传统的消费方式，绿色消费能够实现更高水平的环保效益，并从根本上减轻消费对生态环境造成的不良影响。就其基本特征而言，绿色消费行为必须建立在消费者自身具备环保消费理念的基础上。

《2016年度中国绿色消费者报告》的数据显示，一个以绿色消费为核心的时代已经到来，这一消费群体通过他们的信念和行动向市场传递了强烈的需求信号。2015年，阿里巴巴的零售平台"绿色消费者"已经超过6 500万人次，增长了14倍

① JOHN E, JULIA H. The Green Consumer Guide: From Shampoo to Champagne: High-Street Shopping for a Better Environment[M]. London: Gollancz, 1989.

② STANEV V. Advertising in the age of hyper consumption[J].Trakia journal of sciences, 2017, 15(Suppl 1): 186-190.

③ ZHANG Y, AO J Y, DENG J Y.The influence of high–low power on green consumption: The moderating effect of impression management motivation[J].Sustainability, 2019, 11(16): 4287.

以上，持续近4年。2020年7月公布的《公民生态环境行为调查报告（2020年）》数据表明，采用绿色消费方式的受访者人数与2019年相比增加了一倍。其中，93.3%的受访者认为实行绿色消费对于保护生态环境至关重要。这说明公民的绿色消费观念已经深入人心，绿色消费已经成为消费市场中不可忽视的重要力量。

综上所述，受"双碳"目标的引领，消费者的消费理念正朝着绿色消费理念转变。我国绿色消费市场正在稳步发展，并对经济发展起到促进作用，其对生态环境的影响也日益显著。我国的消费特征也出现了明显变化：消费层次正在从基本温饱向全面小康转变，消费行为正从群体模仿转向个性化体验，消费形式也在从物质导向向服务导向转变。国家发展和改革委员会等七部门发布的《促进绿色消费实施方案》明确规定了绿色消费的发展目标：到2025年，绿色低碳和循环发展的消费系统将初步建立；到2030年，绿色消费方式将成为公众自觉选择，绿色低碳产品将成为市场的主流，重点领域的消费将基本形成绿色低碳发展模式，同时绿色消费的制度政策体系和体制机制也将基本完善。这些目标的制定和实施将推动我国绿色消费的全面发展，加速形成绿色低碳和循环发展的消费格局，为实现可持续发展和建设美丽中国做出积极贡献。

（四）我国绿色消费与降碳政策

1. 国际形势发展背景

全球气候变化是21世纪最重大的环境问题，也是人类面临的最复杂的挑战之一[①]。据联合国政府间气候变化专门委员会（IPCC）第六次评估报告显示，2011—2020年全球地表温度比1850—1900年高出1.09℃。由于温室气体排放而造成的许多变化，如海洋、冰盖和全球海平面的变化，在数百年甚至数千年内都是不可逆转的，因此，国际社会为应对气候变化开展了多轮气候谈判。随着《京都议定书》和《巴黎协定》等一系列国际条约的通过和签署，各个国家减排承诺才取得了真

---

① WEI Y M, HAN R, LIANG Q M, et al. An integrated assessment of INDCs under Shared Socioeconomic Pathways: an implementation of C(3)IAM[J]. Natural hazards, 2018, 92(2): 585-618.

正的进展。

　　"碳达峰"是二氧化碳排放量停止增长并开始减少的阶段,"碳中和"是指在一定时期内通过碳捕集、碳储存和碳转化等手段来抵消所产生的二氧化碳,从而实现温室气体的"零排放"。IPCC强调到2050年实现碳中和的紧迫性,这一紧迫性也在《巴黎协定》中得到了响应。《巴黎协定》旨在通过国际合作,将全球变暖的平均温度上升限制在比工业化前水平高1.5℃的范围内,并努力将升温幅度控制在不超过2℃的目标范围内。为实现IPCC的目标,到21世纪中叶必须在全球范围内实现碳中和目标[1]。然而,联合国环境规划署(UNEP)发布的2019年《排放差距报告》显示,各国的碳减排目标与1.5℃的目标之间仍存在较大差距[2]。为了尽量减少这一差距,越来越多的国家制定了碳中和目标,以减轻气候变化给地球带来的影响。

　　2019年12月11日,欧盟委员会在布鲁塞尔通过了《欧洲绿色协议》(European Green Deal)。该政策的目标是到2050年实现欧洲的温室气体净零排放,并使经济增长与资源消耗脱钩。这一目标也被写入了《欧洲气候法》草案。《欧洲绿色协议》旨在通过一系列措施推动欧盟成员国转向更环保、更可持续的经济和社会模式。该协议涵盖了各个领域,包括能源、交通、农业、建筑等,并提出了具体的政策和行动计划,以推动碳中和及可持续发展的实现。这标志着欧盟在应对气候变化和推动可持续发展方面的重要举措对于全球的气候行动具有重要影响力。根据欧盟委员会提出的《2050年迈向具有竞争力的低碳经济路线图》(Roadmap for Moving to a Competitive Low Carbon Economy in 2050),欧盟承诺:到2030年将碳排放总量在1990年水平上减少40%、到2040年减少60%、到2050年减少80%;此外,78%的城市制定了碳减排目标、25%的城市立志实现碳中和,目的是使欧洲走向

----

[1] UNFCCC C O P. Adoption of the Paris Agreement (29 January 2016), Decision 1/CP. 21, referred in Report of the Conference of the Parties on its twenty-first session, held in Paris from 30 November to 13 December 2, UN Doc[R]. FCCC/CP/2015/10/Add. 1, at preamble.

[2] ZHANG Y, YANG W, LIU P, et al. Design of passive filter for magnet power supply based on chopper control[C]//4th International Symposium on Power Electronics and Control Engineering (ISPECE 2021). SPIE, 2021, 12080: 821-826.

更加清洁和气候友好的道路[①]。

2021年1月20日，美国总统拜登在上任后宣布美国重返《巴黎协定》。拜登倡导积极应对气候变化和全球变暖。在竞选期间，拜登提出了"清洁能源革命和环境正义计划"，该计划呼吁通过向可再生能源过渡，到2035年实现"无碳电力社会"；到2050年实现碳中和以及100%的清洁能源经济。然而，美国国内在气候变化问题上的意见分歧加大了实现碳中和目标的难度[②]。

在气候治理方面，英国也表现出了极大的责任感。2015年，含英国在内的178个国家签署了《巴黎协定》，力争将全球平均气温较工业化前水平的升幅控制在1.5℃以内。2019年6月，英国在新修订的《气候变化法案》中明确提出，到2050年实现碳中和。英国是第一个将碳中和目标明确入法的发达国家，也是第一个开始碳中和实践的国家。英国标准协会（BSI）发布了全球首个碳中和规范（PAS 2060）[③]。英国民航业也发布了到2050年实现碳中和的计划。2020年11月，英国公布了《绿色工业革命十点计划》。英国首都伦敦承诺在2050年前实现温室气体"净零排放"的目标，并对电力、建筑、交通等行业提出了明确的低碳要求。

在中国提出2060年实现碳中和目标之后，日本承诺在2050年实现碳中和。为此，日本将从根本上调整煤电政策，并加强关键技术领域的研究，即可再生能源技术和碳循环技术的应用。韩国也提出了碳中和目标，韩国承诺到2050年实现碳中和，与国际社会共同承担应对气候变化的责任。作为世界上最依赖化石燃料的经济体之一，韩国将通过使用更多的可再生能源代替传统燃料，投资清洁能源、新能源汽车和环境基础设施，逐步实现碳中和目标。虽然印度也制定了2050年实现碳中和目标，但印度的电力部门、重工业、交通等的发展仍依赖于煤炭的使用，

[①] SALVIA M, RECKIEN D, PIETRAPERTOSA F, et al. Will climate mitigation ambitions lead to carbon neutrality? An analysis of the local-level plans of 327 cities in the EU[J]. Renewable and sustainable energy reviews, 2021, 135(2): 110253.

[②] 周英武. 美国碳中和目标如何起步 [EB/OL]. （2021-02-02）[2024-02-01]. http://www.jjckb.cn/2021-02/02/c_139714655.htm.

[③] 刘玫，李鹏程. 气候中性与碳中和国际实践及标准化发展对我国的启示 [J]. 标准科学，2020（12）：121-126.

其清洁能源产业的进展明显缓慢，印度的碳中和目标能否实现仍是个问题。

碳中和逐渐成为全球共识，截至2024年5月，全球已有151个国家提出了碳中和目标。例如，德国、加拿大等主要经济体在2020年宣布，到2050年实现碳中和的目标。作为全球最大的碳排放国，中国承诺到2060年实现碳中和。此外，苏里南和不丹分别在2014年和2018年实现了碳中和，进入碳负排放时代；乌拉圭承诺到2030年成为碳中和国家，芬兰承诺到2035年成为碳中和国家；冰岛和瑞典分别宣布将在2040年和2045年实现碳中和；英国、法国、德国、丹麦、哥斯达黎加、爱尔兰、新西兰、南非和韩国承诺到2050年实现碳中和；新加坡宣布将在本世纪下半叶尽早实现碳中和的目标。毫无疑问，越来越多的国家将积极应对气候变化，积极参与全球碳中和进程。未来将有更多的国家遵循这一趋势。

2. 国家"双碳"目标的要求

《巴黎协定》没有提出明确的碳中和目标，但协定第4条提出了21世纪下半叶温室气体源的人为排放量和汇清除量达到平衡的目标，对应于净零排放。对于中国来说，实现碳中和是实现经济高质量发展、社会繁荣和环境保护的重要战略举措。实现碳达峰和碳中和不仅是中国应对气候变化的国策，也是中国经济结构转型升级、走向可持续发展的内在要求，更是中国共产党强调建设人与自然和谐共生的现代化国家、构建人类命运共同体的必然要求。中国政府在第75届联合国大会上郑重承诺，将在2030年前实现碳达峰，并在2060年前实现碳中和，这一承诺不仅是对全球环境的负责，也是我国产业转型升级、实现高质量发展的必然选择。习近平总书记在2021年3月中央财经委员会第九次会议上的强调，更进一步地凸显了碳达峰和碳中和战略的重要性，将其视为一场广泛而深刻的经济社会系统性变革。

早在2005年，习近平总书记就向欧洲共同体强调了"绿水青山就是金山银山"的科学结论。2009年，中国宣布到2020年（相对2005年基准水平）实现以下目标：单位国内生产总值（GDP）二氧化碳排放量下降40%～45%；实现非化石能源占一次能源消费比重达到15%左右；森林覆盖面积增加4 000万公顷，森林蓄积量增加13亿立方米。2015年，中国向联合国提交了第一份应对气候变化国家自主贡献文件，其中包括2020年和2030年的气候行动目标。中国设定了到2030年自主行动的目标（相对于2005年基准水平）：2030年或更早达到二氧化碳排放峰值；单位国内生产总值二氧化碳排放量下降60%～65%；实现非化石能源占一次能源消费比重达到20%左右；新增森林蓄积量约45亿立方米。2017年，习近平总书记在中国共产党第十九次全国代表大会上强调，坚持人与自然和谐相处，把节约资源、保护环境作为中国的基本国策。

截至2020年，中国已逐渐明确了实现碳中和的路线。9月22日，中国郑重宣布将进一步加强国家自主贡献力度，采取更为严厉的政策措施，全力争取二氧化碳排放于2030年前达到峰值，于2060年前达成碳中和这一伟大目标。同年12月12日，中国在气候雄心峰会上做出了具体承诺：到2030年，中国单位国内生产总值二氧化碳排放将减少65%以上；非化石能源占一次能源消费比重将达到25%左右；森林蓄积量比2005年基准增加60亿立方米，同时风电和太阳能发电总装机容量将达到12亿千瓦。在2020年底的中央经济工作会议上，我国明确表态将温室气体减排、碳达峰以及碳中和作为2021年的重点任务。会议突出强调要加快制定碳排放达峰行动计划，支持各领域在2030年前达到峰值。我国也要加速产业结构和能源结构的调整优化，推动煤炭消费提前达到峰值，促进新能源的发展，建立全国能源使用权和碳排放权交易市场，并完善能源双控体系消耗。同时，中国还将持续进行污染治理，以实现污染减排和温室气体减排的协同效应。

未来，中国将采取更加有力的政策措施，加大实现中国自主贡献的力度。在习近平总书记主持召开的中央财经委员会第九次会议上，我国明确提出，要把实现"碳达峰"和"碳中和"目标纳入"十四五"时期生态文明建设总体布局中。这表明，我国已将实现"双碳"目标、为应对全球气候变化做出积极贡献，纳入国家发展战略的重要位置。此外，"十三五"期间，我国在应对气候变化方面也取得了显著成绩。到2020年底，温室气体排放强度得到有效控制，比2015年下降18.2%，比2005年下降48.1%。重点领域节能工作稳步推进，新能源汽车使用量快速增长。气候适应和低碳试点省市的顺利推进，为中国未来实现碳中和目标奠定了基础。中国在"十四五"规划中提出降低碳排放强度，支持有条件的地区碳排放达到峰值，并制定2030年之前碳排放达峰行动计划。在政策执行方面，中国旨在加快气候立法进程，以实现碳中和。立法有助于推动碳中和实施详细路线图的研发，加强对碳中和目标核算规则的监督和研究，为未来碳中和国际气候谈判做好准备。

中国对碳中和的承诺体现了大国责任。在政策层面，中国生态环境部负责《巴黎协定》《蒙特利尔议定书》《生物多样性公约》等相关公约的实施。中国生态环境部还不断发挥主导作用，健全气候变化和生态环境保护相关工作协调执行机制，定期微调实施情况，加强跟踪评价和督促，解决实施中的重大问题。与国家应对气候变化和节能减排领导小组成员开展有效沟通与合作，高效开展工作。中国地方政府很快效仿，采取更严格的气候行动。截至2020年底，北京、天津、山西、山东、海南、重庆、云南、甘肃、新疆等地制定了具体碳排放目标。中国分三批开展了87个城市级低碳试点。大多数城市都将达峰作为目标，其中18个城市提出到2020年实现排放达峰，42个城市提出到2025年达峰。

自生态文明倡议提出以来，中国始终更加重视低碳发展和环境治理。在习近平绿色发展思想指引下，中国保持宏观经济政策的连续性、稳定性、可持续性，聚焦低碳发展。总的来说，我国采取了循序渐进的方式来实现"双碳"目标。

3. 我国绿色消费与降碳相关政策

随着经济的快速发展，资源枯竭和环境污染问题日益严重[1]。虽然科学进步和技术创新在一定程度上改善了资源利用[2]，但奢侈消费、不合理消费等不可持续的消费模式导致生态系统的承载能力承受巨大负担，造成了空气污染、资源枯竭、垃圾围困等环境问题[3]。消费是社会再生产的重要环节之一，与资源和环境问题有

[1] FAY M, HALLEGATTE S, VOGT-SCHILB A, et al. Decarbonizing development: three steps to a zero-carbon future[R/OL]. https://documents1.worldbank.org/curated/zh/1806214681823-44481/pdf/96410-WP-Box391444B-PUBLIC-Decarbonizing-Development-Overview.pdf.

[2] CHENG Z H, LI L S, LIU J, et al. Research on energy directed technical change in China's industry and its optimization of energy consumption pattern[J]. Journal of environmental management, 2019, 250(12): 109471.

[3] CHEN S Y, CHEN D K. Air pollution, government regulations and high-quality economic development[J]. Economic research journal, 2018, 53(2): 20-34.

着密切的关系。因此，引导绿色消费模式，促进经济社会绿色可持续发展，实现经济增长与环境污染和资源消耗脱钩至关重要[①]。公众参与是实现国家绿色发展战略的重要环节。公众是绿色消费的主要实践者。政府引导市场做出反应，进而形成长效机制，以此推动公众主动参与绿色消费，充分调动公众发挥监督作用，积极引导公众践行环保、无污染且健康的绿色消费方式[②]。

进入21世纪以来，我国逐步将绿色消费理念纳入政策体系中，旨在通过适当的政策干预，促进绿色发展与可持续经济增长的协调[③]。在2009年以前，我国绿色消费政策关注的重点对象是生产方和供应方，并且供应方的绿色消费理念至关重要，它有助于推动整个供应链的绿色化[④]。典型的政策是《中华人民共和国循环经济促进法》，该法案于2008年8月29日在第十一届全国人民代表大会常务委员会第四次会议上通过。这部法案明确规定了在生产、流通和消费过程中，必须积极采取减量化、再利用和资源化的措施。根据该法案，企业和组织必须优化资源利用，减少废弃物和污染物的排放，推动循环经济的发展。同时，该法案还鼓励科学研究和技术创新，促进循环经济相关产业的发展，以实现资源高效利用、经济可持续发展和环境保护的目标。这一政策的出台为我国循环经济的推进提供了法律保障，为建设资源节约型、环境友好型社会提供了重要指导。

党的十九大报告要求加快建立绿色生产和消费的法律体系和政策引导，反对奢侈、浪费和不合理消费。随着消费者对绿色消费的重视，我国的政策设计也逐渐向消费者倾斜，提出了明确引导绿色消费的政策。如2016年2月17日首次发布的《关

① 解芳，盛光华，龚思羽. 全民环境共治背景下参照群体对中国居民绿色购买行为的影响研究 [J]. 中国人口·资源与环境，2019，29（8）：66-75.

② MINIERO G, CODINI A, BONERA M, et al. Being green: From attitude to actual consumption[J]. International journal of consumer studies, 2014, 38(5): 521-528.

③ PEATTIE K. Green consumption: behavior and norms[J]. Annual review of environment and resources, 2010, 35: 195-228.

④ YANG M H, CHEN H, LONG R Y, et al. The impact of different regulation policies on promoting green consumption behavior based on social network modeling[J]. Sustainable production and consumption, 2022, 32: 468-478.

于促进绿色消费的指导意见》①。该政策从多个方面对消费者绿色消费方式进行引导,旨在树立绿色消费观念,引导居民选择绿色生活方式和消费方式,促进公共机构带头绿色消费以及推动企业增加绿色产品和服务供给等。《关于促进绿色消费的指导意见》的制定充分考虑了广泛的绿色消费目标。它鼓励消费者购买绿色、环保的产品,支持并推广可再生能源的使用,引导消费者减少对不可再生资源的依赖以及鼓励居民参与环保公益活动。此外,该政策还提倡绿色出行的交通方式,如推广节能环保车辆和倡导步行、骑行等低碳出行方式,以降低对环境的负面影响。这一政策的发布不仅为绿色消费提供了明确的指导,也为建设生态文明和推动可持续发展做出了重要贡献。通过加强对绿色消费观念的培育和引导,政府鼓励社会各界共同参与环境保护和可持续发展,进一步推动了我国绿色经济的发展和转型升级。此后,绿色消费政策更加细化且有针对性,从多个角度和方向进行改进,重点是产品的升级和节能以及绿色消费保障体系的完善。

尽管我国在促进绿色消费方面取得了积极进展,绿色消费理念逐渐被广泛接受,但仍需要进一步激发和释放绿色消费需求。目前,一些领域仍存在浪费和不合理消费现象,同时绿色消费长效机制的建立还需要完善,绿色消费对经济高质量发展的支撑作用有待提升。随着我国进入"十四五"发展进程,为了实现"到2030年,绿色消费方式成为公众自觉选择,绿色低碳产品成为市场主流,重点领域消费绿色低碳发展模式基本形成,绿色消费制度政策体系和体制机制基本健全"的总体目标,2022年1月21日,国家发展改革委、工业和信息化部、商务部等七个部门共同发布了《促进绿色消费实施方案》②。该方案在促进消费各领域全周期、全链条、全体系深度融入绿色理念方面做出详细部署,旨在推动中国绿色消费再上

---

① 发展改革委、中宣部、科技部、财政部、环境保护部、住房城乡建设部、商务部、质检总局、旅游局、国管局印发关于促进绿色消费的指导意见的通知 [EB/OL].（2016-03-01）[2024-02-01]. https://www.gov.cn/gongbao/content/2016/content_5079887.htm.

② 国家发展改革委等部门关于印发《促进绿色消费实施方案》的通知 [EB/OL].（2022-01-18）[2024-02-01]. https://www.gov.cn/zhengce/zhengceku/2022-01/21/content_5669785.htm.

一个新台阶①。该方案从四个方面的22项重点任务系统地设计了促进绿色消费的制度政策体系，形成了今后一个时期内促进绿色消费的完整制度政策体系。

总的来说，近年来，我国从不同角度、不同领域制定了一些与绿色消费相关的法规和政策。例如，建立政府绿色采购制度、推广节能环保产品等行政手段；实施节能产品惠民工程、新能源汽车补贴、光伏产品补贴等经济手段；推动网络信息平台建设、环境标志制度、宣传教育活动等信息手段，对于推行绿色消费具有很大的指导意义。绿色消费的促进是消费领域发生的一场重大变化，要求将绿色理念全面应用于消费各领域的全周期、全链条和全体系中，全面推动消费向绿色和低碳方向转型和升级。这对于贯彻新的发展理念、构建新的发展格局、推动高质量发展以及实现"双碳"目标起到了重要作用。

二、研究意义

（一）理论意义

1. 开展企业和消费者低碳行为分析的模型构建研究

通过收集和分析消费者的低碳购物数据，如收藏、购买、重复购买、退货、信息分享和回收利用等，可以了解消费者对低碳产品的认知、态度和购买行为特点。通过相关性分析，可以评价宣传教育、知识普及和低碳消费措施的执行效果，进一步了解低碳消费的影响因素和提升策略。零售企业作为连接生产者和消费者的桥梁，其低碳行为激励措施对低碳消费的推动作用不容忽视。通过分析零售企业的低碳广告宣传、低碳产品降价、低碳标识、低碳消费点赞、低碳消费记录和循环利用等措施，可以了解其对低碳消费的促进作用及与低碳消费文化建设、低碳产品消费激励措施和消费者效用变化规律的相关性。通过对零售企业营销平台开展低碳产品绿色标识和低碳消费积分制度激励措施实施效果分析，可以评估这些措施的实际影响，为进一步完善激励政策和改进营销策略提供依据。开展消费者和零售企业的低碳行为激励措施分析，对于促进低碳消费、推动可持续发展具

---

① 轶斐.让绿色消费加快成为消费主流：解读《促进绿色消费实施方案》[J].上海质量，
2022（3）：71-73.

有重要意义。

通过对制造企业低碳产品的研制、设计、开发和生产，可以有效地推动低碳生产的实施，进而减少温室气体排放，缓解全球气候变暖问题。通过对低碳生产激励措施实施的效果进行分析，可以为政府和企业提供有价值的反馈信息，优化激励措施的设计和实施方式，以更好地推动低碳生产的发展。研究绿色能源和碳捕捉设备的利用动力机制，可以为企业和政府提供新的思路和方法，促进低碳技术和设备的研发和应用，进一步推动低碳生产的实现。而对企业和消费者低碳行为的传导路径进行分析，可以更好地理解和预测低碳行为的影响和作用机制，为企业制定更加有效的低碳战略提供决策支持。

通过研究政府低碳激励政策对制造企业和零售企业的影响以及零售企业如何通过积极营销宣传政策扩大低碳产品销量，可以促进低碳市场的形成和发展，推动低碳经济的建设，形成产供销良性循环，进一步推动全球低碳化进程。

2. 提出利用分析模型开展企业和消费者行为改变研究

为促使制造企业改变其低碳生产方式，我们计划设计一种激励机制。该机制将考虑消费者的低碳倾向，分析其与制造企业的生产需求之间的相关性。我们还将进行分析，以评估低碳采购、低碳设计、低碳生产、低碳包装以及低碳物流等举措对制造企业降低碳排放的影响。此外，我们将引入绿色低碳产品标识和低碳积分等制度，以研究如何通过零售企业来传播消费者的低碳行为，从而制定能够推动制造企业更多地利用清洁能源的营销激励机制和政策方案。

3. 推动跨学科交叉融合研究

本书积极响应"双碳"目标，致力于探索企业与消费者行为改变的激励机制，在此过程中，成功推动了低碳市场营销与信息学科、消费行为心理学与低碳行为管理学的交叉融合，展现了理论创新与实践价值。

本书深入分析了低碳消费者心理效应的作用机制，揭示了消费者在面对低碳产品时的心理反应、决策过程及其背后的深层次动因。通过将这些心理效应与零售企业的低碳营销效果紧密关联，本书为理解消费者低碳行为提供了全新的视角，也为零售企业制定和实施更加精准、有效的低碳营销策略提供了科学依据。

同时，本书还开创性地将消费效用理论与零售企业的数据分析方法相结合，应用于零售渠道的运营效果分析。这一创新性的应用不仅拓展了效用理论的研究领域，也为企业评估低碳营销策略的实效性、优化零售渠道运营提供了有力工具。这些理论成果不仅丰富了相关学科的研究内容，也为实现"双碳"目标提供了有力的理论支撑和实践指导，有助于推动低碳经济的发展，促进企业和消费者行为的积极改变，为实现可持续发展目标贡献力量。

（二）现实意义

1. 为企业制定低碳营销措施提供决策分析方法

利用企业和消费者低碳行为分析模型，通过零售数据开展低碳行为的绩效分析，为企业开展低碳生产和低碳营销战略决策提供新的方法。这一独特的分析模型允许将企业的低碳行为与消费者的低碳需求进行关联和对比，从而更好地了解消费者对低碳产品和服务的偏好和购买习惯。

通过分析零售数据，企业可以获得有关消费者低碳行为的重要信息，例如，购买低碳产品的频率、种类和数量以及在购买过程中所表现出的低碳行为，如回收包装物、减少能源消耗等。这些数据可以被用来评估企业在低碳生产和低碳营销方面的绩效，并识别潜在的改进机会。

借助低碳行为分析模型，企业可以了解到什么样的低碳行为能够更好地满足消费者的需求和期望，从而根据消费者反馈来调整产品的设计和定价策略。此外，这种模型还可以帮助企业发现低碳行为与销售绩效之间的关联，进而制定更具针对性的低碳营销战略。

综上所述，利用企业和消费者低碳行为分析模型，并结合零售数据进行绩效分析，为企业提供了一种全新的方法来开展低碳生产和低碳营销战略决策分析。这不仅有助于企业更好地满足消费者的低碳需求，还能够促进可持续发展和构建环保友好的商业生态系统。

2. 为管理部门制定企业和消费者低碳行为政策提供决策理论依据

将"数据＋模型"双轮驱动方法应用到企业和消费者的低碳行为分析中，不仅可以帮助企业进行低碳生产和低碳营销战略决策分析，同时还可以为政府制定低碳消费激励政策提供更为科学的理论依据。

通过对企业和消费者的低碳行为进行数据采集和建模，得出低碳行为与销售绩效之间的关联等重要信息。这些信息可以为政府提供一个全面、客观的基础，以评估当前经济发展和市场环境对低碳消费的影响。

此外，借助低碳行为分析模型，政府和零售行业管理部门可以了解消费者对低碳产品和服务的需求和偏好以及其在购买过程中所表现出的低碳行为。这些数据可以用来评估政府制定的低碳消费激励政策是否有效，从而促进消费者采取更多的低碳行为，并推动整个社会迈向低碳经济的方向。

综上所述，"数据＋模型"双轮驱动方法在低碳生产和低碳营销方面具有重要意义，为企业和政府提供了一个更加精确、科学的分析方式。同时，本书的研究成果可以帮助政府和零售行业管理部门更好地评估现状并制定更为有效的低碳消费激励政策，为建设低碳社会做出贡献。

第二节　国内外研究现状

一、"双碳"目标下企业和消费者低碳行为分析

（一）"双碳"目标下企业和消费者低碳行为改变

1. "双碳"目标与内涵

过量的温室气体排放不断增加了温室效应，对全球气候造成了不良影响。二氧化碳占据了温室气体排放的主要部分，减少其排放量被认为是解决气候问题的主要途径之一[①]。因此，如何减少碳排放已经成为一个全球性的关注议题。为了承担解决气候变化问题的大国责任，并推动我国生态文明建设和高质量发展，国家

[①] 杨婉琼. 碳达峰碳中和的国际经验及启示 [J]. 中国工业和信息化，2022（6）：38-43.

主席习近平在第七十五届联合国大会一般性辩论中提出了一个重要目标："中国二氧化碳排放力争于2030年前达到峰值，努力争取2060年前实现碳中和"，这一目标明确指出了我国在应对气候变化问题上的双重使命。

碳达峰是指全球、国家、城市、企业等实体在碳排放上升转为下降的过程中，达到的碳排放最高点，即碳峰值。实现碳达峰是碳中和目标的前提条件，碳达峰的时间和峰值高低会直接影响实现碳中和目标的难易程度，其机理主要包括控制化石能源消费总量、限制煤炭发电与终端能源消费、推动能源的清洁化和高效化发展[①]。碳中和是指人为排放量与通过植树造林、碳捕捉与封存（CCS）技术等人为吸收汇达平衡，狭义上的碳中和即指二氧化碳的排放量与吸收量达到平衡状态，广义上的碳中和即为所有温室气体的排放量与吸收量达到平衡状态[②]。碳中和的目标就是在确定的年份实现二氧化碳排放量与二氧化碳吸收量的平衡。碳中和机理即为通过调整能源结构、提高资源利用效率等方式减少二氧化碳排放，并通过碳的捕集、利用与封存（CCUS）、生物能源等技术以及造林/再造林等方式增加二氧化碳的吸收。

实现更高质量的可持续发展是"双碳"的核心，然而，尽管减少碳排放以应对全球气候变化符合全人类的利益，这一挑战却面临着严重的负面影响，从而使推进变得极为困难。对于发展中国家而言，许多国家正处于工业化或工业化前阶段，他们的经济社会建设和发展仍然依赖廉价的化石能源。因此，限制二氧化碳排放对这些国家来说几乎等于限制了其发展。在这种情况下，个别国家减少碳排放的私人利益（国内利益）较少于社会利益（全球利益），这不可避免地削弱了发展中国家限制碳排放的积极性。与此相反，发达国家，特别是以欧盟为代表的国家，早已完成工业化并进入了后工业化阶段。因此，它们更容易实施碳减排政策，这

---

① CHEN X, SHUAI C Y, WU Y, et al. Analysis on the carbon emission peaks of China's industrial, building, transport, and agricultural sectors[J]. Science of the total environment, 2020, 709(1): 135768.

② CHEN L, MSIGWA G, YANG M, et al. Strategies to achieve a carbon neutral society: a review[J]. Environmental chemistry letters, 2022, 20(4): 2277-2310.

也更符合其国内利益。然而，由于碳排放问题牵涉到每个国家的发展权益，自《联合国气候变化公约》以来，全球气候治理的谈判一直处于激烈的博弈中[①]。全球气候治理的科学问题同样不可避免地受到政治因素的影响。

"双碳"目标是我国根据推动构建人类命运共同体的责任担当和实现可持续发展的内在要求做出的重大战略决策[②]。这一目标的制定代表着中国在积极响应全球气候变化方面迈出了崭新的步伐，并为国际社会的气候行动注入了强大的信心和力量。此目标是我们对多边主义原则的坚定支持的具体体现，强调了国际社会合作的关键性。它不仅仅是中国对应对全球气候危机的承诺，更是中国全力推动《巴黎协定》全面有效实施的具体举措。这一举措将鼓舞世界各国重振气候行动的信心，为实现全球温室气体减排目标奠定了坚实的基础。同时，这一目标也表达了中国在面对气候挑战时的坚定决心。中国承诺积极应对气候变化，坚定地朝着绿色低碳发展的方向迈进，为全人类的共同繁荣贡献自己的力量。

"双碳"政策的实施具有三个重要内涵，即科学内涵、经济内涵和政治内涵。

（1）科学内涵。"双碳"目标的科学根据坚实，实现减碳和碳中和势在必行。随着对全球气候系统的认识日益深化，实现碳达峰和碳中和以减缓气候变化的紧迫性愈发明显。人类活动，尤其是大规模的化石能源燃烧（如煤、石油和天然气），导致了大量温室气体尤其是二氧化碳的排放，这些气体的排放增加了大气中的温室效应，进而推高了全球平均温度。科学数据表明，自工业化以来，大气中的二氧化碳、甲烷和氧化亚氮等主要温室气体浓度急剧升高，加剧了气候变化。广泛的科学研究和气候模型已经确认，这些变化与人类活动密切相关，并导致了全球

---

① 联合国全球契约组织.企业碳中和路径图：落实巴黎协定和联合国可持续发展目标之路 [R/OL]. （2021-07-27）[2024-02-01]. https://web-assets.bcg.com/d0/2c/a45823bb453 d9a79f9fd8b7abafe/bcg-ungc-corporate-net-zero-pathway-july2021-chn.pdf.

② CHEN S, LIU N. Research on citizen participation in government ecological environment governance based on the research perspective of "dual carbon target"[J]. Journal of environmental and public health, 2022: 5062620.

气候系统的不稳定[①]。气候变化对自然和人类社会系统产生了深远影响：冰川退缩、海平面上升、极端天气事件增多、生态系统和生物多样性受损、农业和水资源受到威胁。为了限制全球平均温度升高1.5℃以内的目标，必须迅速减少温室气体排放并实现碳中和，这是国际社会的共识，并体现在《巴黎协定》等多项国际协议中[②]。因此，从科学的角度看，采取一系列切实可行的措施来实现碳达峰和碳中和，不仅是对抗气候变化的必要选择，也是推动全球可持续发展的重要途径。

（2）经济内涵。工业化与碳排放逐渐解耦，为"双碳"目标的实现营造有利的经济土壤。当前中国正处在工业化后期，向着低碳经济的转型跨步前行，这一进程不仅预示着碳达峰的可实现性，更为碳中和铺垫了坚实的经济基础[③]。随着经济增长的驱动轴心从能源密集型的第二产业逐步移向服务导向的第三产业，国家对传统化石燃料的依赖度显著降低，进而推动了碳排放总量的减少。从历史的视角来看，工业化初期的经济膨胀往往伴随着对能源和材料的大量需求，这一需求直接催生了碳排放量的激增。但是，当一个国家的发展轨迹进入后工业化阶段，经济结构调整，服务业的兴起成为新的经济增长点，带来了相对较低的能源需求和碳排放水平。

在中国这样的转型过程中，城镇化的推进和基础设施的逐渐完善标志着对大规模固定资产投资的依赖度降低，从而减缓了能源消耗和碳排放的增速。此外，随着技术的进步和创新政策的实施，新能源汽车、可再生能源发电等低碳技术的应用逐渐增多，进一步助力经济增长与碳排放的脱钩。第三产业的蓬勃发展，特别是信息技术、电子商务和金融服务等领域的快速增长，不仅促进了经济效率的提升，而且由于其低能源消耗的特性，有助于国家整体降低碳排放。目前，中国

① 林慧岳，李云飞.论全球气候变暖中的技术影响：临界过程及临界风险防控 [J].科学技术哲学研究，2022，39（1）：89-95.
② COLOMBINI S, GRAZIOSI A R, GALASSI G, et al. Evaluation of Intergovernmental Panel on Climate Change (IPCC) equations to predict enteric methane emission from lactating cows fed Mediterranean diets[J].JDS communications, 2023, 4(3): 181-185.
③ 吉雪强，崔益邻，张思阳，等.农地流转对农业碳排放强度影响的空间效应及作用机制 [J].中国环境科学，2023，43（12）：6611-6624.

的第三产业已经成为国内生产总值的主要贡献者，其比重已超过50%，这一转变标志着经济发展方式正逐步向高效率、低碳排放方向转变[①]。未来，随着经济发展的深入，数字化、智能化、服务化的经济新模式将更加深入人心，这些新模式天然倾向于更高的能源利用效率和更低的碳排放强度。因此，中国的"双碳"目标不仅与国家的气候承诺相契合，而且与经济转型和升级的深层次需求同频共振，展现了将经济增长与环境保护相结合的全新路径。这一切为碳达峰和碳中和的最终实现提供了坚实的经济和技术支撑，也为全球气候治理贡献了中国智慧和方案。

（3）政治内涵。推动绿色转型，展现负责任大国担当。在国内政治领域，中国的"双碳"目标体现了对生态文明建设的政治承诺和行动力。这一目标的确立和推进，是对国内外公共政策和国家治理现代化的一次重大调整，体现了绿色发展理念在国家政治生活中的深化。中国政府高度重视生态文明建设，将之纳入国家总体发展战略，"绿水青山就是金山银山"的发展理念已成为国家行动的指导思想。习近平总书记明确提出，要将"双碳"目标作为生态文明建设的重要内容，体现了对未来发展模式的深远考量和对环境问题的高度重视。这不仅是国家层面上的发展战略调整，更是中国对外承诺环境保护、促进全球气候治理的有力举措。实现碳达峰和碳中和意味着中国将推动一场深刻的能源生产和消费革命，加速推进经济结构和产业布局的优化升级，从而在提高发展质量和效率的同时，减少对环境的影响[②]。党的十九大报告中提出的"两个一百年"奋斗目标与"双碳"目标相辅相成，彰显了中国将生态文明建设融入国家长远发展规划的决心。这表明中国不仅关注经济增长的速度和规模，更加重视发展质量和生态环境保护，致力于在全球环境治理中扮演更加积极和建设性的角色。

在国际政治舞台上，中国从一个参与者逐步转变为全球气候治理的积极引领者，这一转变是中国日益增强的国际影响力和全球责任感的体现。在应对全球气

① 任保平. 从中国经济增长奇迹到经济高质量发展 [J]. 政治经济学评论, 2022, 13（6）: 3-34.

② 庄贵阳, 王思博. 全球气候治理变革期主要经济体碳中和战略博弈 [J]. 社会科学辑刊, 2023（5）: 190-196.

候变化的国际合作中，中国积极履行《巴黎协定》承诺，致力于构建人类命运共同体，展现了一个负责任大国的担当。《巴黎协定》的实施，尤其是其对发展中国家利益的关注，为中国在全球气候治理中的积极作用提供了国际法律框架支持。中国在此框架下提出"双碳"目标，展现了中国对国际社会的负责态度和对全球气候治理的重视。另外，中国在全球气候治理中的领导作用与国际政治经济格局的变化密切相关。在全球气候治理领导力出现空缺的背景下，中国提出的"双碳"目标不仅是对国内发展的一种调整，也是对外展示中国作为一个大国责任和国际形象的重要手段。通过这一举措，中国旨在提升在全球气候治理中的话语权和影响力，增强国家软实力和国际地位。从更广泛的政治视角看，中国"双碳"目标的提出和实施，是中国积极参与解决全球性问题的体现，也是中国推动构建新型国际关系和人类命运共同体理念的实践。通过参与全球气候治理，中国不仅在全球环境问题上展现了负责任的态度，也在多边主义框架下积极推动国际合作与交流，提出中国方案，为全球环境治理贡献中国智慧。

2. 企业和消费者低碳行为改变

（1）制造商低碳行为改变研究。

在"双碳"背景下，即中国提出的达到碳排放峰值和实现碳中和的双重目标下，制造商作为全球最大的能源消费者之一，其低碳行为的演变和面临的挑战尤其引人关注。首先，制造商在碳排放中扮演着重要角色。这一行业不仅是能源的直接消费者，如通过使用化石燃料来驱动机械和加工材料，而且是间接碳排放的源头，如制造商产品的使用和废弃都会产生碳足迹。随着全球对气候变化的认识加深，制造商的碳排放成为了全球减排努力的重点。在"双碳"目标的推动下，制造商采取了一系列低碳行为，包括采用更高效的生产技术、改进能源管理系统、使用可再生能源以及推行循环经济模式。例如，许多制造商已经开始将太阳能和风能集成到他们的能源组合中，以减少对化石燃料的依赖[1]。然而，制造商在转向低碳经营模式时也面临诸多挑战，技术和资金是两大主要障碍。新的低碳技术往

---

[1] 肖先勇，郑子萱."双碳"目标下新能源为主体的新型电力系统：贡献，关键技术与挑战 [J]. 工程科学与技术，2022，54（1）：47-59.

往需要巨大的初始投资，这对于许多企业来说是一个财务负担。尽管低碳技术可以带来长期的经济效益，但其短期内的成本效益并不总是立竿见影。此外，供应链中的碳排放也是一个问题，因为制造商需要对其原材料的来源和加工过程中的排放负责。除了技术和经济因素，政策和市场动态也对制造商的低碳转型产生了影响。政府的政策支持和激励措施可以促进低碳技术的采用，而市场对于绿色产品的需求也可以驱动制造商采取更环保的生产方式。

制造商是全球经济的重要组成部分，但同时也是能源消耗和碳排放的主要来源。过去的研究集中在如何通过技术创新和管理策略减少这一行业的碳足迹。例如，研究者们已经探讨了精益制造、环境管理系统和循环经济模型等概念如何帮助制造商减少能源使用和废物产生。技术进步被认为是推动制造商低碳化的关键力量。研究表明，通过采用能效高的机器、自动化和信息化技术，制造商能显著减少生产过程中的能源消耗[①]。然而，低碳技术的采纳不仅受到技术成熟度和成本效益的影响，还受到企业文化和员工技能的制约[②]。政府政策是影响制造商低碳行为的另一个关键因素。研究表明，从碳税到排放交易系统，再到各种补贴和激励措施，政策工具的设计和实施效果对于制造商的碳减排至关重要[③]。政策的不确定性和变动性增加了企业决策的复杂性，需要有策略地应对。市场需求的变化也对制造商的低碳行为产生了深远影响。研究表明，消费者和投资者对可持续产品和企业增加关注可促使制造商改变其生产方式和产品设计[④]。市场导向的低碳策略，如绿色营销和产品生命周期评估，已成为许多公司的优先事项。

制造商在实施低碳行为改变时面临多重挑战。技术层面的挑战包括高昂的初

① 曹细玉，吴晓志. 碳税政策下的双渠道供应链碳减排技术创新协作策略 [J]. 华中师范大学学报（自然科学版），2020，54（5）：898-909.

② 于殿利. "双碳"目标驱动下出版业的困惑与出路 [J]. 科技与出版，2022，41（2）：9-14.

③ 郭军华，孙林洋，张诚，等. 碳限额交易政策下双寡头企业碳减排决策的演化博弈分析 [J]. 软科学，2019（3）：54-60.

④ YANG H X, CHEN W B. Retailer-driven carbon emission abatement with consumer environmental awareness and carbon tax: revenue-sharing versus cost-sharing[J]. Omega: The international journal of management science, 2018, 78: 179-191.

始投资成本、技术的适应性和兼容性问题以及维护和升级的需要。在经济层面，企业需要在短期成本压力和长期可持续发展之间找到平衡。在组织层面，制造商需要有效地管理组织变革，包括培训员工、调整管理结构和流程以及改变组织文化。政策制定者面临的挑战在于如何设计既能激励制造商采取低碳行为，又能保持经济竞争力的政策。此外，随着全球化的深入发展，国际合作和协调机制的缺乏可能导致碳排放的"泄漏"，即产业转移到对碳排放管制较宽松的地区。尽管"双碳"背景下制造商的低碳行为研究已经取得了进展，但仍有许多挑战需要克服。未来的研究应更多关注微观层面的实证分析，特别是在动态市场环境和多边政策背景下的案例研究。同时，加强国际合作，共同制定跨国界的低碳发展战略，对于实现全球碳减排目标至关重要。

（2）零售商低碳行为改变研究。

在追求"双碳"目标的大环境下，零售商在碳排放中的作用和影响日益凸显。零售业作为商品和消费者之间的桥梁，其运营和供应链活动直接和间接地与碳排放紧密相关①。零售商对碳排放的直接影响体现在其物流运输、店面运营以及包装使用等方面。运输货物通常依赖于化石燃料，而店面经常消耗大量电力。此外，零售包装材料往往不易回收，从而增加了废弃物的碳足迹。间接影响则涉及零售商供应链的每个环节。零售商通过选择供应商、产品和生产方法间接影响碳排放。例如，选择环保认证的商品、支持可持续农业的产品，或者减少食品浪费，都能有效降低整个供应链的碳排放。面对"双碳"目标，零售商的挑战包括如何减少运营中的能源消耗、如何通过环保设计和包装减少废弃物、如何协调供应链合作伙伴共同减排。这要求零售商不仅要改进自身的能源管理和物流效率，还需要与供应商合作，推动整个供应链的低碳转型。为了达到这些目标，零售商可以采取多种措施，包括使用可再生能源、提高能源效率、采用循环经济原则以及通过消费者教育促进环保消费行为。这不仅符合全球减排趋势，也能够为零售商带来新的商业机会和提升品牌形象。然而，这样的转变也是具有挑战性的，需要大量的

---

① 梁喜，张余婷.基于消费者偏好的低碳双渠道供应链定价与减排策略 [J].运筹与管理，2020，29（12）：107.

资本投入、技术创新以及政策支持。零售商需要在确保业务连续性和盈利性的同时，积极寻找和利用可持续发展的机会。

零售业作为经济中的重要组成部分，其产业活动直接和间接地贡献了显著的碳排放量。因此，零售商的低碳行为不仅对于实现行业内的可持续发展至关重要，而且对于整个社会的碳减排目标具有深远影响。研究表明，零售商通过采用节能技术、优化物流和供应链管理、推广环保产品等措施，能有效减少碳排放[1]。节能技术包括使用高效率照明系统、节能冷却设备以及安装太阳能板等。在供应链管理方面，通过优化库存管理和运输路线，零售商可以减少能源消耗和排放。此外，零售商还通过绿色营销策略促进可持续消费模式，如提供环保产品信息、绿色包装和促销活动[2]。其中，技术创新是推动零售商低碳行为的关键驱动力[3]。研究强调了能效标准提升、清洁能源技术的应用以及信息技术在能源管理中的作用。然而，这些技术的采用往往需要较大的前期投资和技术培训，这对于中小型零售商来说可能是一个挑战。政策环境在零售商的低碳转型中扮演了重要角色[4]。政府的环保法规、税收优惠和补贴政策能够激励零售商采取低碳措施。研究还指出，政策的稳定性和预见性对于零售商制定长期低碳战略至关重要。市场需求的转变对零售商的低碳行为同样产生了影响[5]。消费者日益增长的环保意识要求零售商提供更多

① HAN X H, CHEN Q Y. Sustainable supply chain management: Dual sales channel adoption, product portfolio and carbon emissions[J]. Journal of cleaner production, 2021, 281: 125127.

② LYU S, CHEN Y, WANG L. Optimal decisions in a multi-party closed-loop supply chain considering green marketing and carbon tax policy[J]. International journal of environmental research and public health, 2022, 19(15): 9244.

③ WU X H, LI S H. Impacts of CSR undertaking modes on technological innovation and carbon-emission-reduction decisions of supply chain[J]. Sustainability, 2022, 14(20): 13333.

④ ZHOU Y J, HU F Y, ZHOU Z L. Pricing decisions and social welfare in a supply chain with multiple competing retailers and carbon tax policy[J]. Journal of cleaner production, 2018, 190(20): 752-777.

⑤ ZHANG Y, LI J Y, XU B. Designing Buy-Online-and-Pick-Up-in-Store (BOPS) contract of dual-channel low-carbon supply chain considering consumers' low-carbon preference[J]. Mathematical problems in engineering, 2020, 2020(Pt.23): 7476019.

的绿色产品和服务。研究表明，零售商通过响应消费者的需求，不仅能够提高自身的市场竞争力，还能够推动整个供应链的低碳转型。尽管存在广泛的研究，但关于零售商低碳行为的文献仍存在空白。例如，针对不同规模零售商在低碳实践中的差异化策略研究较少；跨国零售商在不同文化和法律环境下低碳实践的比较分析也不充分；对零售商低碳行为的长期效果和成本效益分析的研究也相对缺乏。零售商在推动低碳行为时面临多种挑战。首先，对于技术创新的高成本和风险需要进行有效管理。其次，需要在维持竞争力和满足日益增长的绿色市场需求之间找到平衡。最后，还需应对政策变化带来的不确定性以及在推动消费者低碳行为变革中的困难。零售商的低碳行为研究表明，虽然零售商在推进低碳转型方面取得了进展，但仍面临技术、政策和市场层面的挑战。

（3）消费者低碳行为改变研究。

在"双碳"目标的背景下，消费者在制造商低碳行为的演变中扮演了重要角色，并对碳排放产生了深远的影响[1]。消费者的购买选择、使用习惯和废弃行为都直接影响着制造商的碳足迹。首先，消费者对于低碳产品的需求激励制造商采用更加环保的生产方式[2]。研究表明，当市场对于可持续商品的需求增加时，制造商为了保持竞争力，会改进生产过程，减少能源消耗，并寻求使用可再生能源。其次，消费者的使用习惯也对碳排放有显著影响[3]。例如，选择能效更高的电器产品可以减少能源消耗，而合理维护和长期使用产品则减少了对新产品的需求，从而减缓了生产活动和相关的碳排放。最后，消费者在产品生命周期的最后阶段，即

① 宋明月，周博文，臧旭恒.基于普惠金融发展的家庭网络消费行为研究[J].经济理论与经济管理，2022，42（2）：24-40.

② XIAO J, ZHEN Z L, TIAN L X, et al. Green behavior towards low-carbon society: theory, measurement and action[J]. Journal of cleaner production, 2021, 278(Pt.2): 123765.

③ KOIDE R, LETTENMEIER M, KOJIMA S, et al. Carbon footprints and consumer lifestyles: an analysis of lifestyle factors and gap analysis by consumer segment in Japan[J]. Sustainability, 2019, 11(21): 5983.

废弃处理阶段，也起到关键作用[①]。正确的废物分类和回收能够促进资源的循环利用，减少垃圾填埋和焚烧的碳排放。然而，消费者面临的挑战包括缺乏关于产品碳足迹的信息以及在价格和便利性面前，对低碳选择的限制。此外，可持续产品往往价格更高，这可能影响消费者的购买决策。为了促进消费者的低碳行为，需要提高公众对气候变化的认识，推广环保产品，并通过政策措施如碳税、补贴等，降低低碳选择的成本门槛[②]。

随着全球对气候变化的关注加深，"双碳"目标的提出使得消费者的低碳行为受到了前所未有的重视。消费者的购买决策和日常生活习惯对能源消耗和碳排放有着直接影响，消费者在推动制造业低碳行为的演变中起着不可或缺的作用，他们的行为直接影响着碳排放量。研究显示，消费者低碳行为包括选择绿色产品、减少能源使用、参与回收活动等。这些行为受到个人环保意识、知识水平、社会规范、经济因素以及产品的可用性等多种因素的影响[③]。理论模型，如理性行为理论、计划行为理论和规范激活模型，被用来解释消费者的低碳行为。动因包括环保意识、社会影响、经济激励和政策支持。环保意识是影响消费者采取低碳行为的内在动机，而社会规范和同辈影响则构成外在压力。经济激励，如税收优惠和补贴以及政策措施，如限制高碳产品的销售，也能有效促进消费者的低碳行为。技术的发展使消费者更容易采取低碳行为，如通过智能家居系统减少能源消耗。同时，信息传播，尤其是通过社交媒体和网络平台，对提高消费者对低碳产品的认知和接受度起到了关键作用。然而，目前对于不同文化和经济背景下消费者低碳行为的比较研究较少，对于低碳行为在不同消费群体间的差异性也缺乏深入的理解。此外，消费者行为变

① OHNO H, SHIGETOMI Y, CHAPMAN A, et al. Detailing the economy-wide carbon emission reduction potential of post-consumer recycling[J]. Resources, conservation and recycling, 2021, 166: 105263.

② LIANG L, LI F T. Differential game modelling of joint carbon reduction strategy and contract coordination based on low-carbon reference of consumers[J]. Journal of cleaner production, 2020, 277(Pt 2): 123798.

③ PARAG YAEL, AYAL S. A middle-out approach to foster low-carbon lifestyles[J]. One earth, 2023, 6(4): 333-336.

化的长期持续性和深度转变的机制也需要进一步地探索。在推动消费者低碳行为方面，最大的挑战之一是如何克服消费者的惰性和习惯性行为。此外，认知差距、误解和信息过载也可能阻碍消费者采取低碳行为。市场上低碳产品的可负担性和可获得性也是影响消费者选择的重要因素。未来的研究需要更加深入地理解消费者行为背后的心理和社会动因，探索跨文化背景下的行为差异以及评估不同激励措施的有效性。通过提高消费者的环境意识和改变消费模式，可以有效地推动制造业的低碳转型，共同迎接低碳经济的到来。

（二）"双碳"目标下企业和消费者低碳行为分析模型

1. 消费者低碳行为分析模型

低碳消费行为对于减少整体碳排放具有重要作用，通过选择低碳产品和服务，消费者能够促进清洁能源的使用，减少废物和污染，从而支持能源节约和可持续发展[①]。对此，学术界提出了多个理论模型来分析和预测消费者的低碳行为。计划行为理论（TPB）[②]是预测行为的经典模型，其核心在于行为意图的概念，即个人对某一行为的执行意愿。TPB 指出，行为意图受到三个主要因素的影响：个人对行为的态度、主观规范（他人对该行为的看法和期望）以及知觉行为控制（个人对于行为控制的信念）。在消费者低碳行为研究中，TPB 被用来评估消费者选择低碳产品或服务的意愿以及识别影响这一意愿的关键因素。规范激活理论（NAM）[③]关注于道德规范在行为决策中的作用。该理论认为，个人在意识到其行为可能影响他人或环境时，如果感到自己对这些后果负有责任，则其内在的道德规范会被

① FANG K L, AZIZAN S A, WU Y F. Low-carbon community regeneration in China: A case study in Dadong[J]. Sustainability, 2023, 15(5): 4136.

② YANG X, ZHOU X H, DENG X Z. Modeling farmers' adoption of low-carbon agricultural technology in Jianghan Plain, China: An examination of the theory of planned behavior[J]. Technological forecasting and social change, 2022, 180(7): 121726.

③ ZAITOON A, LIM L T, SCOTT-DUPREE C. Activated release of ethyl formate vapor from its precursor encapsulated in ethyl Cellulose/Poly (Ethylene oxide) electrospun nonwovens intended for active packaging of fresh produce[J]. Food hydrocolloids, 2021, 112: 106313.

激活，促使其采取行动。在消费者低碳行为方面，NAM 有助于理解消费者如何通过其道德和责任感来决定其低碳消费模式。价值 - 信念 - 规范理论（VBN）[①] 是一个更为综合的框架，它将个体的价值观、生态世界观、感知环境问题的严重性、责任感和个人规范连接起来，以解释个体的环境友好行为。VBN 理论认为，深层的价值观如生态价值观和社会公平价值观是驱动低碳行为的基础。在消费者行为分析中，VBN 有助于解释消费者选择低碳行为的深层心理动因。这些理论并不是相互排斥的，实际上在分析消费者低碳行为时往往是相互补充的。研究者们通常会结合 TPB 的行为意图框架、NAM 中的道德规范观点以及 VBN 的价值观分析，来全面理解消费者的行为。例如，TPB 可以用来评估促进消费者低碳行为的策略，而 NAM 和 VBN 可以深入挖掘背后的价值驱动因素。

目前，学术界的研究重点主要集中在探讨居民低碳消费意愿和行为的影响因素，主要涵盖了消费者的认知能力和内在感知等方面。消费者在认知阶段首先获得有关环保问题的信息，包括气候变化、资源耗竭等。这可以通过教育、媒体、社交圈子或个人研究获得。消费者的环保意识和知识水平在此阶段起着关键作用。关于低碳消费意愿的影响因素，Brunner 等 [②] 的研究分析了多个因素，包括碳标签的可接受性和可信度、对低碳产品的态度、低碳消费的感知效果以及社会规范等。研究发现，消费者倾向于购买低碳产品时，通常会寻求环保产品的认证和标志，这有助于他们在可持续性选择方面做出决策。Chen 等 [③] 的研究利用回归模型揭示了性别、文化程度、碳标签意识以及低碳产品购买习惯等因素在显著影响消费者低碳产品的购买意愿方面的作用。在认知阶段后，消费者会形成对产品的态度和

① YEOW P H P, LOO W H. Antecedents of green computer purchase behavior among Malaysian consumers from the perspective of rational choice and moral norm factors[J]. Sustainable production and consumption, 2022, 32: 550-561.

② BRUNNER F, KURZ V, BRYNGELSSON D, et al. Carbon label at a university restaurant-label implementation and evaluation[J]. Ecological economics, 2018, 146(4): 658-667.

③ CHEN H, LONG R Y, NIU W J, et al. How does individual low-carbon consumption behavior occur?–An analysis based on attitude process[J]. Applied energy, 2014, 116(1): 376-386.

情感，这些情感可以包括环保、社会责任感以及对环境问题的担忧。这些情感和态度将影响他们的低碳行为。Réale 等[1] 研究发现生态人格对低碳消费行为的影响机制很重要，其中生态宜人性和生态责任心被认为是影响低碳消费行为的主要因素。另一项研究基于环境行为理论和技术接受模型发现，情境因素如经济激励政策、自愿行动和宣传教育等，通过农户的感知作为中介，对农户采用清洁能源的行为产生积极影响[2]。消费者可能会受到家人、朋友、同事或社会媒体的影响，他们的低碳行为可能受到社交圈内其他人的期望和态度的影响。这种社会规范可以促使他们采取特定的环保行为。Fang 等[3] 研究发现，家庭成员之间的低碳消费行为可以对彼此产生积极影响以及对整个家庭和环境产生影响。当一个家庭成员采取低碳消费行为时，如节水、减少能源消耗或垃圾回收，其他家庭成员可能会受到启发，并模仿这种行为。这种示范效应可以促使家庭中的其他成员也采取环保行动。消费者的宗教、伦理和道德价值观可能会影响他们的低碳行为。一些人可能出于道德和宗教原因选择采取环保行动。Lee 等[4] 研究发现，宗教和伦理体系强调对自然界的尊重和保护，信仰者可能会感到有责任采取环保行动，包括低碳消费，以保护神赐予的自然资源。宗教、伦理和道德价值观可以在很大程度上塑造消费者的低碳消费行为。因此，理解这些价值观对于鼓励和促进可持续和低碳消费至关重要。消费者的实际行为和经验可能会反馈到他们的认知、情感和态度中。正面的反馈可以强化低碳行为，反之亦然。这些模型的综合应用可以帮助研究者、

① RÉALE D, DINGEMANSE N J, KAZEM A J N, et al. Evolutionary and ecological approaches to the study of personality[J]. Philosophical transactions of the royal society of london, series b. biological sciences, 2010, 365(1560): 3937-3946.

② ZHANG Y J, LUO Y L, ZHANG X J, et al. How green human resource management can promote green employee behavior in China: A technology acceptance model perspective[J]. Sustainability, 2019, 11(19): 5408.

③ FANG K L, AZIZAN S A, WU Y F. Low-carbon community regeneration in China: A case study in Dadong[J]. Sustainability, 2023, 15(5): 4136.

④ LEE J Y, TAHERZADEH O, KANEMOTO K. The scale and drivers of carbon footprints in households, cities and regions across India[J]. Global environmental change: human and policy dimensions, 2021, 66(11): 102205.

政策制定者和商业实践者从多个角度审视和影响消费者行为,以促进更广泛的低碳行为转变,进而支持实现全球"双碳"目标。

2. 零售商低碳行为分析模型

在当今环境形势严峻的背景下,零售商的低碳化发展不仅是对抗气候变化的重要手段,也是零售商社会责任的体现。零售商的低碳行为通常由多种动机驱动,包括经济效益、法规遵从、品牌形象、消费者需求以及道德责任感。经济效益涉及降低能源成本和提高效率;法规遵从则关乎政府政策和法律要求;品牌形象和消费者需求驱动零售商实施低碳行为以满足市场期待;道德责任感则是零售商基于对环境保护的承诺而采取的行动。在全球气候变化和环境恶化的背景下,零售商的低碳行为分析模型作为一个关键的工具,可以指导和改善零售商,特别是零售商的环保实践。这种模型的重要性在于它能够帮助零售商评估和优化它们的环境影响,同时也是实现可持续发展目标的关键。

基于"意识 - 情境 - 行为"理论和合法性理论,根据周志方等[1]的研究,企业的低碳意识与低碳行为之间存在正相关关系,这种关系在非国有企业群体中尤为显著。这表明,提高企业的低碳意识可以直接影响其实际的低碳行为,尤其是那些灵活且能够快速适应环境变化的柔性低碳行为。此外,企业在社会环境中的合法性地位,即组织合法性,被发现可以正向调节低碳意识和行为之间的关系。Zhang 等[2]的研究进一步探讨了供应链合作在减少碳排放中的作用。他们通过构建微分博弈模型,分析了两级供应链合作减排的策略。研究发现,供应链中的合作关系对于减少碳足迹具有重要意义。通过合作,不同企业能够共同努力降低整个供应链的碳排放,提高其可持续性,同时改善企业声誉,并满足消费者和其他利益相关者的环保期望。在21世纪,供应链竞争已经超越了传统的企业间竞争,成

---

① 周志方,聂磊,沈宜蓉,等.企业低碳意识对低碳行为的影响机制研究:基于"意识 - 情境 - 行为"视角 [J]. 北京理工大学学报(社会科学版),2019,21(5):30-43.

② ZHANG Z Y, YU L Y. Altruistic mode selection and coordination in a low-carbon closed-loop supply chain under the government's compound subsidy: A differential game analysis[J]. Journal of cleaner production, 2022, 366(15): 132863.

为了企业间争夺市场份额的主战场。在这样的环境下，供应链中的企业——特别是制造商和零售商——必须协同工作，以最大化整个链条的利润。这通常涉及签订包括批发价格契约、收益共享契约、回购契约等在内的不同类型的契约，以激励或限制各自的决策行为，进而实现供应链的协调。针对由制造商和零售商组成的二级供应链，尽管批发价格契约无法完全协调供应链，但由于操作简便，仍被广泛使用。然而，在随机需求的市场环境下，这些契约可能需要进一步优化，以便更好地适应市场的动态变化，尤其是在鼓励零售商采取低碳行为方面。零售商低碳行为分析模型强调了企业在转向低碳经济中的主动性和创造性。通过综合考虑企业的低碳意识、外部情境以及与供应链伙伴的协作关系，这个模型不仅指导企业如何应对当前的环境挑战，而且还提供了一个框架，以帮助它们预测和规划未来的低碳行为。

3. 制造商低碳行为分析模型

随着全球对节能减排关注度的不断提高，低碳发展已成为全球制造业的重要趋势。制造商低碳行为分析模型作为帮助制造企业实现低碳发展的工具，越来越受到业界和学术界的关注。制造商低碳行为分析模型的核心目标是帮助制造企业在追求经济效益的同时，实现低碳发展、减少对环境的影响。通过了解制造企业的碳排放情况和环境影响，制造商可以采取针对性的措施降低碳排放、提高能源利用效率，从而实现可持续发展。制造商低碳行为的驱动力主要包括政策、市场和消费者三个层面。政策层面主要包括国家的碳排放政策、产业政策等；市场层面主要包括市场竞争、技术创新等；消费者层面主要包括消费者对环保产品的需求和偏好等。此外，这些模型还可以帮助制造商更好地满足国家碳排放政策和环保法规的要求。

生命周期碳排放评估模型是一种评估产品或服务在整个生命周期中碳排放量的方法。Hao 等[1]利用该模型考虑产品或服务的整个生命周期，包括原材料采集、

① HAO J L, CHENG B Q, LU W S, et al. Carbon emission reduction in prefabrication construction during materialization stage: A BIM-based life-cycle assessment approach[J]. Science of the total environment, 2020, 723: 137870.

生产制造、运输、使用和回收等环节的碳排放。通过生命周期碳排放评估模型，制造商可以全面了解产品或服务的碳排放情况，为采取低碳措施提供依据。

碳足迹分析模型是一种评估组织或产品碳排放的方法。KARAŞ 等[①] 利用该模型考虑产品的直接和间接碳排放、整个产品的价值链，帮助制造商了解自身的碳排放情况，并与供应商、客户等合作采取低碳措施，实现整个价值链的低碳发展。

能源消耗及排放分析模型是一种评估制造商能源消耗和排放情况的工具。Fragkos 等[②] 利用该模型分析制造商在生产过程中的能源消耗、碳排放和废弃物产生情况，进而帮助制造商采取针对性的节能减排措施。

绿色供应链管理模型是一种评估制造商供应链环保程度的工具。Haiyun 等[③] 认为该模型可以评估制造商在供应商选择、生产制造、物流配送等环节的环保表现，帮助制造商实现供应链的绿色管理。通过绿色供应链管理模型，制造商可以与供应商合作采取低碳措施，提高整个供应链的环保水平。

在"双碳"背景下，制造商低碳行为分析模型对于实现可持续发展至关重要。这些模型具有广泛的应用价值，可以帮助制造商全面了解自身的碳排放情况和环保表现，为采取针对性的低碳措施提供依据。随着技术的不断进步和政策的不断加强，制造商应进一步加强对低碳行为分析模型的研究和应用，以实现更加高效的低碳减排和环保措施。

① KARAŞ B, SMITH P J, FAIRCLOUGH J P A, et al. Additive manufacturing of high density carbon fibre reinforced polymer composites[J]. Additive manufacturing, 2022, 58: 103044.

② FRAGKOS P, VAN SOEST H L, SCHAEFFER R, et al. Energy system transitions and low-carbon pathways in Australia, Brazil, Canada, China, EU-28, India, Indonesia, Japan, Republic of Korea, Russia and the United States[J]. Energy, 2021, 216: 119385.

③ HAIYUN C, ZHIXIONG H, YUKSEL S, et al. Analysis of the innovation strategies for green supply chain management in the energy industry using the QFD-based hybrid interval valued intuitionistic fuzzy decision approach[J]. Renewable and sustainable energy reviews, 2021(143): 110844..

二、企业和消费者低碳行为激励措施及低碳减排路径分析

（一）企业和消费者低碳行为激励措施分析

1. 制造商低碳行为激励措施

制造商低碳行为激励措施包括但不限于以下几种。

（1）节能减排奖励。鼓励制造商在生产过程中采用节能技术和低碳生产方式，将减排量转化为经济激励，鼓励制造商提高生产效率，同时减少对环境的影响。

（2）减免税费。政府可以通过优惠税收政策来鼓励制造商采取低碳生产方式，如对新能源汽车生产企业免征增值税等。

（3）绿色信贷。金融机构可以推出绿色低碳信贷，为制造商提供有利的融资条件，鼓励企业实施低碳生产。

（4）绿色供应链。鼓励制造商与环保友好的供应链合作伙伴合作，促进整个产业链的绿色化发展。

（5）绿色认证。为了促进低碳生产的发展，可以引入一些绿色认证标准，制定相应的认证程序和标准，帮助制造商逐步实现低碳生产。这些措施可以从不同方面为制造商提供激励和支持，促进制造业的低碳转型与发展。

范如国等[①] 通过仿真实践，认为建立制造企业低碳行为激励机制，要遵循低碳企业多周期动态激励契约规律，实现帕累托改进，实现企业长期的低碳减排。薛生健等[②] 从制造企业角度，开展消费者低碳行为的激励措施研究，认为零售企业和制造企业受政府低碳激励政策影响，通过引导消费者的低碳行为，激励零售企业开展低碳营销，从而形成消费者、零售企业和制造企业低碳行为的良性循环反馈体系。

由于气候变化，尤其是全球变暖的趋势日益明显，其中至少90% 的全球变暖

---

① 范如国，李玉龙，杨维国.基于多任务目标的企业低碳发展动态激励契约设计 [J]. 软科学，2018，32（2）：38-43.

② 薛生健，薛晗.产品设计中的低碳行为方式引导 [J].包装工程，2018，39（22）：230-234.

是人类造成的，严重影响了人类的生存和发展 [1][2]，许多国家在巴黎会议上达成协议呼吁可持续生产，发展和建立低碳经济成为首要议程和目标 [3][4]。研究表明，在大多数发达国家和发展中国家，不同行业碳排放都主要来自制造业。此外，由于人们环境保护意识的提高和低碳的消费习惯，客户更喜欢低碳产品，并愿意为此付出一定的经济代价。因此，对许多公司来说，生产低碳排放的产品既实用又重要。

在低碳生产的最开始就是制造商对于低碳原材料的选择，根据相关研究报告，在制造业的主要减排努力中，除了在能源利用方面推进可再生能源利用以及提高能效等措施外，还涉及资源的循环利用、环境设计和绿色技术研发等。比如，通过从废旧产品中回收和再利用材料和组件，减少制造业对原材料和能源密集型生产过程的需求。通过采用科学的设计产品和工艺，减少废物产生，提高产品耐用性和可回收性，优化材料和能源的使用，最大限度地减少从原材料提取到处置的整个生命周期对环境的影响。此外，制造业还可以利用绿色技术和解决方案，更多利用低碳高效的新技术和解决方案，如可再生能源、碳捕获和储存、数字化和自动化或循环经济模式等。

参考低碳补贴政策执行较早的新能源汽车行业的经验，以新能源汽车的生产为例，新能源的利用、提高能效、减少生产用水、采用可持续设计以及开展 ESG[5] 治理等都有助于实现碳减排。当然，除了自身的努力之外，制造业应对气候变化

---

[1] BERNSTEIN L, BOSCH P, CANZIANI O, et al. Climate change 2007: synthesis report[R/OL]. https://www.cma.gov.cn/en/Special/2013Special/20131023/2013102304/201310/P020131024576851575116.pdf.

[2] HOGUE C, JOHNSON J, KEMSLEY J. Global-warming warnings[J]. Chemical & engineering news, 2013, 91(3): 4-4.

[3] CHEN X, HAO G. Sustainable pricing and production policies for two competing fifirms with carbon emissions tax[J]. International journal of production research, 2015, 53(21): 6408-6420.

[4] CHEN X, LUO Z, WANG X. Impact of efficiency, investment, and competition on low carbon manufacturing[J]. Journal of cleaner production, 2017, 143(1): 388-400.

[5] ESG 是环境（environmental）、社会（social）和治理（governance）的缩写，是一种关注企业环境、社会和治理绩效的企业发展理念和可持续投资实践。

也离不开有效的气候政策和市场体系等环境。制造商分享给零售商政府补贴利益、利用零售商实施新能源汽车消费优惠政策、在税收和电费补贴等方面给消费者实际利益，使得新能源汽车行业获得快速发展，这对消费品零售行业起到了较好的借鉴和示范带动作用。王文宾等[①]通过系统动力学模型仿真得出政府补贴会促进制造商生产新能源汽车。郭晓丹等[②]发现新能源汽车购车补贴较好地实现了市场推广的政策目标，消费者购买新能源汽车反向促使制造商生产。

而在低碳加工的阶段，制造商可以采取如下的几种方式进行节能减排。

（1）减量置换、产业升级。通过减量置换降低产能从而降低整体碳排放量。减少产量降低行业排放量，目前政策中与企业碳资产管理效益未挂钩。新建的产业升级、智能环保生产线，能耗将大幅降低，从而降低碳排放量。

（2）精益生产、精细管理。通过实施精益生产、精细管理，引入节能降耗措施，将现有生产线提升优化，降低能源消耗至先进水平，减少碳排放强度3%～7%。具体方式为深入持续推进精益生产、精细管理，通过管理体系促进管理进步、技术进步，降低消耗。在现有生产线引入先进技术。

（3）废弃物协同处置。废弃物协同处置有利于提高配额，在有条件的企业继续推进危险废弃物、污泥、生活垃圾协同处置。

（4）可再生能源。太阳能、风能等可再生能源利用是国际公认的碳减排项目，太阳能、风能等可再生能源以及余热发电计算碳排放因子为0，即抵消外购电力碳排放。根据《中国再生资源回收行业发展报告（2022）》的数据，2021年，我国共回收了废有色金属、废钢铁、废轮胎、废塑料、废纸、报废机动车、废玻璃、废弃电器电子产品、废电池（不包括铅酸电池）、废旧纺织品等10大类再生资源，总量达到38 063.5万吨，较去年增长了2.4%。其中，废塑料、废纸、废旧纺织品、废电池（不包括铅酸电池）和报废机动车的回收量均增长超过10%；这些再生资源

① 王文宾，刘业，钟罗升，等.补贴-惩罚政策下废旧动力电池的回收决策研究[J].中国管理科学，2023，31（11）：90-102.
② 郭晓丹，王帆."双碳"目标下政府补贴、需求替代与减排效应：来自中国乘用车市场的证据[J].数量经济技术经济研究，2024，41（2）：131-150.

的回收价值达到13 695亿元，比前一年增长了35.1%。

　　Zhang 等 [1] 将他们的研究聚焦在消费者环境意识（CEA）和零售商在供应链中对环境质量和价格的公平关注。他们证明公平问题加上 CEA 可能会改变这一趋势。Bian 等 [2] 研究了制造商通过绿色技术投资采用制造商或消费者补贴的动机，并发现制造商采用消费者补贴而不是制造商补贴，文献关注的是单个制造商，也有考虑竞争制造商的研究。例如，Chen 等 [3] 研究了两个竞争制造商的定价和碳排放减排决策，并检查生产效率、碳排放的影响，降低效率和实现低碳制造的市场力量结构。

　　Zhang 等 [4] 研究总量管制与交易机制的影响，研究了两个竞争制造商的定价和排放，并表明制造商的规模会影响减排率和利润。在 Shi 等 [5] 关于清洁技术的研究中，针对一个制造商与两个零售商所构成的供应链投资情况展开了深入探讨，并得出制造商更倾向于促使两个零售商均进行投资。Bian 等 [6] 探讨了一对多供应链上的环境政策（税收与补贴）。他们发现在补贴政策下，上游制造商总是倾向于更多的下游进入，这一结论不具有绝对性。在 zhou 等 [7] 的综述文献中，可以进一步

① ZHANG L H, ZHOU H, LIU Y Y, et al. Optimal environmental quality and price with consumer environmental awareness and retailer's fairness concerns in supply chain[J]. Journal of cleaner production, 2019, 213(10):1063-1079.

② BIAN J S, ZHANG G Q, ZHOU G H. Manufacturer vs. consumer subsidy with green technology investment and environmental concern[J]. European journal of operational research, 2020, 287(3):832-843.

③ CHEN X, LUO Z, WANG X. Impact of efficiency, investment, and competition on low carbon manufacturing[J]. Journal of cleaner production, 2017, 143(1): 388-400.

④ ZHANG L H, ZHOU H, LIU Y Y, et al. The Optimal Carbon Emission Reduction and Prices with Cap and Trade Mechanism and Competition[J]. International journal of environmental research and public health, 2018, 15(11): 2570.

⑤ SHI X T, DONG C W, ZHANG C, et al. Who should invest in clean technologies in a supply chain with competition? [J].Journal of cleaner production, 2019, 215(1):689-700.

⑥ BIAN J S, ZHAO X. Tax or subsidy? an analysis of environmental policies in supply chains with retail competition[J]. European journal of operational research, 2019, 283(3): 901-914.

⑦ ZHOU P, WEN W. Carbon-constrained fifirm decisions: From business strategies to operations modeling[J]. European journal of operational research, 2020, 281(1):1-15.

了解与企业碳约束决策相关的研究，该文献提出低碳制造业中两个制造商的合并，可以在合并之后继续垄断消费者市场，并且能同时降低产品价格和碳排放量，有利于绿色减排。

我国再生资源回收规模正呈逐年上升的趋势，但我们仍然需要在再生资源的综合利用方面追赶国际先进水平。与日本和韩国相比，他们在建筑垃圾的资源化利用方面已经实现了大约97%的利用率，而美国报废机动车拆解处理行业规模也已经扩大至约700亿美元。废纸回收率高达81.6%，废电池回收率增至98.2%，占美国循环经济总产值的三分之一。相对地，我国废纸回收率一直低于50%，建筑垃圾的资源化利用率也一直维持在较低水平，每单位废物资源化产值还有很大的提升空间。尽管《"十四五"循环经济发展规划》设定了目标，到2025年，我国主要资源产出率应比2020年提高约20%。但我们仍需更加努力地改善再生资源回收与综合利用水平，以缩小与国际先进水平的差距。

我国再生资源行业近年来在环保监管方面取得了积极进展。大量不规范的再生资源厂商被关闭，再生资源产业发展逐渐趋向规范化。目前从事再生资源回收业务的企业约有10万家，大约有1 500万人就业于该行业。再生资源综合利用企业以中小型私营企业为主体，私营企业占比超过80%，民营企业从业人员占全行业的75%，远超国有企业和外资企业。

为了促进再生资源产业的发展，国家针对不同类型的企业采取了不同的措施。一方面，鼓励并支持原有再生资源产业链中的中小型企业为大型企业提供配套服务，积极参与外资企业的合作。另一方面，国家致力于推动众多再生资源中小型企业发展，使其成为知名品牌企业，并成为大型企业、跨国公司的配套组织。通过鼓励与协助再生资源产业链主体协同合作，推动中小型企业向更加精细化、深度化、专业化发展。

然而，我国再生资源企业普遍存在设备简陋、技术落后、专业化与智能化水平较低等突出问题。废旧资源的综合利用水平与技术能力相对较低，再生资源及废物回收利用等产业尚未形成完善的体系，导致存在处理成本高、利用率低等现实问题。由于民营企业总体资产规模较小、产业布局相对分散，再生资源产业链的资源整合能力较弱，难以有效发挥规模优势，且存在同质化问题，造成再生资源产业整体缺乏创新。此外，垃圾分类在我国尚未广泛、深入地推广应用，也给再生资源行业带来一些挑战。

为了解决这些问题，我们需要进一步加大技术研发和创新投入，提高再生资源企业的设备和技术水平，推动产业链的升级和优化。同时，需要加强合作与整合，促进资源共享和优势互补，提高再生资源产业链的整体效益。此外，还需要加强宣传和教育，提高公众对垃圾分类和再生资源回收利用的认识和参与度，形成良好的社会氛围和消费习惯。

与再生资源行业密切相关的是绿色供应链，它是一种以绿色理念为核心的供应链模式。绿色供应链考虑到产品从设计、采购、生产、包装、物流、营销、消费到回收等环节的绿色要求，致力于解决资源枯竭和环境污染等问题。通过选择环保原材料、采购可循环使用的材料、采用合理的制造工艺、使用环保包装材料、改进物流方式、提高消费者的环保意识以及建立有效的回收流程等措施，绿色供应链可以有效降低资源消耗和环境污染。

实施绿色供应链管理，制定相应的制度和标准，并为供应商提供低碳、低成本的解决方案和激励机制，有助于推动供应链中各个环节的低碳转型。这将有助于实现资源的高效利用，废弃物和污染源的减少，促进可持续发展。因此，我们应积极推动绿色供应链的建设和应用，促进再生资源产业的可持续发展。在商品采购方面，优先选择低碳产品，尝试购买使用二手办公家具和用品，在兼顾实用性、安全性的同时达到低碳节能。在选择服务方面，优先选择低碳服务模式，如物流服务方面，优先选择使用绿色、可再生、可循环利用包装材质，使用新能源运输车辆，选择仓储货运管理智能高效的物流公司服务；在布展服务方面，优先选择模块化搭建的模式，可实现材料的重复使用；在能源采购方面，优先采购可再生能源电力，使用可溯源的绿色电力。Zhang 等[①] 考虑了一个面临随机需求的多项目生产企业，发现碳总量管制和贸易政策可以显著影响公司的价格和利润。Xu

---

① ZHANG B, XU L. Multi-item production planning with carbon cap and trade mechanism[J]. International journal of production economics, 2013, 144(1): 118-127.

等^①研究了总量管制与交易监管下双渠道供应链的协调问题，设计了一个改进的收入共享合同，以有效地协调制造商和零售商在碳税和总量管制与交易政策的存在下的平衡问题。

近年来，为了刺激绿色消费，政府对低碳产品的消费进行了补贴，如环保冰箱、节能空调、新能源汽车等^②。政府补贴政策可以惠及消费者，促进低碳经济^③。然而，在现实中制造商通常不会确切地告知公众，许多企业利用政府的信息不对称来骗取补贴。一些新能源汽车行业企业涉嫌在财务方面存在造假行为，违反相关法律法规以获取补贴。其中，一些汽车销售商在获得政府补贴之后，实际上并未将产品销售给消费者。举例来说，2016年，中国财政部公布了5起典型的骗取新能源汽车财政补贴违法案例，其中最大的欺诈补贴金额高达5.2亿元。在碳排放信息不对称的情况下，政府很难确定是否以及如何进行大量补贴。

2. 零售商低碳行为激励措施

在零售企业低碳行为激励措施方面，张希良^④认为零售企业通过加大低碳产品宣传力度，采取低碳消费积分等措施，可以增强消费者低碳消费意识。张红等^⑤以加贴碳标签牛奶为研究对象，探索碳标签对购买行为的影响，发现消费者对贴有低碳标签牛奶有显著正向偏好。因此零售企业应增大加贴碳标签商品范围，普及碳标签知识，提升消费者低碳产品需求，刺激零售企业低碳营销行为，实现低碳

① XU L, WANG C, ZHAO J. Decision and Coordination in the Dual-channel Supply Chain Considering Cap-and-trade Regulation[J].Journal of cleaner production , 2018, 197: 551-561.

② HUANG S, FAN Z P, WANG N N. Green subsidy modes and pricing strategy in a capital-constrained supply chain[J]. Transportation research part E: logistics and transportation review, 2020, 136: 101885.

③ HUANG S, FAN Z P, WANG X H. Optimal financing and operational decisions of capital-constrained manufacturer under green credit and subsidy[J]. Journal of industrial and management optimization, 2017, 17 (1), 261-277.

④ 张希良.低碳发展转型与能源管理[J].科学观察，2019，14（4）：49-52.

⑤ 张红，韩子旭，熊航.城市消费者对碳标签牛奶的偏好及其异质性来源：基于选择实验法的分析[J].农业现代化研究，2021，42（1）：112-122.

行为正向刺激反馈。

零售商低碳行为激励措施还涉及了绿色物流、回收利用等方面。

（1）绿色物流。绿色物流是一个以减少资源浪费、降低污染环境、减少资源消耗为目标，借助先进物流技术规划和实施的运输、存储、包装、装卸、流通加工等物流活动。它也是一种快捷有效的针对绿色产品和服务的流动绿色经济管理过程，也称为环保物流。常见的物流活动的目标有实现自身企业的销售盈利、提高企业服务水平、满足客户所需、提高行业占有率等，这些目标都是为了提高自身经济利益。与常见的物流活动不太相同，绿色物流除了要满足企业经济利益的基本目标外，还需要考虑节约资源和保护环境的问题。

随着越来越多的购物者在网上购物，对无缝购物的需求体验落到了零售商身上。他们必须寻找与客户见面的新机会。最近，越来越多的人开始关注电子商务的可持续发展，这成为电子商务领域最大的挑战，这一领域包括交付、退货和包装等环节。

为零售商提供服务的第三方物流关心环境保护。运输公司正在以现代化的方式进行投资运输和发展新能源汽车和充电站。此外，他们正在建造或使用可再生能源，节能照明、雨水利用系统等，这也适用于他们的工作方式。公司正在培训员工将保护环境的观点刻在脑海里，并将其作为自身的一项日常工作任务，例如通过减少办公材料的消耗等。众多作者[1][2]证明消费者的环保意识正在持续增长。

（2）回收利用。为了促进再生资源的回收利用，可以采取以下措施。

首先，拓宽未被充分利用的资源共享和二手商品交易渠道。支持共享经济的发展，推动未被充分利用的资源在出行、住宿、货运等领域实现共享利用。同时，积极促进二手车交易业务，取消二手车的限迁政策，扩大二手车的流通范围。此外，

---

① LIU Z G, ANDERSON T D, CRUZ J M. Consumer environmental awareness and competition in two-stage supply chains[J]. European journal of operational research, 2012, 218(3): 602-613.

② ZHANG L H, WANG J G, YOU J X. Consumer environmental awareness and channel coordination with two substitutable products[J]. European journal of operational research, 2015, 241(1): 63-73.

还应鼓励二手家电、消费电子产品、服装等商品的交易，并改善交易环境。为了促进二手商品的流通，可以允许有条件的地区开展旧货市场，定期组织二手商品交易活动，并规范在线二手商品交易。另外，建立信用和监管体系，完善交易纠纷解决规则，也有助于促进二手商品交易的发展。

其次，建立废弃物资循环利用体系。将废弃物回收设施、报废机动车回收拆解场地纳入规划，确保合理用地需求。统筹推进废物回收网点与生活垃圾分类网点的整合，合理规划和规范建设回收网络体系。放宽废弃物资回收车辆的城市和小区进入限制，并加强管理，以确保合理的路权。同时，可以推广"互联网+回收"模式，利用互联网技术提高废弃物资的回收效率和覆盖范围。此外，要加强废弃家电、消费电子产品等耐用消费品的回收处理，鼓励生产企业实施回收目标责任制行动。还需完善乡村回收网络，促进城乡废弃物资循环利用体系的一体化发展。同时，加强对拆解利用企业的规范管理和环境监管，依法查处违法违规行为，并推动"无废城市"的建设。

零售商的低碳营销在低碳供应链的发展中也扮演着重要角色。营销是发现或研究潜在消费者需求的过程，在这个过程中让消费者了解产品、购买产品。营销努力是指公司以更大的热情、充分的信任和积极的动机生产和分销产品，近年来才被运用到经济理论中。一般来说，企业会在广告投入、促销、增加销售渠道等方面进行营销努力。

目前学者对零售商营销努力行为的研究并不是很多。汪峻萍[1]等研究了零售商的公平偏好程度和销售努力水平对供应链系统利润的影响以及在研究涉及的各方面达到平衡时供应链的最优价格。李建斌等[2]也研究了零售商的营销努力成本对供应链的最优价格的影响，不同的是，他们构建了两个零售商的供应链模型，并指出零

---

[1] 汪峻萍，汪亚.考虑公平偏好和销售努力的供应链决策模型[J].系统管理学报，2018，27（2）：374-383.

[2] 李建斌，朱梦萍，戴宾.双向搭便车时双渠道供应链定价与销售努力决策[J].系统工程理论与实践，2016，36（12）：3046-3058.

售商的努力成本对最优价格和努力水平产生影响。方磊等[①]则把零售商的营销努力与金融方面联系起来，考虑了运营融资，最终研究发现供应链的需求受零售商的营销努力的直接影响。郭大伟等[②]研究的领域有所不同，他们考虑了产品的商誉，分析了商誉如何受供应链中决策者营销努力行为的延迟效应的影响。张旭梅等[③]针对O2O供应链模型，考虑线上平台营销努力对需求的影响，构建了批发和代理两种模式的博弈模型，研究了线下服务商的最优合作策略问题。尚文芳等[④]研究了关于政府补贴的三种情形下，政府补贴对供应链成员价格决策和利润的影响是复杂的，需要考虑到补贴形式和程度等因素。因此，在制定补贴政策时，政府应该根据实际情况进行灵活调整，以实现最优化的效果。研究表明，政府的补贴程度越高，企业的营销努力程度也会相应提高。李友东等[⑤]基于博弈论研究了分散和集中决策下企业决策，发现企业的合作决策可以降低产品价格，提高企业碳减排量。在实际应用中，营销努力也在很多企业中体现。

3. 消费者低碳行为激励措施

（1）加强低碳意识宣传教育。人的意识、观念决定其行为。因此，要实现"双碳"目标，必须从培养全体员工的低碳意识开始，包括生活和工作的方方面面。应使用生动、简单、有趣的方式进行宣传。为了推广绿色低碳、可持续发展理念，促进低碳办公，需要进行全方位、多角度的广泛宣传。除了利用传统媒体进行宣传之外，还应充分利用新媒体，通过公众号、视频号等平台开展低碳公益宣传，

① 方磊，夏雨，杨月明.考虑零售商销售努力的供应链融资决策均衡 [J].系统工程理论与实践，2018，38（1）：135-144.

② 郭大伟，戴更新，马德青，等.考虑双延迟效应的供应链动态营销合作策略 [J].系统工程，2019，37（6）：13-24.

③ 张旭梅，郑雁文，李梦丽，等.O2O模式中考虑附加服务和平台营销努力的供应链合作策略研究 [J].中国管理科学，2022，30（2）：181-190.

④ 尚文芳，滕亮亮.考虑政府补贴和销售努力的零售商主导型绿色供应链博弈策略 [J].系统工程，2020，38（2）：40-50.

⑤ 李友东，夏良杰，王锋正.基于产品替代的低碳供应链博弈与协调模型 [J].中国管理科学，2019，27（10）：66-76.

强化低碳办公理念。在办公场所粘贴宣传海报、播放宣传片或者设置告示栏等方式也能有效地宣传低碳理念。

同时，可以开展演讲比赛、征文比赛等活动，鼓励广大员工参与其中，形成人人关注、人人参与的低碳环保氛围。制定相关奖惩制度和措施，使低碳成为员工工作和生活的自觉习惯。

（2）实行碳积分制度。在消费者低碳行为激励措施方面，由于低碳产品价格较高，消费者又具有"价格敏感特性"，使得早期低碳产品缺乏价格竞争优势。碳积分制度是一种对低碳产品价格劣势的矫正方法和补偿措施，碳积分制度需要以下的技术措施和管理制度提供支持。

①碳排放测量和监测技术。建立碳积分制度首先需要能够准确测量和监测碳排放的技术手段。这包括对各行业和企业的碳排放进行准确测算，监测设施的建设和运行维护等。现代科技已经提供了多种有效的方法，如使用传感器、遥感技术、数据分析等，可以帮助人们对碳排放进行全面监测。

②可靠的碳排放数据和清晰的计量准则。建立碳积分制度需要有可靠的碳排放数据来源，并制定明确的计量准则。各行业和企业应提供真实、准确的碳排放数据，以便用于计算和核算。同时，制定统一的计量准则和标准，确保各方公平计算和比较碳排放。

③政策法规支持和市场机制。建立碳积分制度需要政府的政策法规支持和配套的市场机制。政府应出台相关法规和政策，明确碳积分制度的目标和要求，并提供相应的监管和激励措施。市场机制如碳交易市场的建立，能够为企业提供灵活性，促使碳积分制度的有效实施。

④公众的意识和支持。公众对低碳经济和环境保护的认知和重视程度对于碳积分制度的推行具有重要影响。教育和宣传活动可以提高公众对碳排放问题的认知，促进公众参与和支持低碳行动。

⑤国际合作和标准对齐。碳排放是全球性问题，建立碳积分制度需要国际合作和标准对齐。各国应加强合作，分享经验和技术，共同推动碳积分制度的建立和运行。国际间的碳排放计量和认证标准的一致性也对于碳积分制度的跨国实施

至关重要。

综上所述，建立碳积分制度需要碳排放测量和监测技术、可靠的碳排放数据和计量准则、政策法规支持和市场机制、公众意识和支持以及国际合作和标准对齐等现实基础的支持。这些基础将有助于推动碳积分制度的有效实施，促进低碳经济的发展。

（3）效仿其他国家实行的激励措施和政策。目前，各国政府普遍采取了多种新能源鼓励使用措施，以促进新能源的开发和利用。以下是一些常见的新能源鼓励使用措施。

①补贴政策。政府对购买和安装新能源设备（如太阳能光伏电池板、风力发电机等）的个人和企业提供补贴。这些补贴可以降低设备成本，刺激市场需求，并鼓励更多人投资和使用新能源设备。

②售电优先权。政府制定法律法规，确保新能源发电商优先接入电网并享受优惠价格，以鼓励新能源的发展和应用。这有助于提高新能源发电的竞争力和可持续性。

③固定回购价政策。政府设定固定的回购价，即政府与新能源发电商签订长期购电协议，保证其以较高价格回购发电设备产生的电力。这种政策为新能源发电商提供了稳定的收益，降低了经营风险，鼓励其增加新能源发电能力。

④税收优惠。政府可通过税收优惠政策来鼓励个人和企业购买和使用新能源设备。这些税收优惠包括税收减免和税收抵免，使得购买和使用新能源设备的成本降低，从而增加了投资的吸引力。通过减少税收负担，政府提供了经济上的激励，促使更多人和企业选择采用新能源设备。有助于推动可持续能源的发展，减少对传统能源的依赖，为环境保护和可持续发展做出积极贡献。

⑤绿色证书制度。政府推行绿色证书制度，鼓励能源用户购买来自可再生能源的电力，并给予相应的减税或认证奖励。这促进了可再生能源的市场需求和发展。

⑥研发支持。政府提供资金和技术支持，鼓励新能源技术的研发和创新。这有助于推动新能源技术的进步，提高其效率和竞争力。

⑦法律法规支持。政府制定法律法规，设立配套政策，明确新能源发展的目

标和要求，并提供相应的监管和保护措施。这提供了稳定的政策环境，为新能源的应用和发展提供保障。

需要注意的是，不同国家和地区的新能源鼓励使用措施可能会有所不同，根据当地情况而定。这些措施旨在推动可持续能源发展、减少对传统化石能源的依赖，并为应对气候变化做出贡献。

（4）积极推进植树造林。植树造林对环境的优化有以下几个方面的影响：

①空气净化和氧气产生。树木通过光合作用吸收二氧化碳，并释放出氧气。大量的树木能够有效减少空气中的二氧化碳含量，提高空气质量，减少空气污染。同时，树木还能吸附空气中的颗粒物和有害气体，起到净化空气的作用。

②水资源保护和水土保持。树木的根系可以固土，防止水土流失，减少水源污染和泥沙淤积。植树造林可以建立起稳定的森林生态系统，有助于维持水循环平衡，保护地表水和地下水资源。

③生物多样性保护。植树造林可以提供更多的生存环境和栖息地，为各种动植物提供食物和庇护所，促进生物多样性的增加。树木是生态系统的重要组成部分，通过植树造林可以恢复和保护许多濒临灭绝的植物和动物物种，维护生态平衡。

④土壤改良和污染治理。树木的落叶或者枯枝降解成的有机物富含养分，能够改良贫瘠土壤，增强土壤保水能力和肥力。同时，树木的根系还能吸收土壤中的重金属和有害物质，减轻土壤的污染程度，起到一定程度的治理作用。

⑤温度调节和城市绿化。树木具有遮阴和蒸腾的作用，能够降低周围环境的温度，减少城市的热岛效应。在城市中进行植树造林可以提供阴凉和舒适的环境，改善人们的生活质量，增加城市的绿化覆盖率。

植树造林是一种有效的环境优化措施，能够促进生态平衡、改善空气质量、保护水资源、维护生物多样性、治理土壤污染，并提供舒适的城市环境。因此，积极推行植树造林计划对于环境的优化和可持续发展至关重要。

（二）企业和消费者低碳行为减排路径分析

1. 制造商低碳行为减排路径分析

孟昕等[1] 通过构建企业间多阶段动态博弈模型，发现严控重型碳排放企业数量、降低企业减排成本和提高消费者低碳意识均有助于实现制造企业减排和提升碳配额使用效率。为了促进低碳经济发展，政府通常会采取碳税和补贴两种政策。碳税是一种对企业碳排放超标征收罚款的措施，以强制企业采用减排技术。许多研究文章都探讨了碳税政策对企业生产经营活动的影响。例如，Zhou 等[2] 的研究表明，在单位产品碳排放量大或二氧化碳价格高时，政府通过最优税率的碳税监管可以有效改善社会福利。Dou 等[3] 的研究建立了一个两阶段碳税监管下的制造商模型，并指出在第一阶段提高税收价格将减少总排放量，而在第二阶段提高税收价格将增加总排放量。

然而，其他一些文献证明，在降低企业碳排放方面，补贴可能比碳税更有效。Zhang 等[4] 的研究发现，当供应商的环境信息不对称时，补贴可以更有效地刺激供应商的环境创新。此外，政府补贴政策在引导和鼓励生产、销售低碳产品方面也起着关键作用。Lee 等[5] 的研究结果表明，在进行绿色投资时，绿色补贴比排放税更为有效。

① 孟昕，欧阳泽霖. "双碳"目标下碳配额初始分配方式的新途径：委托拍卖机制及其减排效应 [J]. 产业组织评论，2022，16（3）：123-151.

② ZHOU Y J, HU F Y, ZHOU Z L. Pricing decisions and social welfare in a supply chain with multiple competing retailers and carbon tax policy[J]. Journal of cleaner production, 2018, 190(20): 752-777.

③ DOU G W, GUO H N, ZHANG Q Y, et al. A two-period carbon tax regulation for manufacturing and remanufacturing production planning[J]. Computers & industrial engineering, 2019(128): 502-513.

④ ZHANG P, XIONG Y, ZHOU Y. The dark sides of environmental requirement in a supply chain with information asymmetry[J]. Computers & industrial engineering, 2021, 153(3):107087.

⑤ LEE S H, PARK C H. Environmental regulations in private and mixed duopolies: Taxes on emissions versus green R&D subsidies[J]. Economic systems, 2021.45 (1):100852.

综上所述，政府补贴政策在促进低碳经济方面具有重要作用，可以从供应侧激励低碳生产，鼓励企业进行碳减排投资。上述文献揭示了另一个刺激低碳的政府共同行动（即补贴），政府补贴总是对减排行动有促进作用，从两个不同的角度来看低碳生产或消费。通过一些方式在供应侧激励低碳生产补贴企业在碳减排方面的投资。Zhang 等[①]利用信号博弈探究政府和汽车企业间的博弈均衡点，给出了政府在不完全信息条件下的动态补贴策略。类似地，在这篇论文里吸纳后博弈提供了一个重要的解决信息不对称问题的方法。具体来说，我们将制造商与政府作为博弈的双方，碳减排信息为制造商的私人信息。此外，我们确定了政府补贴的均衡决策和信息结构，并确定政府或制造商从补贴中获益或受损政策和信息共享。

2. 零售商低碳行为减排路径分析

在"双碳"目标背景下，二级供应链中重要的碳排放企业一般是制造商，在零售商与制造商之间不存在契约缔结的情况下，制造商需要自身承担低碳技术研发的资金，而随着低碳技术的提升，整个供应链的利润都会增加，此时零售商就出现了"搭便车"的现象。考虑到这点，学者们开始研究是否可以通过某种契约机制，摆脱这种"搭便车"现象，让零售商参与到制造商低碳减排技术的研发中去，让供应链上的企业利润都得到帕累托改进，实现低碳供应链的协调。刘名武等[②]研究了以供应商占主导地位、零售商作为跟随者的二级供应链，设计了零售商分担制造商的减排成本的数量折扣契约，在该契约的均衡状态下，供应链上各个企业的利润均得到提升且制造商的减排水平上升。覃燕红等[③]在研究中引入了供应链成员的利他偏好，并探讨了在需求为线性函数、采用批发价格契约的情况下，供应

① ZHANG H, CAI G X. Subsidy strategy on new-energy vehicle based on incomplete information: a Case in China[J]. Physica a-statistical mechanics and its applications, 2020, 541, 123370.

② 刘名武，吴开兰，许茂增. 面向消费者低碳偏好的供应链减排成本分摊与协调 [J]. 工业工程与管理，2016，21（4）：50-57.

③ 覃燕红，艾兴政，宋寒. 利他偏好下基于批发价格契约的供应链协调 [J]. 工业工程与管理，2015，20（2）：109-115，121.

链整体效用如何受到供应商和零售商偏好影响的问题。研究结果表明，供应链成员的利他偏好能够提高供应链的整体效用。代应等[①] 在研究中考虑了低碳供应链模型中决策主体的利他偏好，研究利他偏好对低碳供应链决策协调的影响。研究发现，在制造商面临碳减排压力时，较高水平的零售商利他偏好有助于提升供应链的整体效用。林强等[②] 针对指数函数需求，研究了利他偏好对供应链决策协调的影响。研究发现，提高供应链成员的利他偏好水平有利于提升对方的利润。林强等[③] 将利他偏好引入以电商平台为核心、制造商为跟随者的二级供应链 Stackelberg 博弈模型，研究了自利型和利他型供应链的决策协调问题。研究结果表明，电商平台的利他偏好行为能够促进自身服务水平的提高，并正向影响制造商的最优销售价格决策。范如国等[④] 基于批发价格契约建立了自利型和利他型的低碳供应链博弈模型，并分析了供应链成员的利他偏好对各方决策、碳减排策略、订购量、利润和供应链整体利润的影响。研究重点探讨了供应链成员的社会偏好对碳减排行为的激励作用以及对供应链各方利润的影响。

李媛等[⑤] 分析了在低碳环境下制造商的契约选择。在这个研究中，零售商是存在公平厌恶的，供应链上的各级成员也有自身的公平偏好，他们发现，当零售商面对有利公平时，批发价格契约在一定条件下能够实现协调；反之，当零售商面对不利不公平时则不能。Chen[⑥] 针对报童供应链模型，研究了带有退货政策供应

① 代应，林金钗，覃燕红，等.利他偏好下低碳供应链批发价格契约协调机制 [J].计算机工程与应用，2017（11）：252-259.

② 林强，邓正华.利他偏好下基于批发价格契约的供应链协调 [J].数学的实践与认识，2018，48（14）：129-138.

③ 林强，秦星红.基于利他偏好的电商供应链最优决策与契约协调 [J].数学的实践与认识，2021，51（4）：287-299.

④ 范如国，林金钗，朱开伟.基于批发价格契约的低碳供应链协调研究：考虑互惠和利他偏好的分析视角 [J].商业研究，2020（6）：46-54.

⑤ 李媛，赵道致.考虑公平偏好的低碳化供应链契约协调研究 [J].管理工程学报，2015，29（1）：156-161

⑥ CHEN J. Returns with wholesale-price-discount contract in a newsvendor problem[J]. International journal of production economics, 2011, 130(1):104-111.

链批发价格折扣契约。研究发现，以批发价格契约为基准，制造商在退货折扣契约中设定折扣批发价格，既提高了制造商和零售商的利润，又提高了供应链效率。Wang 等[①] 通过研究发现，制造商和零售商利润的帕累托改进在绿色成本分担契约下的两种情形中都能够实现，这两种情形是零售商主导供应链和权力均衡，而批发价格契约只有在零售商主导供应链的情形下才能促进供应链利润的微小提升，而这微小的提升还有一个前提：消费者低碳偏好较高时。

3. 消费者低碳行为减排路径分析

张济建等[②] 认为碳减排约束政策可以正确引导企业的减排行为，推进碳减排激励政策有利于促进政企融合协同创新。张令荣等[③] 认为供应链上、下游企业的减排决策相互影响，上游企业碳减排率高于下游企业，如果进行内外部碳配额交易，则可以降低中间产品批发价格、提高供应链成员企业碳减排效率以及增加企业利润。陶子龙等[④] 认为碳税政策需要处在一个合理标准值下才有最佳效果。姜跃等[⑤] 认为供应链协同决策能够帮助供应链在经济与环境方面达到最优。Liu[⑥] 探讨了消费者低碳意识是如何影响主要供应链成员以及渠道之间的竞争的，研究发现，无论是制造商还是零售商的利润都与生产竞争是否进行和激烈程度以及消费者对于

① WANG Q P, ZHAO D Z, HE L F. Contracting emission reduction for supply chains considering market low-carbon preference[J]. Journal of cleaner production, 2016, 120(1): 72-84.

② 张济建，张欢，刘悦 . 异质性减排政策下碳资产质押融资演化博弈分析 [J]. 中国环境管理，2021，13（6）：70-80.

③ 张令荣，王健，彭博 . 内外部碳配额交易路径下供应链减排决策研究 [J]. 中国管理科学，2020，28（11）：145-154.

④ 陶子龙 . 低碳背景下供应链减排决策与协调研究进展及展望 [J]. 经济研究导刊，2021（8）：73-75.

⑤ 姜跃，韩水华，赵洋 . 低碳经济下三级供应链动态减排的微分博弈分析 [J]. 运筹与管理，2020，29（12）：89-97.

⑥ LIU Z G, ANDERSON T D, CRUZ J M. Consumer environmental awareness and competition in two-stage supply chains[J]. European journal of operational research, 2012, 218(3): 602-613.

环境的低碳意识密切相关，为不同经营环境中的企业实现科学决策以及零售商之间实现更好的合作提供了理论依据。

消费者的低碳行为具体可以通过以下路径来降低碳排放。①提升能源使用效率。消费者可以改善家庭和工作场所的能源使用效率，如购买高效能家电、LED 照明等，减少能源浪费。②改变交通方式。选择环保的交通方式，如步行、骑自行车或使用公共交通工具，以替代私家车的使用。当然，如果有条件的话，购买新能源汽车也是一种可行的选择。③减少食品浪费。避免食物过度购买和浪费，合理规划食品采购和使用，减少食物垃圾的产生。同时，倡导健康的膳食结构，减少畜牧业带来的温室气体排放。④资源循环利用。鼓励消费者进行垃圾分类和再利用，回收废纸、塑料、玻璃和金属等可再生资源，减少固体废弃物的产生和焚烧带来的二氧化碳排放。⑤购物选择。选择购买环保和可持续发展的产品和服务，如选择使用再生纸制品、节能型电器等。此外，也可以减少对高碳足迹产品的购买，如过度包装、不环保的商品等。⑥调整生活方式。改变生活习惯，如减少旅游的空中交通，选择近距离的目的地；减少单次使用包装物品，选择可重复使用的容器；在家庭生活中引入低碳概念，如节水、减少温室气体的排放等。⑦教育与宣传。加强对消费者的教育和宣传，提高对低碳行为的认知和重视程度，鼓励公众参与低碳生活的实践。

这些路径并不是相互独立的，而是相互关联的，通过综合应用可以实现更大范围的碳排放减少。消费者的低碳行为对于整体社会的碳减排具有积极作用，并且通过示范效应，还可以推动产业结构的调整和创新，促进向低碳经济转型。

三、"双碳"目标下企业和消费者低碳行为激励机制和政策研究

（一）"双碳"目标下企业和消费者低碳行为激励机制研究

落实"双碳"目标是一项涉及生产和生活方式变革的系统工程。学术界围绕公众衣、食、住、行、用等生活领域，对企业和消费者低碳行为激励机制进行广泛探索。薄凡等[①] 认为可以通过"直接减排机制"或促使低碳生产的"间接减排机

---

① 薄凡，庄贵阳. "双碳"目标下低碳消费的作用机制和推进政策 [J]. 北京工业大学学报（社会科学版），2022，22（1）：70-82.

制"，推动低碳消费，助力尽早实现碳达峰，通过将人工与自然手段相结合的"保护机制"推动碳中和进程。周宏春等 [1] 提出为了满足人民不断增长的对良好生态环境的需求，推动实现高质量发展和生态文明建设，需要激励和引导绿色、低碳的消费方式。这需要政府、企业、第三方和公众的共同努力。政府应提供必要的奖励和限制措施，加强治理能力建设，形成促进绿色、低碳消费的长期机制。

1. 制造商低碳行为激励机制研究

政府在法规和政策等方面的监管和引导是鼓励制造企业实施低碳经营行为的直接推动力，Shin 等 [2] 根据对59家"绿色"公司的实证数据研究，发现90% 的企业在制定节能减排和低碳行为方面的决策时都受到政府政策等外部社会因素的影响。当企业面对政府或其他环境管理机构对企业不良环境行为的警示和制裁时，企业为了避免政府对环境方面更严格的监管或处罚，它们会主动采取环境改善行动 [3]。这些研究都显示，政府强制性的监管作用越显著，企业采取低碳经营行为的动力就越强大。

而政府对企业的环境规制不仅包括强制性的政策，还包括经济激励政策，如财政税收等方面的激励措施。一些学者对已经实施的能源政策（包括直接管制和经济激励等政策）进行了评价和分析，发现在推动企业自觉采取环境管理行为方面，政府的经济激励政策发挥了重要作用，特别是税收优惠政策可能成为未来能源政策的发展方向。

国内针对政府规范与企业低碳经营的研究，大多侧重于政府强制性的法律法规在推动企业开展节能减排活动方面的作用。秦颖 [4] 认为法规因素是推动企业环境

① 周宏春，史作廷. 双碳导向下的绿色消费：内涵、传导机制和对策建议 [J]. 中国科学院院刊，2022，37（2）：188-196.

② SHIN D, CURTIS M, HUISINGH D, et al. Development of a sustainability policy model for promoting cleaner production: a knowledge integration approach[J].Journal of cleaner production journal of cleaner production, 2008, 16(17):1823-1837.

③ DELMAS M A. The diffusion of Environmental Standards in Europe and in the United States:An institutional perspective[J].Policy science, 2002, 35(2): 91-119.

④ 秦颖. 企业环境管理的驱动力研究 [D]. 大连：大连理工大学，2006.

管理的重要因素，法规因素包括政府颁布的有关环保和节能减排的政策法规、政府的强制性约束以及对节能减排行为的奖励和补贴等政策。但智钢等[①]认为在经济发展过程中，资源和环境方面的限制越来越严格，国家和地方对环境管理标准和政策法规的硬性压力将成为企业关注清洁生产的主要因素之一。

一方面，政府对企业的执法和监督力度会影响企业在节能减排方面的积极性，另一方面，政府的激励政策和经济支持也会直接影响企业对节能减排活动的重视程度和投入力度，充足的经济支持是企业进行节能减排活动的首要保障[②]。发达国家所实施的清洁生产资金等优惠政策对企业清洁生产的推动作用，也很好地说明了外部经济激励政策对企业清洁生产行为的重要推动作用。政府对企业的政策、财政支持与技术援助以及政府机构与企业的紧密合作是企业实施低碳生产行为的重要支持。当然，尽管政府的外部干预可以有效促进企业的低碳行为，但政府的干预也应注意力度和方法，避免过度严厉或传统的管制方式，否则会阻碍企业自愿提升低碳生产的意愿[③]。可以看出，规范、合理的政策体系能够激励企业的低碳生产意愿。政府的法规政策和税收优惠直接影响企业的经营结果，盈利与亏损在某种状态下直接取决于政府的政策法令。政府对企业低碳运营行为的驱动主要体现在两个方面：一是日益严格地控制企业高排放、高污染和高能耗行为的政策法规，二是对企业低碳运营行为的政策激励及资金支持。

周宏春等[④]指出优化产业政策需要扩大绿色低碳产品供应，这是对生产端直接的要求。只有增加低碳产品供给、降低低碳商品价格，才能加速低碳生活方式的形成。针对高能耗行业和淘汰类企业，应当实施差别化电价政策，对那些能源消

① 但智钢，段宁，于秀玲，等.重点企业清洁生产推进的驱动因素分析 [J].环境科学研究，2010（2）：242-247.

② 廖振宁.企业节能减排意愿影响因素分析：基于江西工业企业节能减排意愿调查 [J].商场现代化，2010（29）：134-135.

③ 陈默，王晓莉，吴林海.R&D 投入能力、企业特征、政府作用与企业低碳生产意愿研究 [J].科技进步与对策，2010（22）：112-116.

④ 周宏春，史作廷.双碳导向下的绿色消费：内涵、传导机制和对策建议 [J].中国科学院院刊，2022，37（2）：188-196.

耗超过规定标准的企业采取惩罚性电价政策。同时，需推行奖励性节能技术改造政策，根据实际节能量给予奖励，对能效最好的产品和设备给予激励。此外，还应实施税收优惠政策，完善不同价格机制，推广节能低碳技术，引进环保设备，提高能源的生产、转化和使用效率。

曹梦石等[①] 指出：第一，通过财税政策激励绿色投融资，对于绿色产业给予贷款利率优惠，并设立专门的绿色贷款风险准备金，由中央财政和地方财政按比例出资，对因支持绿色产业遭受损失的信贷资本进行适当补偿。第二，对开展绿色创业企业投资的资本给予一定的税收减免，对投资绿色产业、扶持绿色高新技术的资本在获得投资回报时减免企业所得税，支持绿色环保企业优先上市，进一步拓宽绿色创业投资的退出渠道。第三，充分利用资本市场发展绿色产业，积极利用各类资本工具，借助银行、证券、保险、信托等金融业态，为绿色环保产业提供金融服务，帮助其进行节能减排。

增加低碳产品供给是对供应侧生产的直接要求，只有扩大低碳产品供应、降低其价格，才能有效推动低碳消费的普及，促进低碳生活方式的形成。一方面，通过提升环境节能标准，深化资源性产品价格改革，针对高耗能行业，对限制类、淘汰类企业实施不同的电价政策，对能源消耗超过能耗电耗限额标准的企业实施惩罚性电价政策，提高高碳产品生产的经济成本。另一方面，实行能源节约技术改造以奖代补政策，按形成的节能量给予奖励；实施节能产品惠民工程，推行领跑者计划，对能效最佳的产品和设备给予鼓励性政策；实行居民用电阶梯价格；采取加大政府对低碳产品的采购力度等措施，降低低碳产品的生产成本[②]。

2. 零售商低碳行为激励机制研究

企业对销售商的销售激励合同设计以及产品的定价问题都受到了国内外学者

---

① 曹梦石，徐阳洋，陆岷峰."双碳"目标与绿色资本：构建资本有序流动体制与机制研究 [J]. 南方金融，2021（6）：59-68.

② 庄贵阳. 低碳消费的概念辨识及政策框架 [J] 人民论坛·学术前沿，2019（2）：47-53.

的广泛关注，许多学者从不同角度做了深入研究。Farley[①] 首次对销售人员的激励问题进行了研究，之后这一研究引起了 Gonik[②] 和 Basu 等[③] 众多学者的关注，他们多数采用委托代理模型围绕销售激励合同及合同参数的设定问题展开研究。在销售激励合同设计方面，Chen[④] 从营销运作的角度分析了市场信息不对称对企业生产决策与销售激励合同的影响，后来很多学者通过引入各种不对称信息对他们的研究工作进行了扩展[⑤⑥⑦]。Dai 等[⑧] 在销售商风险规避程度信息不对称的情况下研究了制造商的销售激励合同设计以及库存管理问题。Lee 等[⑨] 采用两阶段博弈研究了一个企业与两个处于不同区域的销售商之间的最优销售激励策略和定价问题，分析了销售目标与销售商之间的竞争程度对各自决策的影响。Bhardwaj[⑩] 研究了供应链成员竞争时的集中定价和委托定价，并分析了竞争对委托定价决策以及委托定价

① FARLEY J U. An optimal plan for salesmen's compensation[J]. Journal of marketing research, 1964, 1(2):39-43.

② GONIK J. Tie salesmen's bonuses to their forecasts[J]. Harvard business review, 1978, 56(3): 116-123.

③ BASU A, LAL R, SRINIVASAN V, et al. Salesforce-compensation Plans: An Agency Theoretic Perspective[J]. Marketing science, 1985, 4(4):267-291.

④ CHEN F R. Salesforce incentives, market information and production / inventory planning [J]. Management science, 2005, 51(1): 60-75.

⑤ 金亮，黄向敏 . 不同价格领导权下的产品定价及差异化策略研究 [J]. 管理评论，2020，32（5）：205-216.

⑥ LAN Y F, CAI X Q, SHANG C J, et al. Heterogeneous suppliers' contract design in assembly systems with asymmetric information[J]. European journal of operational research, 2020, 286(1): 149-163.

⑦ YANG R N, MAI Y H, LEE C Y, et al. Tractable compensation plan under asymmetric information[J]. Production and operations management, 2020, 29(5): 1212-1218.

⑧ DAI Y, CHAO X. Salesforce contract design and inventory planning with asymmetric risk-averse sales agents[J]. Operations research letters, 2013, 41(1): 86-91.

⑨ LEE C Y, YANG R. Compensation plan for competing salespersons under asymmetric[J]. European journal of operational research, 2013, 227(3): 570-580.

⑩ BHARDWAJ P. Delegating pricing decisions[J]. Marketing science, 2001, 20(2):143-169.

决策对价格和激励机制的影响。分析结果表明，当价格竞争强度较大时企业更倾向于委托定价策略。

周宏春等[①]认为政府应该鼓励企业开展绿色低碳产品的认证，避免增加其生产经营成本。在低碳消费的不同环节中，我国需要强化企业在提供低碳产品和引导低碳消费方面的作用。企业不仅需要改进生产工艺、推动技术创新，提供更多低碳消费产品和服务，还可以利用技术和平台优势，协助并激励用户做出更可持续的消费决策。比如，企业可以建立可追溯的低碳产品信息系统，通过二维码等方式展示产品的碳标识或碳足迹信息，解决低碳产品消费信息不对称的问题；创建基于网络的绿色低碳生活场景，建立旧物回收、低碳产品网店等数字化平台，将餐饮、出行、景区等低碳消费场景纳入低碳积分评价体系，拓宽低碳消费形式和渠道，创新低碳消费激励模式，引导公众低碳行为；以社区为主体实施低碳化改造项目，打造低碳环保的社区氛围，让践行绿色低碳的居民带动周边其他居民，并与企业、学校、社会组织等广泛合作，建立低碳消费社会规范，促进低碳行为的实施[②]。

蔡娜[③]认为企业还应优化绿色消费品产业结构，降低绿色消费品从生产到流通的总成本，减少绿色产品溢价，获得市场价格优势，促进和带动绿色消费，全面调动居民的绿色消费意愿和行为。政府需要通过资金和政策来引导企业对低碳产品进行投资。零售企业是低碳消费品的供应商，是推动低碳消费的重要环节。企业采用低碳生产方式和商业模式可以提高市场上低碳产品的可获得性，促使消费者将低碳消费意愿付诸实际行动。低碳消费要求消费者改变生活方式，主动采取低碳行动。在消费时，消费者不仅需考虑经济成本，还应考虑产品或服务的"碳

---

① 周宏春，史作廷.双碳导向下的绿色消费：内涵、传导机制和对策建议[J].中国科学院院刊，2022，37（2）：188-196.

② 薄凡，庄贵阳."双碳"目标下低碳消费的作用机制和推进政策[J].北京工业大学学报（社会科学版），2022，22（1）：70-82.

③ 蔡娜."双碳"目标下我国居民绿色消费行为的影响机制及策略探析[J].现代商业，2023（14）：19-22.

足迹",选择购买和使用低碳产品,倡导低碳消费和低碳处理[①]。

3. 消费者低碳行为激励机制研究

实现"双碳"是一场广泛而深刻的经济社会系统性变革,不仅需要压实生产者的责任,也需要落实消费者的责任[②]。从消费者需求出发,推动消费模式升级、倒逼绿色低碳清洁化生产是探索经济社会系统绿色低碳转型的重要路径。消费领域能源消耗及其带来的碳排放主要用于提升消费者的舒适度,不具有"转移"特征,且个体间差异较大。除了消费者是否购买环保产品之外,收入水平、教育程度和消费观念等因素也会对其产生影响;收入水平决定了购买力,而购买选择是由消费者自行决定的,外部人士难以强加。消费者的购物行为和绿色消费行为,受到选择意愿、选择倾向、临时决定等心理因素的影响。在购买行为中,消费者的心理过程通常经历认知、情绪和意志三个阶段——这一过程影响着消费者的购买行为,三者之间存在紧密的联系[③]。

(1)认知过程。购买行为始于认知过程。消费者通过多种途径获取有关"环保食品""节能冰箱"等绿色产品的信息,形成分散、独立和直观的印象。随着绿色产品知识的不断传播,消费者会形成记忆、思维、想象等心理活动,建立对绿色产品的信任感;在购买时,他们会依靠记忆,包括生活中感知到的商品、体验过的情感或相关经历,做出购买决策。

(2)情绪过程。社会需求以及情感因素影响着消费者的购买行为。在购买商品时,消费者会受到生理需求和社会需求的影响,并产生对商品购买的情绪变化:如果商品能够满足其个人消费需求,就会产生愉悦、满足等积极情绪,从而激发购买意愿。反之,如果商品无法满足其个人消费需求,就会产生厌恶情绪,进而减少购买欲望。

(3)意志过程。在购物过程中,消费者表现出有目的的自主支配和自我调节

① 庄贵阳. 低碳消费的概念辨识及政策框架 [J]. 人民论坛•学术前沿, 2019(2):47-53.

② 庄贵阳. 碳中和目标引领下的消费责任与政策建议 [J]. 人民论坛•学术前沿, 2021(14):62-68.

③ 罗子明. 消费者心理学(第2版)[M]. 北京:清华大学出版社, 2002.

的行为，努力克服心理和情绪上的障碍，以实现预定目标；这构成了消费者心理活动中的意志过程。这个过程具有两个基本特点：一是具有明确的购物目标，二是能够排除各种干扰和困难以实现既定目标。

在环境伦理对绿色消费行为的影响途径中，消费者不管受到怎样的伦理观影响，并非直接作用于个人的绿色消费行为，而是间接地影响个人对绿色消费行为的态度，从而影响居民的绿色消费行为[①]。展示了环境伦理通过影响消费者个人的立场，从而影响购买行为，但对消费者绿色购买行为的影响不仅包括内在因素，还应考虑外在因素，即绿色购买的主观标准[②]。

消费心态是个体在面对购买问题时所持有的观念和行为倾向。环境伦理是人们的信念，在面对环境问题时能够改变个体对绿色购买的心态，从而促使其实践绿色消费。一方面，环境导向的价值观通过消费者对行为结果的信念间接影响人们的绿色消费态度和意愿[③]，让个体认识到绿色购买所带来的结果是积极的，不仅能改善当前生活环境，还可以提升个体健康水平，从而促使居民形成积极的绿色购买态度，以达成对绿色购买目标的满意结果。另一方面，个体对特定行为的态度会影响其具体行动，购买态度的积极程度决定了个体是否采用绿色购买行为，居民的绿色购买态度会悄然地转化为实际行动，同时，购买态度越积极，实施绿色购买行为的意愿也越强烈。这就促使社会各界大规模地采取对居民进行生态意识启蒙、宣传教育等激励措施，加强个体对环境污染和资源浪费的危害认识，普及绿色购买的益处和价值，在整个社会营造良好的绿色购买氛围。

低碳消费行为其过程往往是一个包含信息反馈机制的复杂消费环境。消费者需要在不同的信息策略、个人对信息的态度、个人和社会态度、消费经验等多种因素的综合影响下做出决策。行为干预是指促进居民生活消费方式转变的有效策

① 蔡娜."双碳"目标下我国居民绿色消费行为的影响机制及策略探析 [J]. 现代商业，2023（14）：19-22.
② 俎文红，成爱武，汪秀. 环境价值观与绿色消费行为的实证研究 [J]. 商业经济研究，2017（19）：38-40.
③ 朱建荣，周严严，张媛，等. 环境价值观与生态消费行为的关系研究：以消费者感知效力为调节 [J]. 商业经济研究，2019（3）：39-42.

略。主要包括经济干预[1]、技术干预[2]、法律和行政干预[3][4]、信息干预[5] 等干预措施。其中，信息干预是最常见的干预策略。根据理性选择理论，信息是居民形成环境态度和个体环境行为的前提，居民根据所接收的信息做出理性决策。一旦接受了新信息，个体行为的认知基础就会发生变化，态度和意向也会随之改变，最终形成环境行为[6][7]。信息可以是导致能源枯竭和环境危机的相关问题的一般信息，也可以是解决问题的具体行为标准。干预信息越具体、越有针对性，居民就越会关注个人利益的得失，也就越容易引发个人行为的改变。我们将信息激励定义为个人接受来自领先的低碳政策和新闻报道的低碳信息的程度。信息激励被认为能够增强人们对特定行为的理解，并使人们对这些行为的感知价值最大化。

　　一般来说，习惯可能是行为改变的主要障碍，而省钱则是行为改变的最强大

① STEG L. Promoting household energy conservation[J]. Energy policy, 2008, 36 (12): 4449-4453.

② GENG J C, LONG R Y, CHEN H. Impact of information intervention on travel mode choice of urban residents with different goal frames: a controlled trial in Xuzhou, China[J]. Transportation research part a policy & practice, 2016(91):134-147.

③ CHEN H, LONG R Y, NIU W J, et al. How does individual low-carbon consumption behavior occur?: an analysis based on attitude process[J]. Applied energy, 2014, 116(1): 376-386.

④ CHEN H, WEI J, ZHU D D, et al. How to achieve a low-carbon economy in China: from individual attitudes to actual consumption behaviors[J]. Environmental engineering and management journal, 2014, 13 (5): 1165-1172.

⑤ BROBERG T, KAZUKAUSKAS A. Information policies and biased cost perceptions - the case of Swedish residential energy consumption[J]. Energy policy, 2021, 149(1):112095.

⑥ LORENZONI I, NICHOLSON-COLE S, WHITMARSH L. Barriers perceived to engaging with climate change among the UK public and their policy implications[J]. Global environ change, 2007, 17 (3-4): 445-459.

⑦ LANE B, POTTER S. The adoption of cleaner vehicles in the UK: exploring the consumer attitude-action gap[J]. Journal of cleaner production, 2007, 15(11-12): 1085-1092.

驱动力 ①。一项针对600个瑞典家庭能源使用行为的调查显示，能源信息和经济措施（包括家用电器标签、零售价格和税收）等政策干预能够促进行为改变 ②。然而，经济激励等措施并不总是长期有效的，因为在激励措施取消后，个人可能会消极地改变其行为 ③。

借助法律法规的保护和激励作用，引导居民树立正确的绿色消费观念，促进绿色消费，是推动社会经济可持续发展的内在要求。首先，建立完善的绿色消费制度保障体系，完善相关的激励和约束政策。一方面，加快健全法律制度，根据不同的行业和领域制定符合生态环保要求的标准，改进认证体系，探索建立统计监测评价体系，推动建立绿色消费信息平台。另一方面，加强财政的针对性支持，增加金融支持力度，对于积极开发和应用先进节能技术、符合绿色消费发展的项目和企业给予特别资金补助和税收减免，推广更多市场化激励措施。其次，加强对违法行为、奢侈浪费和过度消费的限制和处罚力度，利用法律条例的强制约束不良行为，治理社会风气，向居民倡导节约适度、绿色低碳的消费理念，以引导居民树立正确的绿色消费观念 ④。

认证和标志绿色低碳产品是提升消费者对低碳产品了解程度的重要方式，有助于降低消费者鉴别绿色低碳产品的成本，提高低碳产品在市场上的辨识度和市场份额 ⑤。

① HUEBNER G M, COOPER J, JONES K. Domestic energy consumption: What role do comfort, habit, and knowledge about the heating system play?[J]. Energy and buildings, 2013, 66(11): 626-636.

② LINDEN A L, KANYAMA A C, ERIKSSON B. Efficient and inefficient aspects of residential energy behaviour: What are the policy instruments for change?[J].Energy policy, 2006, 34 (14): 1918–1927.

③ MCCLELLAND L. Psychological research on energy conservation: Context, approaches, and methods[J]. Advances in environmental psychology, 1981, 3: 1-26.

④ 蔡娜 . "双碳"目标下我国居民绿色消费行为的影响机制及策略探析 [J]. 现代商业，2023（14）：19-22.

⑤ 周宏春，史作廷 . 双碳导向下的绿色消费：内涵、传导机制和对策建议 [J]. 中国科学院院刊，2022，37（2）：188-196.

庄贵阳[①]认为探索能够引导和监督广大消费者消费偏好和倾向的制度机制和利益机制，对引导消费模式向绿色转型至关重要。这样才能长期促使企业采取绿色生产方式，并有效地从消费端推动碳达峰和碳中和的实现。

低碳发展离不开公众的积极参与，需要将低碳理念转化为居民自觉采取的行动和主动选择的习惯。与过去主要关注生产端节能减排不同，碳中和涉及经济社会系统的全面绿色低碳变革，需要消费者的共同参与。提升公众的认知水平、增强消费者对碳中和目标的了解是改变消费者生活方式、积极参与碳减排的基础。

解决外部性的方法通常是政府采取征税或补贴的措施，使低碳消费更具成本效益，并且直接面向消费者。政府会采取节能补贴、低息贷款以及对燃油征税等方式。然而，有时候外部规制也可以促使市场主体内生地行动，比如，在节能家电补贴取消后，企业为了继续吸引客户，可能会自行承担相关成本延续这一补偿措施，从而将政府政策规制内化为企业内部行为，实现了外部规制的内部化[②]。

倡导低碳消费社会潮流，消除低碳消费认知误区。通过宣传、教育和引导，建立低碳消费社会风气。例如，政府可以规范低碳产品认证标准体系，发挥政府绿色采购的示范作用，促使消费者改变消费观念；居民可以通过碳信用积分、低碳文化等方式，引导居民选择低碳产品、采取低碳出行方式，传播低碳理念，并在亲朋好友间产生相互帮助和示范效应，从而使个体低碳消费行为在社会互动中不断得到强化，最终形成低碳社会风气。

改善相关支持条件，增进低碳消费的便捷性。完善低碳产品认证标志制度，让消费者更容易识别他们所需的低碳产品，了解低碳产品消费对环境的影响；同时，提高低碳技术、低碳基础设施等配套条件，推动低碳交通、低碳建筑等领域的发展，完善低碳公共服务，使得低碳产品和服务更易操作，价格更为负担得起。

---

① 庄贵阳. 碳中和目标引领下的消费责任与政策建议 [J]. 人民论坛·学术前沿，2021（14）：62-68.

② 崔风暴. 低碳消费经济学属性及低碳消费政策建设方向 [J]. 企业经济，2016（8）：10-15.

4. 个人碳账户建设相关研究

碳账户作为界定个人、企业等社会主体碳足迹、碳排放权边界以及减碳贡献记录的账户，为落实参与主体的减碳责任提供了动态监测工具，也为碳交易市场的有效运行提供了基础。孙传旺等[1]通过对我国碳账户交易开展情况进行研究分析后提出，我国应充分整合现有数据库与计费系统，推进碳账户融入全国统一的碳交易市场，积极推行金融机构参与碳账户建设，加快推动中小企业建立碳账户。丁黎黎等[2]在通过个人碳账户建立绿色信贷通道的研究中构建了政府、银行和消费者的三方演化博弈模型，从调节决策主体的损益感知与风险偏好角度出发，为促进个人碳账户发展提供了参考依据。蒋惠琴等[3]对个人碳账户持续使用意愿的影响因素及其发展特征进行研究，提出了丰富个人碳账户普惠政策激励、提升公众碳账户使用的内生动力、加强个人碳账户信息安全建设等政策建议。蒋惠琴等[4]对衢州个人碳账户试点政策的内在运行机制进行分析，发现个人碳账户政策可以有效抑制居民生活领域用电碳排放，并进一步探讨了该政策在减少碳排放方面的效果和潜在问题，为相关政策的制定和实施提供了参考依据。

5. 碳普惠制相关研究

在对碳普惠制探索与实践的研究方面，卢乐书等[5]采用理论分析与案例对比研究的方法，深入分析了碳普惠制的运行逻辑，系统梳理了碳普惠制的实践规律，提出了政府主导、企业发力、金融机构助推、公众参与的碳普惠制框架设计。景

① 孙传旺，魏晓楠."双碳"背景下我国碳账户建设的模式、经验与发展方向[J].东南学术，2022（6）：197-207.
② 丁黎黎，赵忠超，张凯旋.感知价值对个人碳账户绿色信贷发展的作用机制研究[J/OL].中国管理科学，1-13.http://kns.cnki.net/kcms/detail/11.2835.G3.20230216.1102.007.html..
③ 蒋惠琴，周天恬，杨欣怡，等.个人碳账户持续使用意愿的影响因素研究：基于我国五个城市调查结果的分析[J].城市问题，2023（12）：40-49.
④ 蒋惠琴，张迎迎，余昭航，等."个人碳账户"政策能否减少城市居民生活用电碳排放：基于浙江衢州的实证研究[J].城市发展研究，2024，31（1）：104-111.
⑤ 卢乐书，姚昕言.碳普惠制理论与制度框架研究[J].金融监管研究，2022（9）：1-20.

司琳等① 通过案例分析和理论探讨，总结了我国碳普惠政策的实施经验和存在问题，并提出了改进建议。王中航等② 梳理了我国碳普惠建设实践进展，构建了碳普惠机制基本运行框架，分析了碳普惠在制度体系、研究方法、平台建设及消纳渠道等方面特点，总结了建设经验及成效。朱艳丽等③ 通过地区协调研究，探讨了我国碳市场发展的空间差异和政策协调机制，提出需要推动碳普惠制度地区协调，以确保碳普惠制度的功能发挥。杨柳青青等④ 围绕不同碳普惠模式的得失，总结出政府主导型碳普惠模式的优化方案。陈璐等⑤ 从居民减排量形成、聚合和交易的关系入手，提出面向多主体的居民碳普惠运营框架。

（二）"双碳"目标下企业和消费者低碳行为激励政策研究

马振涛等⑥ 认为根据政策内容和作用，可以将引导低碳消费的政策划分为三类：一是激励型，即通过给予购买低碳产品的消费者财政补贴、对生产低碳产品企业提供减免税收政策优惠、设立低碳技术研发基金、为低碳产品提供低息贷款等方式来扶持低碳消费；二是惩罚型，对高能耗高排放的消费行为实施事前禁止准入或事后惩罚，例如将高碳产品列入负面清单以提高市场准入门槛，或对其征收碳税；三是支撑型，建立有序的低碳消费市场规则，比如制定统一的低碳产品分类标准、实行低碳消费品准入制度，并对不符合低碳标准的产品设计相应的退

---

① 景司琳，张波，臧元琨，等."双碳"目标下我国碳普惠制的探索与实践 [J].中国环境管理，2023，15（5）：35-42.

② 王中航，张敏思，苏畅，等.我国碳普惠机制实践经验与发展建议 [J].环境保护，2023，51（4）：55-59.

③ 朱艳丽，刘日宏."双碳"目标下我国碳普惠制度的地区协调研究 [J].西北大学学报（哲学社会科学版），2023，53（4）：60-72.

④ 杨柳青青，宋程成.政策设计视角下的政府主导型碳普惠模式研究 [J].中国行政管理，2024（1）：18-27.

⑤ 陈璐，石家铮，郑天奥，等.碳普惠下居民减排量形成—聚合—交易模式 [J/OL].电力自动化设备，1-14.[2024-03-31].https://doi.org/10.16081/j.epae.202403021.

⑥ 马振涛，胡建国.低碳消费政策分析框架与消费行为：珠海市的实证研究 [J].生态经济，2015，31（9）：76-79.

出机制；同时，还包括建立低碳消费教育引导的领导、组织、宣传工作机制，组织政府等公共部门先行示范，利用各种主题宣传活动和各种媒体推广低碳理念，以在全社会形成低碳消费共识。武晓娟[①]认为政策设计需要更加注重消费端的碳排放，并及时选择那些在减排效果、可操作性和可接受性上都令人满意的政策措施。在提高公众意识的基础上，要有效而常态地引导居民进行低碳消费，识别非低碳消费行为背后的碳排放障碍，并通过政策设计来促使居民形成低碳的消费预期。

1. 在2025年初步阶段

利用非正式制度因素在促进低碳消费方面发挥作用至关重要。影响低碳消费发展的因素多种多样，包括经济发展水平、居民收入状况、法律监管、文化意识和消费政策等。虽然政府政策、法律、法规、标准以及管理条例等正式制度对低碳消费起着引导作用，但文化观念、社会习俗和伦理道德等非正式制度因素同样至关重要。在现实生活中，推动消费偏好朝向绿色化、控制消费规模、调整消费结构、倡导资源可循环化以及提倡共享消费方式，需要充分发挥非政府组织和社区在推动绿色低碳消费方面的独特优势[②]。

在低碳产品管理方面，我国确实需要完善低碳消费管理制度体系。这意味着需要建立健全低碳消费的市场监管、技术体系、检测标准和信息共享机制，以规范低碳消费生产、经营和消费秩序。此外，强化低碳消费保障监督机制，并不断探索完善认证管理、宣传倡导和激励机制等方面的制度也十分必要。

在政策上，应该制定鼓励性的政策制度，规范低碳消费市场秩序，加大对滥用认证标志企业的惩处力度，提升绿色低碳标志的权威性，以便让更多人认同和信任绿色低碳产品。应在低碳产品认证制度中纳入"全生命周期"管理模式，使低碳原则贯穿原材料采集、产品生产、使用和废弃物回收的全流程。就碳排放权交易制度而言，尽管我国已经实施了碳排放权交易制度，但应注意到，在某些情况下，这种制度可能会面临市场失灵的风险。例如，美国首个碳排放权交易系统——区域温室气体减排行动，在2009年至2013年间的交易配额严重供过于求，

---

① 武晓娟.消费侧碳减排发力点在居民碳能力 [N].中国能源报，2017-12-04（02）.
② 刘敏.非正式制度视角下我国低碳消费发展探析 [J].消费经济，2018，38（4）：12-17.

导致传递价格信号的功能基本丧失。因此，尽管碳排放权交易制度是一项重要的政策工具，但同时开征碳税仍然能发挥不可替代的作用。在推动低碳消费和减少碳排放方面，综合考虑和有效利用这两种政策工具将是一个更加全面、灵活的方式①。企业可以通过碳税机制形成可预期的稳定碳排放成本，而政府也能够有较为可靠的预期收入来源来自碳税机制②。相较于碳排放权交易，碳税在经济效能、价格的稳定性和透明度方面更加有优势。

2. 在2030年碳达峰阶段

在"双碳"目标路径研究上，史作廷等③全面分析了政策出台的背景和意义，提出了构建清洁低碳安全高效的能源体系、加速产业结构调整优化、推动重点领域节能降碳、激发绿色技术创新等政策建议。桂华④阐释了我国"双碳"工作面临的内外部形势，从政策落地、绿色转型、法律政策支撑等方面提出了具体政策建议。侯正猛等⑤以省域为单位，对"双碳"目标战略、技术路线和行动方案进行了分析，结果表明，要如期实现战略目标，必须从各地资源禀赋、发展阶段等实际出发，加强制度创新，通过体制机制改革形成各具特色的地方低碳发展模式。孙佑海等⑥从立法角度提出了推动"双碳"目标实施的具体举措，包括制定或修订全国人大层级的"双碳"专项法规和相关法规，制定国务院层级的"双碳"相关行政法规，制定地方层级的"双碳"相关地方性法规。

① 吴大磊，赵细康，王丽娟.美国首个强制性碳交易体系（RGGI）核心机制设计及启示 [J]. 对外经贸实务，2016（7）：23-26.

② CONGRESSIONAL RESEARCH SERVICE. Carbon tax and greenhouse gas control: options and considerations for congress[R].Washington DC: CRS Report for Congress, 2009.

③ 史作廷，时希杰.努力推动实现碳达峰碳中和目标 [J]. 红旗文稿，2021（20）：25-28.

④ 桂华.科学有序地推进我国碳达峰碳中和 [J]. 中国行政管理，2021（11）：154-156.

⑤ 侯正猛，熊鹰，刘建华，等.河南省碳达峰与碳中和战略、技术路线和行动方案 [J]. 工程科学与技术，2022（1）：23-36.

⑥ 孙佑海，王甜甜.推进碳达峰碳中和的立法策略研究 [J]. 山东大学学报（哲学社会科学版），2022（1）：157-166.

对我国地方碳排放权交易试点的评估显示，地方碳市场存在着缺乏严格的总量控制、价格形成机制构建难度大、市场失灵等问题。然而鉴于全国碳市场仍处于发展阶段，可以通过扩大参与企业范围、完善相关制度等措施增强调控力度。因此，目前还难以下结论称全国碳市场无法实现"30•60"目标。据相关研究指出，一旦国家碳排放交易体系完全建成，所管控的碳排放量将占全国总排放的50%以上[1]。然而，即使碳排放交易市场在全国范围内推行，即使有更多的企业参与碳排放交易，仍会有相当比例的碳排放不受调控。因此，要实现"双碳"目标需要考虑对碳排放进行全面的管控。

3. 在2060年碳中和阶段

在碳中和目标下，如果忽视消费端减排潜力，仅依赖生产端的碳减排来推动能源结构和产业结构转型，不仅可能面临巨大成本，还有可能抵消减排的效果。潘家华等[2]研究了我国碳排放发展趋势，提出从零碳能源、零碳模式等角度设计"双碳"实现路径。在促进产业结构绿色低碳转型方面，张希良等[3]研究了碳中和愿景下我国能源经济转型路径，认为实现"双碳"目标的关键因素是碳定价机制，通过碳定价的调整，可以有效激励低碳、零碳和负碳技术创新。在完善能源政策方面，曲申[4]在分析绿色转型有关因素后，提出以能源与环境政策分析模型、气候变化综合评估模型等多学科模型体系支撑经济绿色低碳发展。李璐[5]认为，加强环境信息公开能有效提升信息在政府、企业和公众间的透明度，有助于提升决策水平，改善

① 张希良.国家碳市场总体设计中几个关键指标之间的数量关系[J].环境经济研究，2017，2（3）：1-5，48.

② 潘家华，廖茂林，陈素梅.碳中和：中国能走多快？[J].改革，2021（7）：1-13.

③ 张希良，黄晓丹，张达，等.碳中和目标下的能源经济转型路径与政策研究[J].管理世界，2022，38（1）：35-66.

④ 曲申.以跨学科模型体系支撑经济社会绿色低碳发展[J].中国环境管理，2021（3）：5-7.

⑤ 李璐.构建环境信息公开质量保障机制助力推动绿色低碳发展[J].中国行政管理，2021（9）：154-156.

执行效果,助力绿色低碳发展。在推动政策执行落实方面,王洁方等[①]就"双碳"目标下各省份减碳成本收益情况进行了分析,为省域协同实现低成本碳达峰提供了决策参考。彭文生等[②]对碳税、碳排放权交易以及"碳税+碳排放权交易+技术进步"三种情景下的碳中和目标实现进行了分析,研究得出的结论是"如果仅仅依赖碳税或者碳市场,都无法在经济增长和碳中和之间取得平衡"。这表明,单独采用碳排放权交易或碳税都难以实现碳中和目标。范英等[③]在分析"双碳"目标引导下能源转型新趋势和面临的体制机制障碍等因素后,提出了从市场驱动、政策驱动、创新驱动、行为驱动等多个维度开展转型突破,形成能源转型的中国路径。

第三节 研究内容

一、政府补贴下考虑低碳宣传水平的供应链激励与协调研究

在"双碳"目标下,为激励供应链上的企业增加碳减排投入,需要政府制定相应的引导政策。本书以政府向制造商提供减排补贴为前提,研究单一制造商和单一零售商组成的二级供应链的合作减排策略问题,其中考虑到了消费者低碳偏好和低碳宣传等因素,应用合作博弈理论建立了相应模型以具体探究供应链定价与协调问题。研究结果表明,当制造商和零售商进行合作时,供应链的总利润大于非合作模式下的总利润。制造商分担零售商低碳宣传成本时,供应链的总利润同样增加。政府补贴与成本共担契约都能刺激制造商进行低碳生产,零售商加大宣传力度,实现协同降碳,促进供应链内部利益协调。

二、网络交易平台与零售企业协同降碳策略研究

通过演化博弈的方法重点研究政府监管和奖惩措施的制定、网络交易平台是

① 王洁方,田晨萌.基于省域协同的中国低成本碳达峰:责任共担与利益调控[J].统计与决策,2022(5):185-188.

② 彭文生.中国实现碳中和的路径选择、挑战及机遇[J].上海金融,2021(6):2-7.

③ 范英,衣博文.能源转型的规律、驱动机制与中国路径[J].管理世界,2021(8):95-105.

否提供降碳技术支持、零售企业是否参与降碳减排的策略选择问题。为此构建了"双碳"目标背景下，网络交易平台、零售企业与地方政府之间的三方演化博弈模型，考虑了平台交易额、奖惩系数等因素的变化对各方策略的影响，分析了平台需求变化量、政府处罚系数、平台追责和公众意愿等因素对博弈结果的影响，研究了各因素变化对三方策略选择的影响，对演化博弈系统中各均衡点的稳定性进行分析，并利用 Matlab2016a 进行了仿真。分析结果表明：政府奖惩力度的提高将有助于促进平台和零售企业协同降碳减排，地方政府增加对平台的技术补贴或适当降低对平台的罚款力度有利于增加平台为企业提供降碳技术协助的概率，而且还会促进企业的降碳减排积极性，有利于实现"双碳"目标。

三、企业和消费者低碳行为分析

"双碳"目标的实现需要制造商与零售商积极实施低碳行为，也需要每个消费者坚持践行绿色低碳消费。为此，本书首先通过对若干制造商和零售商企业进行访谈，定性分析制造企业和零售企业在"双碳"目标下的低碳行为。其次，基于 SOR 模型，引入自我效能感作为调节变量，验证在"双碳"目标下相关政策、零售商营销策略、消费者间相互作用通过社会参照规范与个体心理意识对消费者购买意愿的影响。研究表明：目前大多数制造商和零售商在公司各个环节都会考虑"双碳"因素，政府提供的帮助能有效促进制造商和零售商实施低碳行为；政府出台的相关政策会促使消费者意识到绿色低碳消费的责任，零售商的一些营销策略容易激发消费者购买低碳产品的热情，有助于"双碳"目标的实现。

四、基于网络交易平台的个人碳消费积分降碳激励机制研究

本书研究了零售商商家借助网络交易平台的信息化优势开展低碳消费积分的激励机制问题，通过建立两阶段博弈模型分析了低碳积分比例和政府补贴对零售商商家和网络交易平台决策的影响。并对均衡结果进行数值仿真，研究发现，在低碳消费积分的激励下，低碳产品的销售量得到了大幅提升，尤其是在消费者低碳意识尚未得到有效培养时，低碳消费积分对消费者低碳产品需求的刺激作用更

为明显。此外，适当的政府补贴能够激励零售商商家开展低碳消费促销活动，低碳产品的销售量也会获得较为明显的提升，但是由于供应链系统利益让渡的局限，低碳产品的售卖价格仅仅出现较小的下降，低碳消费群体并不能享受到政府低碳补贴带来的奖励。最后本书还针对实施低碳消费积分激励模式可能存在的局限进行剖析并提出建议。

五、零售消费领域降碳激励和约束政策研究

本书对我国目前推行的低碳相关政策开情况进行了系统分析，并提出了改进建议。分析发现我国政府在制定"双碳"目标的过程中逐步加大了对碳减排的奖励力度，并逐步实施"碳排放权交易市场"政策，为企业提供了碳减排的经济激励。本书还从激发消费者的低碳购买意愿、促进低碳供应链与大数据技术融合、加强法律法规的制定和执行力度等方面提出了具有针对性的建议。

第四节　研究思路及方法

本书遵循"行为分析 - 激励措施 - 机制设计"框架思路，通过"数据 + 模型"双轮驱动，利用企业和消费者行为分析模型，开展低碳激励措施和"双碳"激励机制研究。技术路线如图1-1所示。

本书第三章至第七章论述了政府、制造企业、零售企业、网络交易平台和消费者多个主体低碳行为的分析、多个层面的激励措施、激励机制和约束政策。各章节的激励措施和激励机制作用路径以及逻辑关系见图1-2。以下将结合图1-2进行解释说明。

在本书的第三章，笔者研究分析了政府通过对制造企业实行低碳产品生产补贴，以此提升制造企业的低碳产品生产积极性。同时，本书重点考虑了供应链激励与协调问题，提出制造企业在获得低碳产品生产补贴后，通过与零售企业建立成本分担契约、将部分经济利益让渡给零售企业，以此达到提升零售企业低碳产品营销积极性，从而实现供应链与消费者协同减排的激励机制。

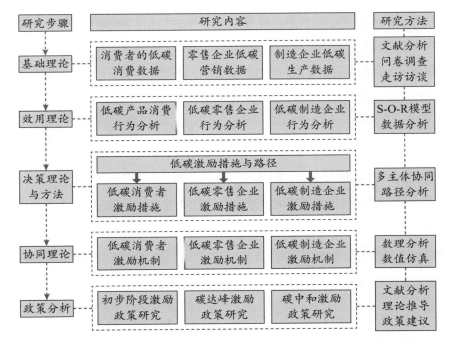

图1-1　"双碳"目标下企业和消费者行为改变的激励机制研究技术路线图

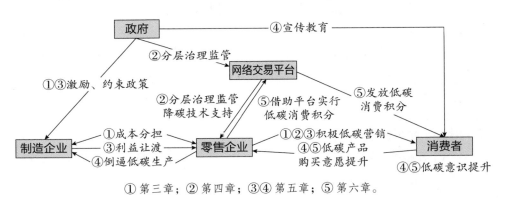

① 第三章；② 第四章；③④ 第五章；⑤ 第六章。

图1-2　各章节激励措施和激励机制的作用路径及逻辑关系图

在本书的第四章，笔者提出政府应当实施精准奖惩政策，重视网络交易平台碳排放监管工作，发挥其在零售和消费领域的降碳减排作用，形成"政府监管平台、平台监管企业"的分层治理降碳格局。此外，网络交易平台可以通过向旗下零售企业提供降碳减排技术的支持形式，在提升零售企业低碳营销积极性的同时，提升平台的销售额和利润，实现降碳增效"双赢"。

在本书的第五章，笔者通过调查研究方式分析了企业和消费者的低碳行为，并从两方面研究了政府激励和约束政策的作用路径。一方面，在政府大力推行低碳政策的影响下，各类企业低碳积极性都有了很大的提升，逐步形成了制造企业向零售企业的利益让渡，通过刺激零售企业积极性、实现低碳营销宣传，提升消费者的低碳意识激励传导机制；另一方面，在低碳消费宣传教育的作用下，消费者低碳意识得到大幅度增强，随之对低碳产品的购买意愿得到提升，从而达到刺激制造企业进行低碳生产、倒逼供给侧实现结构性改革的目的，逐步形成良性闭环。

在本书的第六章，笔者提出了零售商借助网络交易平台的信息化优势，开展低碳消费的积分激励措施，提升消费者的低碳产品购买意愿和绿色消费意识。尤其是在消费者绿色低碳意识尚未得到有效提升时，低碳消费积分对消费者低碳产品需求的刺激作用更为明显。

第五节　研究的创新之处

（1）在学术思想上，一是利用低碳消费者心理效应，将消费者心理效应与零售企业低碳营销效果关联起来，开展消费行为心理与低碳行为管理跨学科研究。二是将消费效用理论与零售企业数据分析相结合，进行效用理论与零售渠道营运效果相结合的研究。

（2）在学术观点上，一是提出通过广泛宣传和激励政策，能够改变消费者的消费习惯和文化。二是提出如果消费者发生了低碳行为改变，就能够通过零售企业的影响有效实现低碳减排。

（3）在研究方法上，一是利用智慧零售、智慧物流和物联网技术，实现绿色标识、低碳零售、心理测试和零售点评数据的自动收集。二是利用企业和消费者低碳行为分析模型，开展减排路径决策分析。三是建立人货场低碳消费数据分析平台，利用零售数据，进行低碳消费激励机制的优化。

第二章 理论基础

第一节 "双碳"目标下碳排放与碳约束理论

一、背 景

随着世界重工业的发展，人类活动产生了大量温室气体，温室效应带来了一系列气候环境问题。为促进全球温室气体减排，减少全球二氧化碳排放，1997 年在日本京都召开了《联合国气候变化框架公约》第三次缔约方大会，会上通过的《京都议定书》将二氧化碳排放权看成一种商品，形成了二氧化碳排放权交易。碳交易市场机制成为解决温室气体减排问题的新方法。2020年9月22日，国家主席习近平在第七十五届联合国大会一般性辩论上发表重要讲话：中国将提高国家自主贡献力度，采取更加有力的政策和措施，二氧化碳排放力争于2030年前达到峰值，努力争取2060年前实现碳中和。在此背景下，我国提出的低碳经济发展模式逐渐成为世界经济发展的方向。因此，碳排放已成为当前社会各界关注的热点话题，国内外学者纷纷展开对碳排放问题的深入研究。

二、理论概念

温室气体是导致全球变暖和气候变化的气体，含碳温室气体的排放称为"碳排放"，因其中二氧化碳排放量占比最多，故有时"碳排放"仅指"二氧化碳排放"[①]。"碳约束"是指为应对全球气候变暖，实现节能减排目标，通过政策、法规、技术等多种手段，对企业、行业或国家的碳排放进行限制和约束。减少碳排放是

---

① 刘天志．中国油气工业碳排放影响因素及低碳发展路径研究 [D]．大庆：东北石油大学，2023．

企业净零战略的重要组成部分，也是实现"双碳"目标的关键所在。碳约束的目的是减缓温室气体的排放速度，减轻对全球气候和环境的影响，同时推动经济社会的可持续发展。本书分别从碳排放的范围、碳排放的核算、碳排放的影响因素、相关碳约束、碳约束的影响五个方面进行介绍。

（一）碳排放的范围

温室气体协议将碳排放分成直接与间接排放两大类，并将碳排放的范围分为3个范围。范围1是直接排放，即企业产品生产过程中直接产生的温室气体排放。范围2是间接排放，主要指企业从外部采购能源、机器等产生的温室气体排放。范围3是覆盖企业价值链上下游各项活动的间接排放，包括除范围1和2外所有的碳排放。

（二）碳排放的核算

为积极推进碳达峰和碳中和，中国正在努力减少二氧化碳的排放。然而如何核算各产业各部门的碳排放是个难题，因为二氧化碳与生产过程中需要消耗的资源、能源、物品等不同，一方面，二氧化碳的气体形式使得排放到大气后难以捕捉和测度；另一方面，由于生产环节的复杂性，我们很难全方位地监测和记录二氧化碳排放。碳排放的准确核算是量化各产业各部门应承担的碳排放责任、政府制定合理的碳约束政策的重要依据，所以采用科学的方法对企业的产业链中各环节产生的碳排放进行准确核算是非常重要的[1]。

在碳排放的测量上，Ahmed 等[2]最早分析了森林的碳排放，以孟加拉国为研究对象给出了各方面温室气体排放的良好概括。后来通过多数学者的广泛研究，目前产业链中碳排放核算常采用的方法主要有两种：微观产业链层面的生命周期评价和宏观产业链层面的投入产出分析法。生命周期评价对于核算各类产品的生产、消耗、回收整个循环过程中的碳排放具有显著作用。郑晓云等[3]利用生命周期

---

① 江美辉. 碳约束下的产业结构优化研究 [D]. 北京：中国地质大学，2020.

② AHMED A U, ISLAM K, REAZUDDIN M, et al. 孟加拉国温室气体排放量清查：初步结果 [J].AMBIO- 人类环境杂志，1996，25（4）：299-303.

③ 郑晓云，徐金秀. 基于 LCA 的装配式建筑全生命周期碳排放研究：以重庆市某轻钢装配式集成别墅为例 [J]. 建筑经济，2019，40（1）：107-111.

评价法核算了建筑在建造、使用、废弃等阶段中的碳排放量。

然而，生命周期评价多依赖于企业生产产品各环节的监测统计数据，这些数据获取的难度与这些数据的准确实时性会限制生命周期评价的应用范围，使得生命周期评价无法核算宏观经济层面下整体产业链中的碳排放。故学者们又发展出了投入产出分析法核算宏观经济层面下人类经济活动产生的碳排放。投入产出分析法诞生于20世纪30年代，许多学者利用此方法深入分析了各国企业的产业链。Huang 等[1]进一步在投入产出模型的基础上，纳入随着经济活动而产生的环境影响，发展成环境投入产出模型。孟凡鑫等[2]利用多区域投入产出表核算中国与"一带一路"沿线典型国家商品和服务贸易中的碳排放，发现了重要的隐含碳排放流动关系。

（三）碳排放的影响因素

影响碳排放的因素因行业和商业模式而异，许多企业的大量碳排放发生在供应商和原材料的上游，即大多发生在更广泛的价值链活动中。近年来许多学者对碳排放显著影响因素进行了研究，主要应用的方法包括基于投入产出分析的衍生分析法与计量经济回归统计方法。

学者们利用衍生分析法中的指数分解方法和结构分解方法发现，不同国家或地区的经济结构不同，其碳排放增长也有所差异，而导致碳排放增长的结构性经济因素有消费需求、人口增长、能源使用效率、生产技术等。例如，宋佩珊等[3]发现广东省碳排放增长的最主要原因是需求规模的扩张。闫云凤[4]发现京津冀地区因

① HUANG, G H, ANDERSON W P, BAETZ B W. Environmental input-output-analysis and its application to regional solid-waste management planning[J]. Journal of Environmental Management, 1994, 42(1): 63-79.

② 孟凡鑫，苏美蓉，胡元超，等. 中国及"一带一路"沿线典型国家贸易隐含碳转移研究[J]. 中国人口 · 资源与环境，2019，29（4）：18-26.

③ 宋佩珊，计军平，马晓明. 广东省能源消费碳排放增长的结构分解分析[J]. 资源科学，2012，34（3）：551-558.

④ 闫云凤. 京津冀碳足迹演变趋势与驱动机制研究[J]. 软科学，2016，30（8）：10-14.

人口增长、人均消费量增加和消费结构变化的共同作用而导致碳排放增加。高静等[①]发现不同国家或地区间单位产品碳排放含量不同的主要原因在于生产技术，相对较差的生产技术会显著影响产品的碳排放含量。詹晶等[②]发现提高能源使用效率与改进生产技术不仅会促进自身企业的碳减排，还会降低与企业具有进出口贸易关系的其他机构碳排放。

学者们利用计量回归统计模型量化评估了一些主要的宏观经济要素如人均GDP、人口结构、产业结构等对碳排放的影响。王芳等[③]利用面板数据模型发现人口结构、人均GDP、二氧化碳排放强度、化石能源占能源消费总量的比重与全球碳排放显著相关。李薇等[④]基于LMDI模型对甘肃省种植业生产碳排放影响因素进行研究，认为农业结构、人口规模因素对碳排放产生促进作用，传统农业向现代农业转变能有效降低碳排放。原嫄等[⑤]量化了产业结构对区域碳排放的影响，发现中高等发展水平国家产业升级后碳减排效率明显提升。

（四）相关碳约束

在2021年，联合国政府间气候变化专门委员会（IPCC）发布的《气候变迁评估报告》以清晰的表述揭示了气候问题与人类活动之间的关联以及气候影响的长期路径，并根据联合国环境规划署（UNEP）和IPCC的数据发现，解决气候变化

① 高静，刘国光.全球贸易中隐含碳排放的测算、分解及权责分配：基于单区域和多区域投入产出法的比较[J].上海经济研究，2016（1）：34-43.

② 詹晶，叶静.中美贸易隐含碳测度及影响因素研究[J].广东财经大学学报，2014，29（4）：36-42.

③ 王芳，周兴.人口结构、城镇化与碳排放：基于跨国面板数据的实证研究[J].中国人口科学，2012，（2）：47-56.

④ 李薇，蒙平珠，李彩弟，等.基于LMDI模型的甘肃省种植业生产碳排放影响因素分析及减排途径[J].作物杂志，2023（5）：264-271.

⑤ 原嫄，席强敏，孙铁山，等.产业结构对区域碳排放的影响：基于多国数据的实证分析[J].地理研究，2016，35（1）：82-94.

的核心要素是限制和减少碳排放的增长[1]。因而，碳排放约束能充分提高相对生产效率，是各国在碳中和阶段产业经济发展的核心，也是参与国际博弈的基础，更是国际气候合作实践的共同努力方向。

二氧化碳减排的三大重要机制是"碳限额、碳交易、碳税"。碳限额是指一个国家、企业或个人在一定时间内可以排放的二氧化碳量有最大量限制。碳交易又称碳排放交易，是《京都议定书》为促进全球减少温室气体排放、采用市场机制建立的温室气体排放权交易，其原理是只要交易带来的净收益高于交易的费用，交易就会一直进行至边际减排成本相同，此时社会总减排成本最小。碳税是指二氧化碳排放者要为碳排放支付一定的费用，促使碳排放者调节二氧化碳排放量，达到社会最优水平。

在所有碳约束中，关于碳限额与碳交易的研究相对较多，对碳排放税的相关研究较少，目前学者大多考虑的碳约束有碳限额约束、碳交易约束、碳限额－碳交易约束以及碳税约束。例如柏庆国等[2]结合易变质产品在订购和存贮过程中会产生碳排放的实际情形下，构建了碳限额与交易政策下易变质产品的库存优化模型，发现零售商在低碳政策下能够实现高利润和低排放的双赢结果。张静等[3]基于2001—2020年中国地级市层面的面板数据，选择双重差分法研究碳排放交易对中国产业结构转型升级的影响，认为在政府适度干预的条件下碳排放交易可以有效促进产业结构转型升级。李军祥等[4]通过研究方向制定合理的碳税价格有利于保护虚拟电厂运营商（VPPO）经济效益的同时提高社会环境效益。

① 张海滨.气候变化正在塑造21世纪的国际政治 [J].外交评论（外交学院学报），2009，26（6）：5-12.

② 柏庆国，徐贤浩.碳限额与交易政策下易变质产品的最优库存策略 [J].中国管理科学，2017，25（7）：28-37.

③ 张静，申俊，徐梦.碳排放交易是否促进了产业结构转型升级：来自中国碳排放交易试点政策的经验证据 [J].经济问题，2023（8）：84-91.

④ 李军祥，陈鸣，邵馨平.基于信息间隙决策理论的虚拟电厂低碳需求响应调度模型 [J/OL].中国管理科学：1-13[2023-11-20].DOI：10.16381/j.cnki.issn1003-207x.2022.2161.

（五）碳约束的影响

对碳排放进行约束会对社会的方方面面产生一定的影响。经济方面，碳约束的实施在一定程度上能促进经济增长。一些研究表明：在碳约束条件下，通过优化产业结构、提升生产效率等措施，可以实现经济的可持续发展。此外，碳约束也可以进一步促使企业发展清洁能源和节能技术，从而为社会带来新的经济增长点和就业机会，推动经济增长。社会方面，实施碳约束对社会生活产生了广泛的影响。例如，政府制定的碳减排政策可能会导致能源价格上涨，从而影响居民的生活成本和生活质量；碳约束也可能会对就业市场产生影响，降低了高能耗、高排放产业的就业机会，相反增加了清洁能源和节能技术领域的就业机会。环境方面，实施碳约束对环境的影响是最直接的。通过限制企业和个人的碳排放量来减少温室气体的排放速度，从而缓解碳排放对全球气候和环境造成的影响；碳约束背景下促进了企业发展应用清洁能源和节能技术，从而减少了人们对化石能源的使用量，环境污染和生态破坏的风险也随之降低。政策方面，需要实施的碳约束会对政府的一些政策制定和实施产生影响。为限制碳排放量、确保碳减排目标的实现，政府需要制定出符合实际情况的碳减排政策，同时还需要加强对企业和个人的监管和管理。此外，政府还需要加强与国际社会的合作和交流，共同应对全球气候变暖的挑战。

三、碳排放与碳约束的具体应用及其在本书中的应用

碳市场的建设在逐步推进，出现了碳普惠①、碳账户②、碳标签③、碳排放权④、

① 朱艳丽，刘日宏."双碳"目标下我国碳普惠制度的地区协调研究 [J]. 西北大学学报（哲学社会科学版），2023，53（4）：60-72.

② 蒋惠琴，周天恬，杨欣怡，等. 个人碳账户持续使用意愿的影响因素研究：基于我国五个城市调查结果的分析 [J]. 城市问题，2023（12）：40-49.

③ 梅蕾，孙立峰，李文，等. 碳标签对低碳购买意愿的作用路径研究：基于亲社会行为调节的中介效应 [J]. 中国环境管理，2023，15（5）：117-128.

④ 许文立，孙磊. 市场激励型环境规制与能源消费结构转型：来自中国碳排放权交易试点的经验证据 [J]. 数量经济技术经济研究，2023，40（7）：133-155.

碳解锁[①]、碳配额交易[②]等多种推动社会向低碳发展的具体方式，本书主要介绍前两者的概念及应用。

（一）碳普惠

碳普惠是一种通过普及低碳知识、鼓励低碳生活和消费，以促进减少碳排放的机制。这种机制可以引导消费者进行更环保的消费决策，并推动企业减少碳排放量。

从政府角度出发，杨柳青青等[③]认为实现碳普惠制的减排目标离不开政府的有效引导。从企业角度出发，景司琳等[④]提出碳普惠平台建设，进行生活服务业场景接入碳普惠平台的研究。从消费者角度出发，陈璐等[⑤]认为给居民引进碳普惠体系有助于碳市场建设和"双碳"目标实现。碳普惠制度可从多个角度进行应用，有助于进一步实现"双碳"目标，应对气候变化挑战。

（二）碳账户

碳账户是用于记录个人或组织的碳排放数据的账户。其能鼓励消费者选择更低碳的产品和服务，促使企业承担环境责任，提高碳管理水平。故在众多领域都有所应用碳账户。

蒋惠琴等[⑥]在居民生活领域引进个人碳账户试点政策。在金融领域，丁黎黎

① 程娜，桑一铭，李博文."双碳"目标下中国"碳解锁"发展研究 [J]. 改革，2023（12）：151-162.
② 刘培德，李西娜，李佳路. 碳配额交易机制下竞争企业低碳技术扩散：基于复杂网络的演化博弈分析 [J]. 系统工程理论与实践，2024，44（2）：684-703.
③ 杨柳青青，宋程成. 政策设计视角下的政府主导型碳普惠模式研究 [J]. 中国行政管理，2024（1）：18-27.
④ 景司琳，张波，臧元琨，等."双碳"目标下我国碳普惠制的探索与实践 [J]. 中国环境管理，2023，15（5）：35-42.
⑤ 陈璐，石家铮，郑天奥，等. 碳普惠下居民减排量形成 - 聚合 - 交易模式 [J/OL]. 电力自动化设备，1-14[2024-04-03].https://doi.org/10.16081/j.epae.202403021.
⑥ 蒋惠琴，张迎迎，余昭航，等."个人碳账户"政策能否减少城市居民生活用电碳排放：基于浙江衢州的实证研究 [J]. 城市发展研究，2024，31（1）：104-111.

等[1]将个人碳账户用于绿色信贷中，构建了消费者、政府和银行三方演化博弈模型；林永民等[2]基于区块链技术赋能视角，研究中小企业碳账户融资。在农业领域，葛小君等[3]通过化农业系统碳账户来帮助广西实现"双碳"目标。碳账户还在能源、交通等许多领域有所应用，有助于各领域更好地实现"双碳"目标，推动全社会可持续低碳发展。

本书借鉴碳排放与碳约束相关的理论和实践，并将其应用于零售场景中。在第五章阐述了零售商的低碳营销策略，在第七章介绍了现有降碳政策，并对碳标签、碳账户等应用进行了广泛讨论，促进在零售场景下的"双碳"目标实现。

第二节 计划行为理论

一、理论发展

国内外许多学者在通过信息加工理论的角度，基于期望价值理论的思想，对个体行为决策形成的过程进行了研究，进而探讨了计划行为理论对行为意向和实际行为的预测性影响[4]。Fishbein[5]在多属性态度理论的基础上，提出了计划行为理论，强调个人的行为态度与行为意向之间存在显著相关性，个体对行为预期结果和对行为结果的评估对行为态度起着重要的影响作用。Wicker[6]认为研究者应该从

---

① 丁黎黎，赵忠超，张凯旋.感知价值对个人碳账户绿色信贷发展的作用机制研究 [J/OL].中国管理科学，2023（2）[2024-06-15].http://www.zgglkx.com/CN/abstract/article_18333.shtml.

② 林永民，张轩齐，庞丽环，等.区块链赋能中小企业碳账户融资研究：基于博弈论视角的分析 [J].价格理论与实践，2023（10）：185-189，218.

③ 葛小君，吴丹，李淑斌，等.1978—2021年广西农业净碳汇时序特征及影响因素 [J].中国生态农业学报（中英文），2024，32（2）：218-229.

④ 段文婷，江光荣.计划行为理论述评 [J].心理科学进展，2008（2）：315-320.

⑤ FISHBEIN M. An investigation of the relationship between beliefs about an object and the attitude toward that object[J].Human relation, 1963, 16(3): 233-239.

⑥ WICKER A W. Attitudes versus actions:the relationship of verbal and overt behavioral responses to attitude objects[J].Journal of social issues, 1969, 25(4): 41-78.

多个角度进行探索，寻找影响行为的主要因素，而不应仅仅依靠行为态度来预测行为。Fishbein 等[①] 提出了以期望价值模式为出发点、多属性态度模式为基础的理性行为理论（theory of reasoned action，TRA），理性行为理论主张人类为理性个体的前提下，个人的行为是由个人的行为意图决定的，假设任何独立的个体都具有完全的自我控制能力。理性行为理论主要用来预测和了解人类的行为，在一些行为决策过程中具有相当的解释力，但实际情况下许多发生的行为并不都是由自身意志决定的。在现实生活中，通常由于某些主观原因（如个人能力有限）和客观原因（如外界资源受限）的不利影响，导致个体对自己的行为态度以及具体行为的控制能力并未达到理想程度，因此难以保持完全的理性[②]。因此，Fishbein 等研究发现个体的行为有些不是十分自愿发生，而是被控制着发生后，以 TRA 为依据引进代表其他非理性因素的"行为控制认知"概念，进而才形成了新的行为理论研究模式——计划行为理论（theory of planned behavior，TPB）[③]。并且指出人的感知行为对行为态度和行为的执行产生影响，并在随后的计划行为理论中对这一观点进行了阐释。

这一全新的理论概念的主要作用在于对无法被解释和预测的行为意向和具体行为进行解释，其作用超越了行为态度和主观规范的范畴。在某些特定情形下，这三个因素也相互作用，共同影响行为意向，从而对具体行为产生影响，具体内容可见图2-1。陶志梅等[④] 认为计划行为理论从信息加工的角度解释了个体理性决策过程，

① FISHBEIN M, AJZEN I. Belief, attitude, intention and behaviour: An introduction to theory and research[M]. Reading, MA: Addison Wesley, 1975.

② 祖明，苏晓婕. 消费者新能源汽车购买意愿影响因素的研究综述 [J]. 安徽工业大学学报（社会科学版），2021，38（2）：15-22.

③ AJZEN I.From intentions to actions:a theory of planned behavior[M].Berlin Heidelberg: Springer, 1985.

④ 陶志梅，苏璐丹. 政府开放数据用户使用意愿影响因素研究：基于自我效能理论和计划行为理论 [J]. 管理学刊，2022，35（6）：112-127.

适用于描述人们在执行特定行为之前的决策和计划过程。李文超等[1]认为计划行为理论是以个体行为的自利性作为理论起点,将自身利益最大化作为个体行为决策的基本原则。郭泉[2]认为当个体能够清晰地感知到其实施某种行为所需的资源、能力等客观条件限制时,感知行为控制还可以直接影响个体行为的发生。

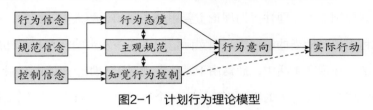

图2-1 计划行为理论模型

二、计划行为理论

(一)概念

由 Fishbein 等[3]提出的计划行为理论是用于预测和解释个体一般行为及其决策过程的社会心理学理论。Ajzen 在计划行为理论中认为人的行为是经过仔细考虑后计划的结果,个体行为意图是预测个体实际行为最可靠的变量,而个体行为意图会受到行为态度、主观规范和感知行为控制等心理因素的影响。

(二)主要内涵

计划行为理论主要认为:

(1)个体意志不完全控制的个体行为受个体行为意图影响,还会受个体能力、外界资源等影响。

(2)感知行为控制不仅会直接影响着实际行为,而且也通过行为意图间接地

① 李文超,邵婧.消费者环保服装购买行为的影响因素研究:基于计划行为理论和规范激活理论 [J/OL]. 中国管理科学:1-20[2023-10-05]. DOI:10.16381/j.cnki.issn1003-207x.2022.0070.

② 郭泉.大型面板生产企业绿色生产行为驱动机理及引导政策研究 [D]. 徐州:中国矿业大学,2020.

③ FISHBEIN M, AJZEN I. Belief, attitude, intention and behaviour: An introduction to theory and research[M]. Reading, MA: Addison Wesley, 1975.

影响实际行为。

（3）如果个体对某项行为持积极的态度，主观规范较高，且感知行为控制力强，那么该个体执行该项行为的意图就会更加坚定，其实际行为也会受到更大的影响。

（4）个体对于将要从事的行为会有许多信念，但能够被获取的信念却很有限。

（5）个人特征（如年龄、性别、文化背景、智力、人格、经验）以及社会文化等因素不仅会直接影响态度、主观规范和感知行为控制，还会对行为意图与实际行为产生影响。

（三）主要因素

计划行为理论对行为的分析主要包括三个阶段。第一阶段，个体的具体行为会受到其产生的行为意图的影响。第二阶段，行为态度、主观规范和知觉行为控制这三个因素将对行为意图的形成起到至关重要的作用。第三阶段，信念将影响着态度、主观规范和知觉行为控制。

1. 态度（attitude）

在计划行为理论模型中，态度是指个体对于特定行为结果的好坏评价。当个体对从事特定行为的态度越来越好时，个体对此的行为意图也会越来越强烈。反之，个体对此的行为意图会越来越低。态度的形成可从个体执行特定行为结果的信念和对结果的评价两方面解释。

$$A = \sum_{i=1}^{i} BB_i \times OE_i$$

式中，A 表示态度；BB_i 表示行为信念；OE_i 表示评价；i 表示行为信念个数。

2. 主观规范（subjective norm）

主观规范是指其他人（尤其是重要的人或团体）对特定行为的期望以及个体对这些期望的关注程度。随着积极的主观规范变得更加强烈，个体更容易产生从事这种行为的意图，并最终表现出实际行为。主观规范实际上是规范信念和遵从这些期望的动机之和。即

$$SN = \sum_{j=1}^{j} NB_j \times MC_j$$

式中，SN 表示主观规范；NB_j 表示规范信念；MC_j 表示依从动机；j 表示规范信念个数。

3. 知觉行为控制（perceived behavioral control）

知觉行为控制则是指个体对于完成这种行为所需条件的信心程度。当个体对从事特定行为的难易程度和阻碍因素的感知越来越强时，个体越容易产生从事这种行为的意图，进而发生实际行为。知觉行为控制是控制信念和这些因素重要性考虑的便利性认知的积和。即

$$PBC = \sum_{k=1}^{k} CB_k \times PF_k$$

式中，PBC 表示知觉行为控制；CB_k 表示控制信念；PF_k 表示便利性认知；k 表示控制信念个数。

4. 行为意图（behavior intention）

行为意图表明人具体去做某件事情前的一些心理倾向、合作意愿或计划。行为意图是行为的直接先决条件，基于对这一行为的态度、主观规范和知觉行为控制。

5. 行为（behavior）

行为即在给定情况下，个人对特定目标可以观察到的反应。Ajzen 认为行为是相容的意图和行为控制感知的函数，预期的行为控制可以减轻行为意图对行为的影响，但是在知觉行为控制很强时，良好的意图才会产生行为。

6. 信念（beliefs）

行为信念是指个人对是否应该执行特定行为的结果的信念。规范信念是指个人对社会规范性压力的理解。控制信念是指个人对可能促进或阻碍行为表现的因素的存在的信念。

行为信念会对行为产生有利或不利的态度，规范信念导致主观规范，而控制信念则引起知觉行为控制。对行为的态度，主观规范和知觉行为控制相结合会导

致形成行为意图。

三、计划行为理论的实际应用

计划行为理论在国外的应用特别广泛，大量研究证明计划行为理论对人类的行为和意愿的预测具有很高的有效性。Li[1] 针对传统海域规划方法效率低下问题，运用 TPB 扩展模型进行了休闲旅游海洋空间规划研究。Maria 等 [2] 发现消费者对可持续服装的态度和主观规范会显著地影响购买意愿的产生，而购买意愿会显著地影响消费者实际购买环保服装。

尽管国内对计划行为理论的研究起步较晚，但随着学者们对该理论的深入探索，研究已经开始在各个领域和学科中得到广泛应用。李京诚[3] 首次在国内介绍并引入了计划行为理论，并将其运用于心理学领域，从而掀起了国内心理学研究的新浪潮。在农业方面，贾亚娟等 [4] 以计划行为理论为基础构建了农村居民生活垃圾分类行为的研究框架。在医药领域，杨雅楠等 [5] 通过抛硬币法设置对照组和干预组来探讨基于计划行为理论的干预对肌少症老年人肌肉衰减和平衡能力的效果。

四、计划行为理论的应用场景及在本书中的应用

随着国内外各大电商企业在零售领域的蓬勃发展，研究者们广泛应用计划行为理论、规范激活理论、扎根理论等众多理论研究电子商务零售领域。在国外，

---

① LI C J. Leisure tourism marine space planning based on TPB expansion model[J].Journal of coastal research, 2020, 103(sp1):1089-1092.

② MARIA R T, SIEGFRIED K C. Bridge the gap: Consumers' purchase intention and behavior regarding sustainable clothing[J]. Journal of cleaner production, 2021, 278: 123882.

③ 李京诚 . 合理行为、计划行为与社会认知理论预测身体锻炼行为的比较研究 [J]. 天津体育学院学报，1999（2）：35-37.

④ 贾亚娟，叶凌云，赵敏娟 . 村庄制度对农村居民生活垃圾分类治理行为的影响研究：基于计划行为理论的分析 [J]. 生态经济，2023，39（9）：199-205.

⑤ 杨雅楠，穆丽萍，邢凤梅，等 . 基于计划行为理论的干预对肌少症老年人肌肉衰减状况及平衡能力的效果 [J]. 中国康复理论与实践，2023，29（8）：869-874.

Aithal 等[①] 首次将计划行为理论与小型零售商采用低成本技术的原因相联系，得出管理者可利用计划行为理论中的信念提高技术采用率。Nguyen 等[②] 整合计划行为理论和技术接受模型预测消费者从电子商务平台购买的在线购买意愿。Fessler 等[③] 使用深度访谈和基于扩展的计划行为理论研究与电子商务相关的"最后一公里"交通带来的问题，最后得到采用自动包裹柜与公共交通相结合的众包服务的驱动因素和障碍。在国内，高恺等[④] 基于计划行为理论提出相关假设，通过实证分析发现新型农业经营主体认知因素、主体因素、经营因素显著影响其采纳直播电商模式的意愿。叶立润[⑤] 以计划行为理论为基础构建农产品电商农户参与行为模型，以此促进甘肃省农产品出村进城。王双进等[⑥] 从计划行为理论考虑，在农户参与农产品电商模型中引入社会环境变量，研究得到的结论推动了河北省农产品电商发展。

在本书第五章，基于计划行为理论研究消费者低碳行为，引入社会参照规范和个体心理意识两个变量，认为消费者在低碳方面的心理意识是其进行低碳消费行为的前置诱致因素。通过低碳消费行为影响因素，构建消费者低碳行为分析模型，探究消费者购买低碳产品意愿的影响因素。

① AITHAL R K, VIKRAM C, HARSHIT M, et al. Factors influencing technology adoption amongst small retailers: insights from thematic analysis[J]. International journal of retail & distribution management, 2023, 51(1), 81-102.

② NGUYEN T T, TRUONG T T H, ANH L T. Online purchase intention under the integration of theory of planned behavior and technology acceptance model[J].SAGE open, 2023, 13(4).

③ FESSLER A, HAUSTEIN S, THORHAUGE M. Drivers and barriers in adopting a crowdshipping service: A mixed-method approach based on an extended theory of planned behaviour[J]. Travel behaviour and society, 2024.

④ 高恺，盛宇华.新型农业经营主体采纳直播电商模式的影响因素与作用机制 [J]. 中国流通经济，2021，35（10）：65-73.

⑤ 叶立润.农产品电商农户参与行为的影响因素研究：基于甘肃农户微观调查数据 [J]. 商业经济研究，2023（21）：108-112.

⑥ 王双进，邱迪，王钰明，等.提升农户参与农产品电商行为意向研究：基于河北省农村地区的调研数据分析 [J]. 价格理论与实践，2023（10）：108-112，216.

第三节　消费者效用理论

一、概　　述

消费者理论主要探讨了消费者行为规则以及目标对明显需求的影响。戈森、杰文斯和瓦尔拉从效用最大化角度出发，对消费者需求进行了定义，并首次奠定了消费者理论的基础，随后马歇尔又对其进一步详细阐述。斯勒茨基在1915年提出了效用最大化需求的一系列特性，而希克斯、艾伦、霍特灵、沃尔德等人在1934—1944年期间对斯勒茨基的工作进行了深入研究。效用理论在几个方面取得了进展：费希尔与帕累托用序数效用替代了基数效用；弗里希与阿尔特提出了基数效用的公理化处理；萨缪尔森提出了显性偏好的概念。

产品的效能被认为是满足用户需求的能力，因此先前的学者将消费者效用定义为消费者从购买某种产品或服务中获得的满意度。效用是一个在微观经济学中常见的术语，最早可以追溯到亚里士多德的《政治学》①。而效用作为一个经济范畴，首次出现在费迪南多·加利亚尼1751年出版的《论货币》一书中，其含义是"使我们获得幸福的事物的属性"。萨缪尔森补充道，"更准确的说法是，效用是消费者对不同商品和服务的排序方式"，由此引出了"效用"的概念，它是指消费者在消费一种商品时所感受到的心理满意度。如今，"效用"在经济学中得到了广泛应用。

消费者效用理论认为消费者是基于最大化效益的假设进行消费行为的，它考虑的是消费者如何将其收入分配至各种商品或服务中，以实现效益最大化。因此，消费者效用理论被视为研究消费者行为等相关问题的重要理论基础，而消费者效用也被认为是衡量商品或服务质量的重要变量，同时也是提高消费者品牌忠诚度和满意度的重要手段。

由于消费者在进行商品选择时追求的是效用最大化的目标，然而产品对于消

---

① 李锦春．探析效用及消费者行为理论 [J]．山西财经大学学报，2009，31（S2）：88-89．

费者的效用又受到不止一个因素的影响，例如，甄静等[1]研究认为消费者在购买农产品时，会考虑生鲜农产品的新鲜程度、安全程度以及价格等因素；而消费者在购买保健品或者功能性食品时，会受到安全程度和产品效果两个因素的影响，并且拥有不同特质的消费者对多种因素的偏好是各不相同的，这就导致消费者对商品或者服务的选购是基于对多个指标或者维度进行的考量。王崇等[2]就基于消费者在线购物的环境，提出消费者在线购物效用会受到产品价格、性能、网站支付风险、质量、快递服务和后续服务这六个指标维度的影响。

消费者效用理论，又称为消费者行为理论，基于三个假设条件。第一是消费者的完全理性，即消费者对自己购买或消费的物品有着充分的了解，并且自觉地遵循效用最大化的原则。第二是消费者具有自主的购买决策权，即消费者能够自主决定购买行为和自己的消费方式。第三是消费者对产品的效用均来自对商品的使用，即所有的消费者效用都是通过使用或消费产品获得的。

二、效用理论

基数效用理论和序数效用理论分别采用边际效用分析方法和无差异曲线分析方法对消费者的行为进行分析。采用不同的方法产生不同的均衡条件和结果。在基数效用理论中最优均衡条件是每种商品的边际效用相等，而在序数效用理论中均衡条件是商品的边际替代率等于两种商品的价格之比。本章将基于这些概念及原则展开分析。

（一）效用函数

西方经济学家提出了反映个人偏好的效用函数，以便分析个人的决策。这个函数描述了商品组合给消费者带来的效用水平，个人的目标是在资源约束下最大

---

① 甄静，郭斌，谭敏.消费者绿色消费认知水平、绿色农产品购买行为分析[J].陕西农业科学，2014，60（1）：90-92.

② 王崇，李一军.B2C 环境下基于多属性效用理论的消费者行为模式[J].系统管理学报，2010，19（1）：62-67.

化这一效用函数的值。假设一个消费者只消费两种商品，作为一般形式，他的效用函数如下：

$$U = f(X_1, X_2)$$

其中，X_1 和 X_2 分别为两种商品的数量；U 为效用水平。效用函数的具体形式可能千差万别，但是它们都是根据被满足主体的感受而确定。不同的消费者对商品有不同的感受，这可能体现在效用函数的形式是多种多样的。

（二）无差异曲线

在无差异曲线上的"无差异"表示消费者的效用不会随着商品组合的选择而在该曲线上变化。无差异曲线将汇聚出所有提供相同效用水平的商品组合。消费者在无差异曲线上所获得的效益均相同，曲线上的斜率表示消费者放弃此类商品去购买另一种商品的数量。无差异曲线反映了消费者对产品的满意程度，无差异曲线的形状随着其感受到的效益而不断变化。无差异曲线可以反映出消费者的消费欲望以及其对商品组合的偏好程度，是消费者行为的一个重要方面。

（三）约束条件

效用函数中的约束条件主要受到收入水平和市场价格的制约。因此约束条件可以表示为：

$$P_1 X_1 + P_2 X_2 \leqslant I$$

其中，I 表示消费者的既定收入，P_1 和 P_2 分别表示商品1和商品2的价格，X_1 和 X_2 分别表示商品1和商品2的数量。在约束曲线上的点表示消费者恰好花光其所有收入去购买两种商品的组合情况。

三、消费者效用理论的应用场景及在本书中的应用

根据消费者效用理论的定义与内涵可以发现，消费者效用理论也是对消费者在同一类别不同产品选择方面的研究基础，有助于回答为何消费者选择特定产品的问题。因此，消费者效用理论有助于企业或政府了解消费者的购买决策规律，从而为它们提供推广某些特殊产品的理论基础，并提供相关的政策建议。

首先，在消费者效用理论应用于"消费者根据不同需求进行产品选择"的问题上，Chambers 等[①]针对双寡头博弈的质量竞争问题，建立了可变的成本函数模型，并基于该函数分析了质量差异程度的影响，从而为探究不同质量产品之间的选择问题提供了理论基础。Akçay 等[②]则进一步构建了联合动态定价模型，该模型首先将消费者的决策因素具体化，而后纳入模型。因此，联合动态定价模型解决了消费者在不同产品之间的选择问题。其次，在消费者效用理论应用于"消费者在满足同等需求的不同产品之间进行选择"的问题上，Chiang 等[③]基于电子商务逐渐普及的现实背景，提出了企业供应链上的制造商不仅可以沿用传统的零售商，还可以通过铺设直销途径与传统的零售商进行有效竞争。他们还建立了企业的两渠道模型，并分析表明相较于选择传统的零售商，消费者对购买商品的直销路径的接受意愿是相当高的。最后，潘金涛等[④]在消费者效用视角下，将动态博弈理论和非线性消费者效用函数结合，用于构建政府、制造商、零售商三者组成的三阶段斯塔克尔伯格博弈（Stackelberg Game）模型。秦晓彤等[⑤]基于消费者效用理论，构建线下零售和网络直销的双渠道闭环供应链决策模型，以此提出线下零售商应对网络直销平台竞争的策略。

从以上文献可以看出，消费者效用理论在零售场景中应用广泛，本书第五章消费者效应理论，在访谈结果的基础上，应用分析制造商与零售商的低碳行为，提出提高制造商绿色低碳产品生产积极性的建议。

① CHAMBERS C, KOUVELIS P, SEMPLE J H. Quality-based competition, profitability, and variable costs[J]. Management science, 2006, 52(12): 1884-1895.

② AKÇAY Y, NATARAJAN H P, XU S H. Joint dynamic pricing of multiple perishable products under consumer choice[J]. Management science, 2010, 56(8): 1345-1361.

③ CHIANG W Y K, CHHAJED D, HESS J D. Direct marketing, indirect profits: A strategic analysis of dual-channel supply-chain design[J]. Management science, 2003,49(1): 1-20.

④ 潘金涛，王道平，田雨.政府补贴下考虑公平关切的双渠道绿色供应链定价决策研究 [J]. 系统科学与数学，2023，43（12）：3243-3262.

⑤ 秦晓彤，牟宗玉，储涛，等.网购偏好和零售服务影响闭环供应链的销售及回收策略研究 [J]. 中国管理科学，2024，32（1）：187-199.

第四节　演化博弈理论

一、理论发展

博弈论最早正式提出是在《博弈论与经济行为》一书中，该著作的出版标志着博弈论的开端[1]。最初，博弈论被称为传统博弈论，具有两个主要特点：一是在博弈过程中假定所有参与者都是完全理性的；二是博弈参与者的决策是在信息完全对称的情况下进行的，仅考虑指定主体之间的利益博弈。随着传统博弈论与达尔文生物进化论的充分结合，演化博弈理论随之产生[2]。在传统博弈理论中，通常假定参与者是完全理性的，并且在完全信息条件下进行博弈。然而，在实际的经济生活中，这些假设很难实现。在企业的合作竞争中，参与者存在差异，经济环境和博弈问题本身的复杂性导致信息不完全和有限理性问题显而易见。

与传统博弈理论不同，演化博弈理论不要求参与者是完全理性的，也不要求具备完全信息。有限理性的概念最早由西蒙（H.A. Simon）在研究决策问题时提出，是指人的行为只能是"意欲合理，但达到的只能是有限的"。威廉姆森在研究影响交易费用的因素时总结了有限理性的问题，认为人的有限理性主要由两方面原因引起：一方面是由于个人的感知认知能力受到限制，包括在获取、存储、追溯和使用信息的过程中无法做到绝对准确；另一方面是语言上的限制，因为个人在以他人能够理解的方式通过语句、数字或图表表达自己的知识或感情时存在限制（可能是因为他们未掌握必要的词汇，或是这些词汇尚不存在）。无论如何努力，人们都将发现语言上的限制会使他们在行动中遇到挫折。因此，从这两个方面而言，完全理性的人根本就不可能存在。

在演化博弈中，参与者是有限理性的，他们会考虑各种复杂因素，并根据外

---

① 赵德宝. 规模养殖污染治理中三方博弈与政策研究 [D]. 南昌：南昌大学，2018.

② 张志颖. 基于前景理论的化工生产监管演化博弈研究 [D]. 大连：大连理工大学，2021.

部环境的变化不断学习和调整自己的决策。此时，参与者的利益不再是指定参与者之间的博弈，而是与众多不同参与者之间的博弈。通过持续的学习和调整，参与者最终会达到稳定状态。

二、演化博弈理论的特征

一般的演化博弈理论具有如下特征：它的研究对象是随时间变化的某一群体，理论探索是为了理解群体演化的动态过程，并解释说明为何群体将达到目前的这一状态以及如何达到。影响群体变化的因素既具有一定的随机性和扰动现象（突变），又有通过演化过程中的选择机制而呈现出来的规律性。大部分演化博弈理论的预测或解释能力在于群体的选择过程，通常群体的选择过程具有一定的惯性，同时这个过程也潜伏着突变的动力，从而不断地产生新变种或新特征。

几乎所有的演化博弈理论都具备上述特点。然而，在经济学领域中应用演化博弈理论与解释生物进化现象时略有不同，一些演化博弈理论中关于生物进化的概念在经济学领域中无法适用。

演化博弈理论是将博弈理论分析和动态演化过程分析结合在一起的一种理论。在方法论上，它与博弈论不同，博弈论侧重于静态均衡和比较静态均衡，而演化博弈理论强调动态均衡。演化博弈理论源自生物进化论，曾成功解释了生物进化过程中的一些现象。如今，经济学家们利用演化博弈理论来分析社会习惯、规范、制度或体制形成的影响因素，并解释其形成过程，取得了显著的成就。演化博弈理论目前已成为演化经济学的一个重要分析工具，并逐渐发展成为经济学的一个新领域。

三、演化策略

（一）收益支付矩阵

收益支付矩阵，亦称为报酬矩阵，是根据博弈参与者的不同策略组合，将它们的收益表示在同一个矩阵中。每个博弈参与者在系统中的利润不仅取决于自身的策略，还与其他博弈参与者的策略选择密切相关。收益支付矩阵主要用于描述模型中所有博弈参与者的策略选择和收益支付情况，是调整策略的重要依据。

（二）复制动态方程

复制动态方程的定义最早由 Taylor 等提出[①]，最初被用于描述系统中博弈参与者随时间调整策略的周期性决策行为。对于模型中的参与者，动态方程用来描绘其决策行为是如何随时间变化而调整的。在演化博弈理论中，博弈参与者会根据利益对自身策略进行调整。他们会放弃低收益的策略，并选择高收益的策略。同时，系统中的其他博弈参与者也会根据系统内的博弈参与者策略的变化来进行策略调整。通过整理和归纳，我们可以用定量的方式来描述和刻画这种变化规律，而复制动态方程则是描述和刻画这种变化规律的工具。

（三）演化稳定策略

演化稳定策略作为演化博弈理论的核心内容，在该理论的发展中起着至关重要的作用。Smith 等[②]通过对种群研究的提前探索，将古典生物进化论和传统博弈论相融合，从而得到了演化稳定策略。演化稳定策略是指在系统中博弈参与者通过多次学习和调整后达到的一种均衡状态。然而，这种状态很容易被打破，当系统中的某些因素发生变化时，博弈参与者会根据最新情况学习并调整自身的策略，以实现最大化利益。随着时间的推移，系统最终会趋向于某种稳定的局面。这个稳定的局面意味着系统采取了演化稳定策略。

四、演化博弈理论的应用场景及在本书中的应用

演化博弈理论在低碳供应链中有着广泛的应用场景，可以帮助理解和优化低碳供应链中各方的行为与决策，促进供应链的协调运作和碳减排目标的实现。演化博弈理论能刻画政府、企业和消费者之间的博弈关系，分析不同利益主体之间的利益冲突和合作机制，为相关领域的政策制定和实践提供有价值的参考和启示。

---

① TAYLOR P D, JONKER L B. Evolutionary stable strategies and game dynamics[J]. Mathematical biosciences, 1978, 40(1/2): 145-156.

② SMITH J M, PRICE G R. The logic of animal conflict[J]. Nature, 1973, 246: 15-18.

在政府对企业低碳行为监管方面，李国志等[①] 分析了政府、企业和公众在低碳生产中的利益和行为，提出了一种双重约束下的演化博弈模型。王文宾等[②] 通过演化博弈的视角，探讨了废旧动力电池回收决策中政府、企业和消费者的博弈过程，研究发现，补贴政策能够激励企业加大废旧动力电池回收力度。赵哲耘等[③] 研究了在社会化媒体环境下，政府、企业和消费者的质量监管演化博弈，分析了社会化媒体对政府、企业和消费者之间质量监管的影响，并提出了质量监管策略。

在本书的第四章，基于演化博弈理论构建了地方政府、网络交易平台和零售企业之间的三方演化博弈模型。

第五节　斯塔克尔伯格博弈理论

一、概　　述

博弈论（game theory），又叫对策论，是研究在多个相关主体的行为相互影响、相互作用的情况下，行为主体如何利用参与者的战略理性，在特定条件的约束下，采取相应的策略，求解均衡的数学方法[④]。其中，斯塔克尔伯格博弈是博弈论中十分经典的一个博弈模型。它是一个两阶段的完全信息动态博弈，博弈的时间是序贯的。最初是由数学家约翰·纳什发明的，在当时被广泛用于经济学、政治学和社会科学领域的研究。主要思想是双方都是根据对方可能的策略来采取行动以保证自身在对方策略下的利益最大化，从而达到纳什均衡。

在斯塔克尔伯格博弈中，有两个竞争对手，每个人都可以选择合作或背叛对

① 李国志，袁娜，颜诗旋，等.政府监管与公众监督双重约束下制造企业低碳生产演化博弈研究 [J].北京交通大学学报（社会科学版），2023，22（4）：63-75.

② 王文宾，刘业，钟罗升，等.补贴-惩罚政策下废旧动力电池的回收决策研究 [J].中国管理科学，2023，31（11）：90-102.

③ 赵哲耘，靳琳琳，刘玉敏，等.社会化媒体环境下政府、企业与消费者的质量监管演化博弈 [J].管理评论，2023，35（6）：248-261.

④ HANS P. Game Theory: a multi-leveled approach[M]. New York: Springer Science & Business Media, 2008.

方。如果两个人都选择合作，则两者都能得到一个基本报酬。如果两个人都选择背叛，则两者将得到一个较低的报酬。如果一个人选择合作而另一个人选择背叛，则背叛者将得到最高的报酬，而合作者将得到最低的报酬。在这个模型中，每个人必须考虑对手的策略，并且要尽量获得最大的收益。因此，斯塔克尔伯格博弈涉及一些战略性思考和博弈论的理论。

二、基本要素

一个完整的斯塔克尔伯格博弈包含以下几个基本要素。

（一）参与者

在博弈中，参与者可以是个人、团体，甚至是虚拟实体。只要他有独立决策的能力，就可以被视为博弈参与者，其目标是通过决策最大化自身的利益。由 n 个参与者构成的博弈格局称为 n 入博弈。

（二）策略

在博弈中，参与者为使自身效用最大化而采取的具体手段称为策略。

（三）效用

效用是指参与者在博弈过程中追求的目标。每当所有的参与者做出自己的决策后就会形成相应的一个策略组合，每个策略组合会为每个参与者带来相应的利益值，如果它最大化，那就是收入，否则就是报酬。

三、应用领域

斯塔克尔伯格博弈论是解决不同利益主体之间冲突问题的有效工具，在经济、工业等众多领域和学科都被广泛应用。

经济方面斯塔克尔伯格博弈作为一种描述企业战略和收益的有效博弈模型，已经引起了越来越多学者的关注。张庆一等[1] 根据斯塔克尔伯格博弈模型分析了竞

---

[1] 张庆一，李贵春，踪程. 供应链企业竞争与合作的博弈分析 [J]. 统计与决策,2010,9：174-176.

争与合作条件下的供应链损益；孟庆春[1]基于斯塔克尔伯格博弈模型研究了上游企业主导的两级供应链的分配问题；张贵磊等[2]建立了供应链与零售商之间的斯塔克伯格利润分配博弈模型。

在工业能源分配、产品定价等方面斯塔克尔伯格博弈也起着重要作用。Maharjan等[3]建立了一个分层系统模型，模拟微电网中多个能源供应商和大量用户的决策过程，其中能源供应商（主）和用户（从）形成斯塔克尔伯格博弈；Wei等[4]提出了一个多主从、多层次斯塔克尔伯格博弈模型，用于分析分布式能源系统与综合能源系统中能源用户之间的多能源交易。

斯塔克尔伯格博弈作为现代数学的一个分支，在经济学领域得到了充分的肯定和讨论。由于它能将实际问题中的竞争关系模拟成数学模型，并对其进行分析得出优化结果，因此在多个学科中有着广泛的应用研究。未来斯塔克尔伯格博弈理论还将继续作用于相关领域中。

四、优缺点

（一）优势

（1）简单而直观。斯塔克尔伯格博弈使用矩阵表示博弈情况，可以直观地展示参与者之间的策略选择和可能的收益。这种简单的表示形式使得博弈分析更具可理解性和实际应用性。

（2）策略分析。通过斯塔克尔伯格博弈，可以分析不同策略组合下的收益，并找到最优的策略选择。这有助于参与者制定战略、做出决策，并理解博弈中各

① 孟庆春.两种不同合作方式的供应链利润分配对比研究[J].现代管理科学，2008，4：43-44.
② 张贵磊，刘志学.主导型供应链的Stackelberg利润分配博弈[J].系统工程，2006，24（10）：19-23.
③ MAHARJAN S, ZHU Q Y, ZHANG Y, et al. Demand response management in the smart grid ina large population regime[J]. IEEE transactions on smart grid, 2016，7(1): 189-199.
④ WEI F, JING Z X, WU P Z, et al. A Stackelberg Game Approach for Multiple Energies Tradingin Integrated Energy Systems[J]. Applied energy, 2017, 200(15): 315-329.

方的利益和影响。

（3）引入纳什均衡。斯塔克尔伯格博弈引入了纳什均衡的概念，即无法通过改变个体策略来提高个体收益的状态。纳什均衡是博弈中稳定的策略选择，对于参与者来说具有一定的指导意义。

（二）劣势

（1）信息限制。斯塔克尔伯格博弈在分析时通常假设参与者拥有完全信息，即每个参与者对于其他参与者的策略和收益都有准确的了解。然而在现实中，信息不对称是普遍存在的，这可能导致博弈结果与理论分析不完全一致。

（2）缺乏动态性。斯塔克尔伯格博弈通常在静态情况下进行分析，即假设参与者只进行一次博弈。然而在实际情况中，博弈往往是动态的，并且参与者的选择可能会受到之前决策的影响。对于动态博弈的分析，需要使用其他博弈论模型或方法。

（3）假设限制。斯塔克尔伯格博弈在建模时通常有一些假设，例如博弈参与者是理性的、具有确定性的收益函数等。然而在实际情况中，参与者的行为可能受到多种因素的影响，包括情绪、不确定性和非理性行为等。这些假设限制了斯塔克尔伯格博弈的适用范围和解释能力。

总体而言，斯塔克尔伯格博弈作为一种分析工具，具有简单直观、策略分析和纳什均衡等优势。然而，它也存在信息限制、缺乏动态性和假设限制等劣势。在实际应用中，需要综合考虑这些因素，并结合其他博弈论模型和方法进行更全面的分析。

五、斯塔克尔伯格博弈在本书中的应用

本书在第三章建立了由制造商为主导、零售商为跟随者的二级供应链系统。在斯塔克尔伯格博弈中制造商先决定自身的策略，零售商作为跟随者在观察到了制造商的战略选择后再进行自身的策略选择。在博弈的过程中，政府补贴作为影响制造商利润的重要影响因素，刺激制造商进行低碳投入。制造商先通过对减排

技术创新进行资金的投入，提升减排技术，增加碳减排量，决定自身的批发价格；零售商随后确定自己的低碳宣传努力水平和产品的销售价格。消费者是具有低碳偏好和宣传敏感性的，在接收到零售商的宣传信息之后易做出购买行为。

本书将成本分担契约引入斯塔克尔伯格博弈模型中，当制造商决定采取承担零售商部分低碳宣传成本的合作方式时，会激励零售商更加积极主动地进行低碳宣传，激发消费者购买意愿，从而反向刺激制造商的生产积极性，促进供应链的整体协调。因此，本书建立了在政府提供针对制造商减排成本补贴、制造企业分担低碳宣传成本背景下的斯塔克尔伯格博弈模型，通过计算获得最优均衡，并进行数值仿真模拟。

第六节　决策理论与方法

决策分析是一门与经济学、数学、心理学和组织行为学密切相关的综合性学科。它的研究对象是决策，它的研究目的是帮助人们提高决策质量，减少决策的时间和成本。因此，决策分析是一门创造性的管理技术。

一、决策分析的概念

决策分析简称为决策，是人类进行有目标的思维活动的一种方式。决策贯穿于人类各种实践活动中，并在整个人类历史过程中起到重要作用。自古以来，凭借着独特的决策能力，人类不断改变与自然和社会的关系，以求得生存和进步。

决策的科学化起源于20世纪初。特别是在第二次世界大战之后，决策研究结合了行为科学、系统理论、运筹学和计算机科学等多个学科领域的成果，并结合实际决策实践，逐渐形成了决策学这门专门研究人们做出正确决策规律的科学。其中，Simon在20世纪60年代提出的现代决策理论尤为突出。他强调了决策在现代管理中的核心地位，指出了"管理即决策"的概念。决策学研究了决策的范围、概念、结构、原则、程序、方法和组织等方面，并探索了这些理论和方法在实际应用中的规律。随着对决策理论和方法的深入研究与发展，决策已经渗透到社会经济和生活的各个领域，尤其在企业经营活动中得到广泛应用，从而形成了经营管理决策的概念。

在现代管理科学中，对决策的理解可以概括为三种观点。第一，决策被视为在几个备选行动方案中做出最终选择，由决策者做出决断，这是狭义理解。第二，决策被认为是处理不确定条件下的突发事件所做的决策，这类事件没有先例，也没有可遵循的规律，因此做出选择需要承担一定的风险。换句话说，只有承担一定风险的选择才能被称为决策，这是对决策概念最狭义的解释。第三，决策被看作是一个包含问题提出、目标设定、方案设计和选择的过程。在具备一定信息和经验基础的情况下，人们根据主客观条件的可能性提出各种可行方案，并运用科学方法和工具进行比较、分析和评估。根据决策准则，筛选出最令人满意的方案，并根据反馈情况对方案进行修正和控制，直至实现目标。这是对决策概念广义理解的描述。

二、决策分析的基本要素

决策分析包括以下几个基本要素。

（1）决策者。决策者是决策主体，可以是个人，也可以是集体，比如某家上市公司的 CEO（个人）或者董事会（集体）。决策者受到社会、政治、经济、文化和心理等各种因素的影响。

（2）决策目标。决策问题对于决策者所希望达到的目标，可以是单个目标，也可以是多个目标。

（3）行动方案。为了实现决策目标，决策者需要采取具体的措施和手段。这些行动方案可以分为明确方案和不明确方案两种。明确方案是指有限的、明确的方案，而不明确方案则通常只描述可能产生方案的约束条件，而方案本身可能有无限多个。要找出合理或最优的方案，则可以借助运筹学的线性规划等方法。

（4）自然状态。决策者面对决策环境中各种客观存在的状态，虽然无法控制但可以预见。这些状态可能是确定的自然状态，也可能是不确定的，而不确定性又可分为离散和连续两种情况。

三、决策分析的基本原则

为了做出正确的决策，决策者除了需要依靠自身的经验、智慧和才能外，还需要掌握决策分析的理论方法，并遵循正确的决策原则，根据问题的性质应用合理的决策程序。做出科学的决策必须遵循以下基本原则。

（一）信息充分原则

决策的基础是精确、全面的信息。决策信息包括决策问题的所有要素数据、结构、环境以及内在规律。有价值的信息必须具有准确性、及时性和全面性。为了做出科学的决策，需要大量信息，决策者必须具有收集、处理信息并筛选重要信息的能力，对决策环境保持高度警惕和敏感，以便及时获取充分可靠的信息，从而为正确的决策提供有力支持。

（二）系统原则

许多决策问题都是复杂的系统工程问题，因此需要将决策对象视为一个系统，从系统的角度分析其内部结构、运行机理以及与外部环境的关系。坚持局部效果服从整体效果、当前利益与长远利益相统一，追求决策目标与内部条件和外部环境之间的动态平衡，使决策在整体上达到最佳或满意状态。

（三）科学原则

决策应当运用决策科学的理论，采用科学的决策方法和先进的决策手段。通过决策科学，我们可以了解各种决策的一般原则、方法及基本规律，从而提高决策质量。需要擅于运用各学科的知识，特别是应用运筹学、计算技术、概率统计等方面的知识做出定量决策，并擅于采用数学与自然科学的技术与方法选择方案，如仿真、最优化、决策论、博弈论等，以提升决策的科学性。

（四）可行原则

在现实的主客观条件下，决策方案必须是切实可行的，以确保实施后能够达到预期效果。决策的可行性必须有客观条件的支持，而不是仅凭主观意愿。因此，在决策时应充分考虑人才、资金、设备、原材料、技术等各方面的限制。决策方案在技术、经济、社会等各个领域都应当是可行的，只有这样的决策才具备现实意义。

（五）反馈原则

由于影响决策的各种因素是复杂多样的，而在决策时往往难以预料到所有可能的变化情况。因此，在决策实施的过程中难免会出现一些意想不到的问题。为了不断完善决策，保持决策目标的动态平衡，并最终真正解决决策问题，达到决策目标，就必须根据决策执行过程中反馈回来的信息对决策进行补充、修改和调整，甚至在必要时采取各种应变对策。

四、决策理论与方法在本书中的应用

在本书的多个章节涉及了决策目标的设定和决策问题的解决。例如在第三章的供应链协调问题，其中就运用到了集中式决策和分散式决策的择优对比，最优成本分担比例也体现了最优化决策的思维。此外，第三章、第四章和第六章均采用了数值仿真的决策方法，提升了决策的科学性和准确性。

第三章　政府补贴下考虑低碳宣传水平的供应链激励与协调研究

第一节　概　　述

2020年9月，习近平主席在第七十五届联合国大会一般性辩论上发表重要讲话，首次提出力争于2030年前实现碳达峰，2060年前实现碳中和。为促进"双碳"目标的实现，国家降碳减排的关注重点向消费领域转移。2021年3月，习近平总书记在会议中提出：实现碳达峰、碳中和是一场广泛而深刻的经济社会的系统性变革，涉及生产和生活的方方面面，而生产的最终落脚点在消费[①]。2022年社会消费品零售总额44万亿元，占全年 GDP 的36.3%，消费俨然成为经济增长的主要拉动力。由于消费领域目前面临着主体多元化、协同效应明显等现实状况，所以消费领域节能降碳存在着研究对象模糊、研究成果滞后的问题。同时消费领域经济效益显著，该领域的微小减排行为将回馈较大的社会利益。从消费端减碳，不仅是中国实现"双碳"目标的主要依托，还是创新消费模式、激发内需潜力、提高居民生活品质的重要途径。因此，碳排放总量控制最终要落脚于消费端的减碳[②]。

当前制造企业的利润主要来自产品本身，零售企业的利润主要来源于其销量的多少。一方面，提升产品的销量必然会提升制造企业和零售企业的利润。另一方面，当消费者对于低碳消费品的需求增加，则会倒逼供给侧进行结构性改革。

---

① 薄凡，庄贵阳."双碳"目标下低碳消费的作用机制和推进政策 [J]. 北京工业大学学报（社会科学版），2022，22（1）：70-82.

② 张雅欣，罗荟霖，王灿. 碳中和行动的国际趋势分析 [J]. 气候变化研究进展，2021，17（1）：88-97.

制造企业将通过技术创新大力发展低碳消费品，提升其在生产结构中的比重，同时对供应链上的各个企业实现公平分配，这是实现高质量发展格局的必经之路。

我国从消费端减碳压力与潜力并存，公众对美好生活的追求意味着人们对消费产品和服务品质的要求越来越高，低碳产品将在消费升级的浪潮下脱颖而出，受到更多消费者的青睐。我国社会的主要矛盾表明，生产企业要满足消费者对美好生活的需求，就应当从投融资结构、产业产品结构、分配结构和消费结构这几个方面入手，实现资源配置的优化、科技创新要素的融入、公平分配和消费品的迭代升级。但是目前消费者炫耀性消费盛行，低碳消费的大环境还没有形成；零售商将自己置于减排的外围环境中，不愿意为此额外付出经济成本。而对于制造商来说，引进低碳技术、投资低碳环保设备以及进行技术研发和低碳生产等行为都需要承担高昂的生产成本。

政府可以通过补贴和减税等措施，对制造商的低碳产品生产实行经济补偿，提升制造商的生产积极性。但经济利益如何从制造商让渡给零售商，让零售商在制造商和消费者之间扮演好"桥梁"角色，引导消费者进行低碳消费，激发消费者低碳购买的意愿，并构建低碳产品多层次的从生产到销售的全链绿色生态系统。当制造商同意分担零售商的低碳宣传成本时，就可以增加零售商的低碳宣传积极性。同时，通过零售商的低碳营销宣传，消费者在潜移默化中接受了低碳消费理念，低碳产品购买意愿将进一步增强，也能倒逼供给侧实现结构性改革，刺激制造商进行低碳产品的生产，形成供应链与消费者协同减排的激励机制。

第二节　文献回顾

一、政府补贴问题相关研究

政府对企业碳减排进行补贴，可以激励企业加大碳减排的投入，降低产品碳排放[①]。在考虑不同类型的政府补贴对供应链的影响方面，温兴琦等研究了政府向

---

① MONTERO J P. A note on environmental policy and innovation when governments cannot commit[J]. Energy economics, 2011, 33(1): 13-19.

制造商提供减排成本补贴，单位产品补贴和单位减排量补贴对供应链利润和减排效果的影响 ①。当制造商进行低碳技术创新时，政府对制造商的减排研发成本进行补贴的效果要优于对单位产品减排量进行补贴，同时还能实现供应链上企业的利润分配与协调 ②③。对政府而言，如何确定补贴的数量以产生对制造商最大的激励效应是值得具体深入的研究问题。

二、消费者低碳偏好研究

关于低碳产品消费市场，尽管二氧化碳的排放主要来源于企业在生产过程中能源的消耗，但不论是制造商还是零售平台，都是为消费者提供消费产品或服务。从某种意义上讲，"双碳"目标的实现最终取决于社会成员的消费方式，消费方式决定了供给侧的生产结构、产业结构等 ④。随着人民群众对美好生活的向往，公众在消费产品对环境产生的影响方面越来越重视，消费者已经从过去只关注价格，转型成为具有环保意识的消费者。联合利华公司曾对来自5个国家的20 000名消费者的购买行为进行调查，调查发现大约三分之一的消费者更倾向于购买可持续品牌，他们在做购买决策时会考虑产品对社会和环境的影响。此外，根据消费者情报提供商 Toluna 的调查数据显示，越来越多的消费者正在成为持续性消费者，大约37%的消费者愿意为环保产品支付高达5%的额外费用。这意味着消费者对环保产品的认可度不断增加，他们愿意为了支持环保而支付额外的费用。刘名武等 ⑤ 在

① 温兴琦，程海芳，蔡建湖，等.绿色供应链中政府补贴策略及效果分析 [J].管理学报，2018，15（4）：625-632.

② 贺勇，陈志豪，廖诺.政府补贴方式对绿色供应链制造商减排决策的影响机制 [J].中国管理科学，2022，30（6）：87-98.

③ 王道平，王婷婷.政府补贴下供应链合作减排与促销的动态优化 [J].系统管理学报，2021，30（1）：14-27.

④ 石洪景.基于 Logistic 模型的城市居民低碳消费意愿研究 [J].北京理工大学学报（社会科学版），2015，17（5）：25-35.

⑤ 刘名武，吴开兰，付红，等.消费者低碳偏好下零售商主导供应链减排合作与协调 [J].系统工程理论与实践，2017，37（12）：3109-3117.

考虑了碳交易制度和消费者低碳偏好等因素的情形下，建立了供应商减排投资的三种博弈模型去解决零售商主导下的供应链减排合作问题，分析了供应链企业决策和绩效的变化情况。梁玲等[1]在消费者具有低碳偏好的情况下，研究了供应链上多对一的减排决策问题，比较了各种情况下制造商在碳减排、产品批发价和边际利润率等方面的表现。Yang等[2]、Fan等[3]、杨惠霄等[4]将消费者的低碳偏好加入不同的情形当中去，发现当企业能够获取到可靠的消费者低碳信息时，他们生产的产品的碳排放量将会降低。与此同时，产品的需求价格和供应链的整体利润也会随之增加。这意味着消费者对低碳产品的需求给供应链中的各个环节都带来了积极的影响。总的来说，这些研究结果表明，将消费者的低碳偏好纳入供应链管理决策中是有益的。通过确保消费者能够获得准确的低碳信息并提供符合其偏好的产品，企业可以提高产品的竞争力。

三、供应链协调问题研究

制造商和零售商保持长期稳定的合作关系可以实现供应链总利润持续增加，有助于实现企业的低碳发展规划，从低碳生产技术、低碳产品、商品流通市场等方面形成健康的低碳产业生态系统。当前企业减排效果的实现取决于供应链上各个企业间的合作与协调。当前供应链上下游企业间纵向合作减排方式主要有：成本分担、收益共享、交叉持股以及联合决策。目前常见的供应链合作减排模式为成本分担或收益共享，特别是下游零售商分担制造商减排成本和共享销售收益的

① 梁玲，孙威风，杨光，等．基于低碳偏好的多对一型供应链减排博弈[J]．统计与决策，2019，35（3）：54-58.

② YANG L, CHEN M, CAI Y J, et al. Manufacturer's decision as consumers' low-carbon preference grows[J]. Sustainability , 2018, 10(4): 1284.

③ FAN R G, LIN J C, ZHU K W. Study of game models and the complex dynamics of a low-carbon supply chain with an altruistic retailer under consumers' low-carbon preference[J]. Physica A: Statistical mechanics and its applications, 2019, 528(5):121460.

④ 杨惠霄，欧锦文．收入共享与谈判权力对供应链碳减排决策的影响[J]．系统工程理论与实践，2020，40（9）：2379-2390.

行为能够显著影响制造商减排决策、供应链定价以及企业绩效[1]。Wang 等[2] 在碳交易的前提条件下将单向成本分担契约与双向成本分担契约对低碳供应链减排决策的影响进行了对比分析。Li 等[3] 研究了在制造商占主导地位的情况下，零售商提供的成本分担和收益共享契约可以有效激励制造商减排。Yang 等[4] 以及王兴棠[5] 分别研究了在碳税的约束政策下和补贴的激励政策下成本分担契约和收益共享契约对制造商减排和企业决策的差异化影响。Xue 等[6] 研究了低碳供应链集中式和分散式决策模型以及基于博弈论的收益共享契约协调决策模型，研究了政府补贴对节能产品零售价格、节能水平、市场需求、供应链利润的影响。Luo 等[7] 研究发现更高的减排效率可以降低最佳单位碳排放量，提高利润，并且双方合作的形式将会带来更高的利润和更少的碳排放量。

① 李友东，谢鑫鹏，菅刚. 两种分成契约下供应链企业合作减排决策机制研究 [J]. 中国管理科学，2016，24（3）：61-70.

② WANG Z R, BROWNLEE A E I, WU Q H. Production and joint emission reduction decisions based on twoway cost-sharing contract under cap-and-trade regulation[J]. Computers & industrial engineering, 2020, 146: 106549.

③ LI T, ZHANG R, ZHAO S L, et al. Low carbon strategy analysis under revenue-sharing and cost-sharing contracts[J]. Journal of cleaner production, 2019, 212(1): 1462-1477.

④ YANG H X, CHEN W B. Retailer-driven carbon emission abatement with consumer environmental awareness and carbon tax: revenue-sharing versus cost-sharing[J]. Omega: the international journal of management science, 2018, 78: 179-191.

⑤ 王兴棠. 绿色研发补贴、成本分担契约与收益共享契约研究 [J]. 中国管理科学，2022，30（6）：56-65.

⑥ XUE J, GONG R F, ZHAO L J, et al. A green supply-chain decision model for energy-saving products that accounts for government subsidies[J]. Sustainability (Basel, Switzerland), 2019,11(8):2209.

⑦ LUO Z, CHEN X, WANG X J. The role of co-opetition in low carbon manufacturing[J]. European journal of operational research, 2016, 253(2):392-403.

四、文献评述与总结

通过文献梳理可以发现，过去的研究总是聚焦于高能耗行业的节能减排问题，少有在"双碳"目标下对零售业的降碳减排进行深入的研究，为了平衡制造商的收益与成本、保障制造商的权益，需要政府给予相应的经济支持以及供应链上各企业间的利益协调，保证供应链的健康稳定发展。

本书建立了制造商占主导地位的斯塔克尔伯格博弈模型，重点关注政府补贴、供应链企业间的协调以及消费者低碳偏好下的供应链减排决策问题。具体探究在政府提供低碳技术补贴和消费者具有低碳偏好选择的背景之下，政府的补贴力度、制造商的减排投资决策优化以及供应链各企业相对更优的决策及合作方式等问题。

第三节　问题描述与模型假设

一、问题描述与模型建立

本书的研究对象是采用低碳减排技术的制造商 M、进行低碳宣传的零售商 R 和具有低碳偏好的消费者组成的二级供应链。在这个二级供应链中，制造商 M 是主导者，零售商 R 会根据制造商的决策结果来进行决策。

制造商通过对减排技术进行资金的投入，生产更多低碳产品；零售商通过低碳宣传的方式促进低碳产品的销售，同时制造商以成本分担的方式减轻零售商的低碳宣传成本；同时消费者是具有低碳偏好的，反向刺激制造商进行低碳产品生产；政府作为宏观经济的调控者对于制造商投入的资金提供一定比例的经济补贴，影响低碳产品的市场价格，从而激励供应链企业的减排行为。本书将成本分担契约引入供应链决策当中去，当制造商决定采取承担零售商部分低碳宣传成本的合作方式时，会激励零售商更加积极主动地进行低碳宣传，激发消费者购买意愿，反向刺激制造商的生产积极性。

因此，本书考虑在政府提供针对制造商的绿色消费补贴政策下，针对零售商实行成本分担契约，消费者具有低碳偏好，设置斯塔克尔伯格博弈模型，分析对比无政府补贴的集中决策、有政府补贴的分散决策以及同时考虑政府补贴与成本分担契约的分散决策三种情形。本书涉及的参数符号如表3-1所示。

表3-1 模型参数及其含义

参数符号	含 义
a	潜在市场需求量
b	消费者价格敏感系数
c	制造商的单位生产成本
d	零售商的低碳营销水平
e	产品的单位减排量
α	消费者低碳敏感系数
β	消费者的宣传敏感系数
γ	宣传成本系数
w_i	i 模式下制造商制定的批发价格
q_i	i 模式下的需求量
p_i	i 模式下产品的单位产品价格
e_i	i 模式下产品的单位减排量
k	减排成本系数
θ	政府减排成本补贴系数
ε	零售商为制造商分担减排成本的比例
$\pi^i_m, \pi^i_r, \pi^i_{sc}$	i 模式下制造商、零售商、供应链利润

其中，$i = 0$、θ、ε 分别表示集中决策、政府补贴情况下的分散决策、考虑补贴情况下零售商为制造商分担减排投资成本的分散决策三种情况。

二、模型基本假设

本书做出如下假设：

（一）需求函数设定

假设产品潜在市场规模足够大为 a，消费者的低碳偏好为 α，市场需求函数 D 与产品价格 p、产品的单位减排量 e 以及零售商的低碳营销水平 d 有关，$D = a - bp + \alpha e + \beta d$。

（二）减排成本设定

制造商的减排投资成本与其单位减排量相关，减排投资成本是减排水平的增函数[1]。令制造商的减排投资成本为 $c_m(e) = ke^2/2$，其中 e 为制造商实施减排投资后的单位产品减排量，k 为减排成本系数。

（三）政府补贴假设

为了激励制造商生产低碳产品，政府将针对制造商提供低碳研发投入成本补贴，研发投入成本补贴是制造商生产低碳产品需要加大研发投入所进行的补贴，是提高制造商低碳研发投入积极性的最直接有效的补贴方式。以表示 θ 基于低碳投入成本的政府补贴系数，则政府补贴支出为 $c_e = \theta ke^2/2$。

（四）成本分担假设

零售商在制造商进行低碳减排之后，产品的销量提升，会获得一定的利润增量，零售商为了获得更多的利润，会选择激励制造商进行更多的低碳投入，实现供应链整体的利润增长[2]。以 ε 表示零售商分担的制造商减排成本的比例，此时分担的成本为 $c_h = \varepsilon ke^2/2$。

（五）其他假设

假设市场信息是完全的，即市场中已经存在前阶段的销售产品，制造商和零售商是独立的决策者，制造商是斯塔克尔伯格博弈的领导者，零售商是跟随者。

第四节　无政府补贴的集中式决策模型

集中决策可以降低分散决策模式下的"双重边际化"效应，避免供应链在分散决策模式下的效率损失，实现帕累托最优。为了与有政府补贴时的分散式决策

① 杨惠霄，欧锦文. 收入共享与谈判权力对供应链碳减排决策的影响 [J]. 系统工程理论与实践，2020，40（9）：2379-2390.
② 李友东，谢鑫鹏，营刚. 两种分成契约下供应链企业合作减排决策机制研究 [J]. 中国管理科学，2016，24（3）：61-70.

以及有政府补贴和成本分担契约的分散决策进行比较，并且为下文政府补贴及协调契约提供标杆，本节给出无政府补贴情况下的集中式决策模型。在集中决策模式下，供应链上的企业以总利润最大化为决策目标，共同确定二级供应链的最优定价决策，这也是供应链主体间独立运营时所希望达到的最优决策，此时整个供应链的利润函数为：

$$\pi_{sc}^0 = (p_0 - c)(a - bp_0 + \alpha e_0 + \beta d_0) - \frac{1}{2}ke_0^2 - \frac{1}{2}\gamma d_0^2 \qquad (3\text{-}1)$$

由式（3-1）可得黑塞矩阵 $\boldsymbol{H}$ 如下：

$$\boldsymbol{H} = \begin{bmatrix} -2b & \alpha & \beta \\ \alpha & k & 0 \\ \beta & 0 & -\gamma \end{bmatrix}$$

当 $-2b < 0$，$k\beta^2 - 2bk\gamma + \gamma\alpha^2 < 0$ 且 $2bk - \alpha^2 > 0$ 时，存在最优解，对式（3-1）分别求关于 p_0、e_0、d_0 的一阶偏导数，并令其为0，联立求解并代入式（3-1），可以得到最优产品价格，最优单位减排量，最优宣传努力水平及最优需求量：

$$p_0^* = \frac{-ak\gamma + ck(\beta^2 - b\gamma) + c\gamma\alpha^2}{k(\beta^2 - 2b\gamma) + \gamma\alpha^2} \qquad (3\text{-}2)$$

$$e_0^* = \frac{(-a + bc)\gamma\alpha}{k(\beta^2 - 2b\gamma) + \gamma\alpha^2} \qquad (3\text{-}3)$$

$$d_0^* = \frac{(-a + bc)k\beta}{k(\beta^2 - 2b\gamma) + \gamma\alpha^2} \qquad (3\text{-}4)$$

$$q_0^* = \frac{b(-a + bc)k\gamma}{k(\beta^2 - 2b\gamma) + \gamma\alpha^2} \qquad (3\text{-}5)$$

将式（3-2）至式（3-4）代入式（3-1）得到供应链的最优总利润：

$$\pi_{sc}^{0*} = \frac{(a - bc)^2 k\gamma}{2\left[k(2b\gamma - \beta^2) - \gamma\alpha^2\right]} \qquad (3\text{-}6)$$

结论1：在没有政府补贴的集中式决策中，减排投资成本系数 k 和宣传成本系数 γ 的增大会导致单位减排量、产品价格、宣传努力水平和供应链的总利润减小。

证明：由式（3-2）至式（3-6），对 k 和 γ 求一阶偏导数，可得：$\dfrac{\partial e_0^*}{\partial k} < 0$，

$\dfrac{\partial p_0^*}{\partial k} < 0$，$\dfrac{\partial d_0^*}{\partial k} < 0$；$\dfrac{\partial e_0^*}{\partial \gamma} < 0$，$\dfrac{\partial p_0^*}{\partial \gamma} < 0$，$\dfrac{\partial d_0^*}{\partial \gamma} < 0$；$\dfrac{\partial \pi_{sc}^{0*}}{\partial k} < 0$，$\dfrac{\partial \pi_{sc}^{0*}}{\partial \gamma} < 0$。

结论2：在没有政府补贴的集中式决策中，消费者的低碳敏感系数 α 和宣传敏感系数 β 的增大会导致单位减排量、产品价格、宣传努力水平和供应链的总利润增大。

证明：由式（3-2）至式（3-6），对 α 和 β 求一阶偏导数，可得：$\dfrac{\partial e_0^*}{\partial \alpha} > 0$，

$\dfrac{\partial p_0^*}{\partial \alpha} > 0$，$\dfrac{\partial d_0^*}{\partial \alpha} > 0$；$\dfrac{\partial e_0^*}{\partial \beta} > 0$，$\dfrac{\partial p_0^*}{\partial \beta} > 0$，$\dfrac{\partial d_0^*}{\partial \beta} > 0$；$\dfrac{\partial \pi_{sc}^{0*}}{\partial \alpha} > 0$，$\dfrac{\partial \pi_{sc}^{0*}}{\partial \beta} > 0$。

第五节　政府补贴下的分散决策模型

在分散决策模型下，制造商和零售商的目标是自身利益的最大化。制造商先决定产品的低碳水平 e_θ、批发价格 w_θ；然后零售商再决定其低碳产品的价格 p_θ 以及宣传努力水平 d_θ。分散决策下制造商和零售商的利润函数如下：

$$\pi_m^\theta = (w_\theta - c)(a - bp_\theta + \alpha e_\theta + \beta d_\theta) - \frac{1}{2}(1-\theta)ke_\theta^2 \tag{3-7}$$

$$\pi_r^\theta = (p_\theta - w_\theta)(a - bp_\theta + \alpha e_\theta + \beta d_\theta) - \frac{1}{2}\gamma d_\theta^2 \tag{3-8}$$

通过逆向求解法进行求解，对式（3-8）中的和分别求二阶偏导，可得黑塞矩阵：

$$\boldsymbol{H}_1 = \begin{bmatrix} -2b & \beta \\ \beta & -\gamma \end{bmatrix}$$

当 $-2b < 0$ 且 $-\beta^2 + 2b\gamma > 0$ 时，存在最优解。对式（3-8）分别求 p_θ 和 d_θ 的一阶偏导数，并令其为0，求解可得最优产品定价，最优宣传努力水平和最优需求量。

$$p_\theta^* = \frac{-w\beta^2 + a\gamma + bw\gamma + e\gamma\alpha}{-\beta^2 + 2b\gamma} \tag{3-9}$$

$$d_\theta^* = \frac{\beta(a - bw + e\alpha)}{-\beta^2 + 2b\gamma} \tag{3-10}$$

$$q_\theta^* = \frac{b\gamma(a - bw + e\alpha)}{-\beta^2 + 2b\gamma} \tag{3-11}$$

将式（3-9）至式（3-11）代入式（3-7）后再对 w_θ 和 e_θ 求二阶偏导，可得黑塞矩阵：

$$H_2 = \begin{bmatrix} \dfrac{2b^2\gamma}{\beta^2 - 2b\gamma} & \dfrac{-b\gamma\theta}{\beta^2 - 2b\gamma} \\ \dfrac{-b\gamma\theta}{\beta^2 - 2b\gamma} & k(1-\theta) \end{bmatrix}$$

当 $\dfrac{2b^2\gamma}{\beta^2 - 2b\gamma} < 0$，即 $\beta^2 - 2b\gamma < 0$ 时且 $\dfrac{b^2\gamma\left[2k(\theta-1)(\beta^2-2b\gamma)-\gamma\alpha^2\right]}{\beta^2-2b\gamma} > 0$ 时，存

在最优解：

$$w_\theta^* = \frac{(a+bc)k(\theta-1)(-\beta^2+2b\gamma)+bc\gamma\alpha^2}{2bk(\theta-1)(-\beta^2+2b\gamma)+b\gamma\alpha^2} \tag{3-12}$$

$$e_\theta^* = \frac{(-a+bc)\alpha\gamma}{2k(\theta-1)(-\beta^2+2b\gamma)+\gamma\alpha^2} \tag{3-13}$$

$$p_\theta^* = \frac{k(\theta-1)\left[-(a+bc)\beta^2+b(3a+bc)\gamma\right]+bc\gamma\alpha^2}{2bk(\theta-1)(-\beta^2+2b\gamma)+b\gamma\alpha^2} \tag{3-14}$$

$$d_\theta^* = \frac{(a-bc)k(\theta-1)\beta}{2k(\theta-1)(-\beta^2+2b\gamma)+\gamma\alpha^2} \tag{3-15}$$

$$q_\theta^* = \frac{b(a-bc)k(\theta-1)\gamma}{2k(\theta-1)(-\beta^2+2b\gamma)+\gamma\alpha^2} \tag{3-16}$$

将式（3-9）至式（3-13）代入式（3-7）和式（3-8）中，得到制造商和零售商的最优利润：

$$\pi_m^{\theta*} = \frac{(a-bc)^2 k\gamma(\theta-1)}{2\gamma\alpha^2 - 4k(\theta-1)(\beta^2-2b\gamma)} \tag{3-17}$$

$$\pi_r^{\theta*} = \frac{(a-bc)^2 k\gamma(\theta-1)}{2\left[-2k(\theta-1)(\beta^2-2b\gamma)+\gamma\alpha^2\right]^2} \tag{3-18}$$

$$\pi_{sc}^{\theta*} = \frac{(a-bc)^2 k^2\gamma(\theta-1)\left[-3k(\theta-1)(\beta^2-2b\gamma)+\gamma\alpha^2\right]}{2\left[-2k(\theta-1)(\beta^2-2b\gamma)+\gamma\alpha^2\right]^2} \tag{3-19}$$

结论3：在考虑政府提供减排成本补贴的分散决策模式中，随着政府提供的减排成本补贴系数 θ 的增大，制造商提供的低碳产品的批发价格、单位减排量和零售商销售低碳产品的价格和宣传努力水平也会相应增大。在这种情况下，低碳宣传会唤醒消费者购买意愿，低碳产品的销量上升，制造商的利润、零售商的利润

及供应链总利润随之增大。

证明：对式（3-9）至式（3-15），求关于 α 的偏导数，可得：$\dfrac{\partial w_\theta^*}{\partial \theta} > 0$，$\dfrac{\partial e_\theta^*}{\partial \theta} > 0$，

$\dfrac{\partial p_\theta^*}{\partial \theta} > 0$，$\dfrac{\partial d_\theta^*}{\partial \theta} > 0$，$\dfrac{\partial \pi_m^{\theta*}}{\partial \theta} > 0$，$\dfrac{\partial \pi_r^{\theta*}}{\partial \theta} > 0$，$\dfrac{\partial \pi_{sc}^{\theta*}}{\partial \theta} > 0$；可知结论3成立。

结论4：在政府提供补贴的分散式决策中，随着制造商的减排投资成本系数 k 和零售商的减排宣传成本系数 γ 的增加，产品的批发价格、单位减排量与价格以及零售商的宣传努力水平会相应减小。反之，如果这些系数减小，上述指标则会增大。证明过程同结论3。

结论5：在考虑政府减排成本补贴的分散式决策中，随着消费者的低碳敏感系数 α 和宣传敏感系数 β 的增加，产品的批发价格、单位减排量与价格以及零售商的宣传努力水平会相应减小。反之，如果这些系数减小，则上述指标会增大。证明过程同结论3。当消费者的低碳敏感系数与宣传敏感系数增加时，消费者对于低碳产品的需求更大，反向刺激供给侧，使得制造商生产低碳产品的单位减排量下降，同时零售商也更愿意进行低碳宣传，供给侧共同降价促进低碳产品的销售。

第六节　政府补贴下的成本共担协调模型

一般情况下，政府提供的补贴多数是针对制造商的，零售商作为供应链上必不可少的一个节点，当面对低碳减排生产活动时会通过宣传、教育等方式向消费者传播低碳消费的理念，在潜移默化中改变消费者的消费行为。零售商在低碳产品的供应与销售中同样扮演着重要角色，因为政府的单一补贴，零售商进行低碳宣传的积极性被打击，为了发挥零售商在低碳宣传中不可替代的作用，本书引入了成本分担契约，让直接获取政府补贴的制造商分担部分零售商的低碳宣传成本，从而使得供应链的决策水平得到提升，实现整个供应链的利益协调，因此设置制造商的成本分担比例为 $\varepsilon(\varepsilon > 0)$，制造商的成本分担额度为 $\varepsilon \gamma d^2 / 2$。

在该决策模式下，制造商先决定产品的低碳水平 e_ε，批发价格 w_ε；然后零售商再决定其低碳产品的价格 p_ε 以及宣传努力水平 d_ε。制造商和零售商的利润函数

如下：

$$\pi_m^{\varepsilon} = \left(w_{\varepsilon} - c\right)\left(a - bp_{\varepsilon} + ae_{\varepsilon} + \beta d_{\varepsilon}\right) - \frac{1}{2}\left(1 - \theta\right)ke_{\varepsilon}^2 - \frac{1}{2}\varepsilon\gamma d_{\varepsilon}^2 \quad （3-20）$$

$$\pi = \left(p_{\varepsilon} - w_{\varepsilon}\right)\left(a - bp_{\varepsilon} + ae_{\varepsilon} + \beta d_{\varepsilon}\right) - -\left(-\varepsilon\right)\gamma d_{\varepsilon} \quad （3-21）$$

通过逆向求解法进行求解，对式（3-21）中的 p_{ε} 和 d_{ε} 分别求二阶偏导，可得黑塞矩阵：

$$H_3 = \begin{bmatrix} -2b & \beta \\ \beta & -\lambda\left(1-\varepsilon\right) \end{bmatrix}$$

当 $-2b < 0$ 且 $-\beta^2 + 2b\gamma\left(1-\varepsilon\right) > 0$ 时，存在最优解。对式（3-21）分别求 p_{ε} 和 d_{ε} 的一阶偏导数，并令其为0，求解可得最优产品定价、最优宣传努力水平和最优需求量。

$$p_{\varepsilon}^* = \frac{-w\beta^2 + \left(a + bw + \alpha e\right)\gamma\left(1-\varepsilon\right)}{-\beta^2 + 2b\gamma\left(1-\varepsilon\right)} \quad （3-22）$$

$$d_{\varepsilon}^* = \frac{\beta\left(a - bw + \alpha e\right)}{-\beta^2 + 2b\gamma\left(1-\varepsilon\right)} \quad （3-23）$$

$$q_{\varepsilon}^* = \frac{b\gamma\left(a - bw + \alpha e\right)\left(1-\varepsilon\right)}{-\beta^2 + 2b\gamma\left(1-\varepsilon\right)} \quad （3-24）$$

将式（3-22）至式（3-24）代入式（3-20）后再对 w_{ε} 和 e_{ε} 求二阶偏导，可得黑塞矩阵：

$$H_4 = \begin{bmatrix} \dfrac{b^2\gamma\left[\beta^2\left(2-3\varepsilon\right) - 4b\gamma\left(1-\varepsilon\right)^2\right]}{\left[\beta^2 - 2b\gamma\left(1-\varepsilon\right)^2\right]} & \dfrac{b\alpha\gamma\left[\beta^2\left(2\varepsilon-1\right) + 2b\gamma\left(1-\varepsilon\right)^2\right]}{\left[\beta^2 - 2b\gamma\left(1-\varepsilon\right)^2\right]} \\ \dfrac{b\alpha\gamma\left[\beta^2\left(1-2\varepsilon\right) + 2b\gamma\left(1-\varepsilon\right)^2\right]}{\left[\beta^2 - 2b\gamma\left(1-\varepsilon\right)\right]^2} & \dfrac{-\alpha^2\beta^2\gamma\varepsilon}{\left[\beta^2 - 2b\gamma\left(1-\varepsilon\right)\right]^2} - k\left(1-\theta\right) \end{bmatrix}$$

当 $\beta^2\left(2-3\varepsilon\right) - 4b\gamma\left(1-\varepsilon\right)^2 < 0$ 且 $-\beta^2 + 2b\gamma\left(1-\varepsilon\right) > 0$ 时，存在最优解。对式（3-21）分别求 p_{ε} 和 d_{ε} 的一阶偏导数，并令其为0，求解可得最优产品定价、最优宣传努力水平和最优需求量。

$$w_{\varepsilon}^* = \frac{k\beta^2\left(1-\theta\right)\left\{a\left(1-2\varepsilon\right) + bc\left(1-\varepsilon\right) - b\gamma\left(1-\varepsilon\right)^2\left[c\alpha^2 + 2k\left(a+bc\right)\left(1-\theta\right)\right]\right\}}{b\left\{k\left[4b\gamma\left(1-\varepsilon\right)^2 - \beta^2\left(2-3\varepsilon\right)\right]\left(1-\theta\right) - \alpha^2\gamma\left(1-\varepsilon\right)^2\right\}} \quad （3-25）$$

$$e_\varepsilon^* = \frac{(a-bc)\alpha\gamma(1-\varepsilon)^2}{k(1-\theta)\left[4b\gamma(1-\varepsilon)^2 - \beta^2(2-3\varepsilon)\right] - \alpha^2\gamma(1-\varepsilon)^2} \tag{3-26}$$

$$p_\varepsilon^* = \frac{k\beta^2(1-\theta)\left[a(1-2\varepsilon)+b(1-\varepsilon)\right] - b\gamma(1-\varepsilon)^2\left[k(3a+bc)(1-\theta)+c\alpha\right]}{b\left\{k\left[4b\gamma(1-\varepsilon)^2 - \beta^2(2-3\varepsilon)\right](1-\theta) - \alpha^2\gamma(1-\varepsilon)^2\right\}} \tag{3-27}$$

$$d_\varepsilon^* = \frac{(a-bc)k\beta(1-\theta)(1-\varepsilon)}{k\left[4b\gamma(1-\varepsilon)^2 - \beta^2(2-3\varepsilon)\right](1-\theta) - \alpha^2\gamma(1-\varepsilon)^2} \tag{3-28}$$

$$q_\varepsilon^* = \frac{bk\gamma(a-bc)(1-\theta)(1-\varepsilon)^2}{k\left[4b\gamma(1-\varepsilon)^2 - \beta^2(2-3\varepsilon)\right](1-\theta) - \alpha^2\gamma(1-\varepsilon)^2} \tag{3-29}$$

将式（3-25）至式（3-28）代入式（3-20）和式（3-21）中，得到制造商和零售商的最优利润：

$$\pi_m^{\varepsilon*} = \frac{(a-bc)^2 k\gamma(1-\theta)(1-\varepsilon)^2}{2\left\{k\left[4b\gamma(1-\varepsilon)^2 - \beta^2(2-3\varepsilon)\right](1-\theta) - 2\alpha^2\gamma(1-\varepsilon)^2\right\}} \tag{3-30}$$

$$\pi_r^{\varepsilon*} = \frac{(a-bc)^2 k^2\gamma(1-\theta)^2(1-\varepsilon)^3\left[2b\gamma(1-\varepsilon)-\beta^2\right]}{2\left\{k\left[4b\gamma(1-\varepsilon)^2 - \beta^2(2-3\varepsilon)\right](1-\theta) - \alpha^2\gamma(1-\varepsilon)^2\right\}^2} \tag{3-31}$$

$$\pi_{sc}^{\varepsilon*} = \frac{(a-bc)^2 k\gamma(1-\theta)(1-\varepsilon)^2\left\{k\left[6b\gamma(1-\varepsilon)^2 - \beta^2(3-4\varepsilon)\right] - \alpha^2\gamma(1-\varepsilon)^2\right\}}{2\left\{k\left[4b\gamma(1-\varepsilon)^2 - \beta^2(2-3\varepsilon)\right](1-\theta) - \alpha^2\gamma(1-\varepsilon)^2\right\}^2}$$

$$\tag{3-32}$$

结论6：当政府提供补贴且补贴 θ 固定时，制造商的批发价格、单位减排量和零售商的产品价格与宣传努力水平随着制造商承担的宣传成本共担比例 ε 的增大而增大。

证明：$\dfrac{\partial w_\varepsilon^*}{\partial\varepsilon} > 0$，$\dfrac{\partial e_\varepsilon^*}{\partial\varepsilon} > 0$，$\dfrac{\partial p_\varepsilon^*}{\partial\varepsilon} > 0$，$\dfrac{\partial d_\varepsilon^*}{\partial\varepsilon} > 0$；可知结论6成立。

结论7：在考虑政府减排成本补贴的成本共担契约模型中，当 $\varepsilon < \dfrac{1}{3}$ 时，制造商的利润增大；反之，利润减少，且与政府补贴系数 θ 无关。

证明：当 $\varepsilon < \dfrac{1}{3}$ 时，$\dfrac{\partial \pi_m^{\varepsilon*}}{\partial\varepsilon} > 0$；反之，$\dfrac{\partial \pi_m^{\varepsilon*}}{\partial\varepsilon} < 0$。

结论8：在考虑政府减排成本补贴的成本共担契约模型中，政府减排成本补贴

θ 固定时，供应链总利润随着制造商承担的宣传成本共担比例的增大而增加。

证明：令 $\dfrac{\partial \pi_{sc}^{\varepsilon*}}{\partial \varepsilon}=0$，解得 $\varepsilon=A(0<A<1)$，当 $\varepsilon<A$ 时，$\dfrac{\partial \pi_{sc}^{\varepsilon*}}{\partial \varepsilon}>0$；反之 $\dfrac{\partial \pi_{sc}^{\varepsilon*}}{\partial \varepsilon}<0$。

结论9：在考虑政府减排成本补贴的成本共担契约模型中，当成本分担系数一定，供应链的总利润随着政府减排成本补贴系数 θ 的增大，先增大后减小。

证明：令 $\dfrac{\partial \pi_{sc}^{\varepsilon*}}{\partial \varepsilon}=0$，解得 $\theta=B(0<B<1)$，当 $\theta<B$ 时，$\dfrac{\partial \pi_{sc}^{\varepsilon*}}{\partial \theta}>0$；反之，$\dfrac{\partial \pi_{sc}^{\varepsilon*}}{\partial \theta}<0$。

第七节　数值仿真与分析

一、数值仿真的数据来源

根据前文的计算结果为验证上述构建的博弈决策结论的准确性和比较三种决策模式下各个系数的影响，进行以下数值仿真和模型分析。本部分的仿真数据主要参考了贺勇等[①]、谢楠等[②]、冯颖等[③]的相关文献并结合本书最优解的存在范围，令相应参数取值为：$a=100$，$b=5$，$c=8$，$k=2$，$\alpha=3$，$\beta=1$，$\gamma=1$。政府向制造商提供的减排成本补贴系数和制造商给予零售商的低碳宣传成本分担比例设置值均满足最优解存在的条件。此时无政府补贴和成本分担契约的模型最优解如表3-2所示。

① 贺勇，陈志豪，廖诺.政府补贴方式对绿色供应链制造商减排决策的影响机制[J].中国管理科学，2022，30（6）：87-98.

② 谢楠，何海涛，王宗润.复杂网络环境下不同政府补贴方式的企业数字化转型决策分析[J].系统工程理论与实践，2023，43（8）：2412-2429.

③ 冯颖，汪梦园，张炎治，等.制造商承担社会责任的绿色供应链政府补贴机制[J].管理工程学报，2022，36（6）：156-167.

表3-2　简单供应链的集中决策、分散决策模式下的最优结果

模式	w_i	e_i	p_i	d_i	π_m^{i*}	π_r^{i*}	π_{sc}^{i*}
集中决策	—	20	21.3	13.3	—	—	400
分散决策	16	6.7	20.4	4.4	133.3	88.9	222.2

二、政府减排成本补贴对供应链的影响

根据上述所述的最优解存在范围，当成本分担比列 $\varepsilon = 0.2$，$a = 100$，$b = 5$，$c = 8$，$k = 2$，$\alpha = 3$，$\beta = 1$，$\gamma = 1$时，分析减排成本补贴系数 θ 的变化对三种决策模式下的供应链总利润、单位减排量以及宣传努力水平的影响。

图3-1反映了在只考虑了政府减排成本补贴的情形下，减排成本补贴增大时，供应链的总利润也增大，在 $\theta \approx 0.5$时达到和集中决策相同的效果，此时的供应链总利润 $\pi_{sc}^{i*} = 400$。

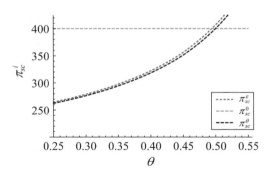

图3-1　政府减排成本补贴系数 θ 变化对供应链总利润的影响

图3-2表明在两种分散决策的模式下，减排成本补贴系数 θ 增大时，单位减排量增加，当 $\theta = 0.5$和0.492时，两种分散决策的单位减排量分别达到和集中决策时的相同水平。图3-3反映了两种分散决策模式下，减排成本补贴系数 θ 增大时，零售商的宣传努力水平也随之增大。

当 $\theta = 0.68$和0.6时，两种分散决策的宣传努力水平达到了和集中决策时的相同结果。在考虑政府补贴的成本分担协调的分散决策中，当 θ 取值较大时，制造商的单位减排量增加。这是因为政府提供的减排成本补贴缓解了制造商进行低碳技术研发的资金压力，使得制造商可以更轻松地采用低碳技术，提高产品的减排效

率和单位减排量。

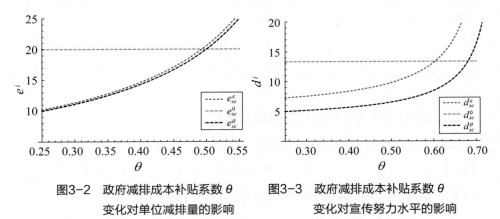

图3-2 政府减排成本补贴系数 θ 变化对单位减排量的影响　　图3-3 政府减排成本补贴系数 θ 变化对宣传努力水平的影响

此外，消费者对低碳产品的需求也对制造商的产品结构产生了影响，推动他们改善产品结构，进一步提高产品的单位减排量，以增强其市场竞争力。与此相比，在考虑政府补贴的分散决策中，虽然政府提供了减排成本补贴，但由于缺乏协调机制，制造商和零售商可能会采取短期利益最大化的策略，不愿意承担更多的减排成本，导致单位减排量增加的速度较慢。

三、制造商成本分担对供应链的影响

在满足最优解存在的条件范围内，当政府补贴系数 $\theta=0.2$，$a=100$，$b=5$，$c=8$，$k=2$，$\alpha=3$，$\beta=1$，$\gamma=1$时，分析成本分担系数 ε 的变化对供应链总利润、制造商利润、单位减排量以及宣传努力水平等因素的影响。

根据图3-4，可以看出在考虑政府补贴的成本分担协调的分散决策中，随着成本分担系数 ε 的增大，供应链的总利润先增加后减少，并在 $\varepsilon=0.22$时达到与集中决策相同的效果，这时供应链的利润得到改善。这说明政府提供的补贴可以降低制造商的减排成本，从而促进了低碳技术的采用和减排效率的提高，进而增加了供应链的总利润。

进一步观察图3-5，当 $\varepsilon=0.492$时，制造商的利润又落回到集中决策的利润水平，可以发现随着成本分担系数 ε 的增加，制造商的利润也呈现先增加后减少的

趋势。当成本分担系数 ε 取值较大时，制造商的减排投入积极性严重受挫，导致供应链的总利润和制造的利润迅速减小。因此，我们需要控制制造商的成本分担比例，确保其在合理的范围内，以平衡减排成本和利润之间的关系。

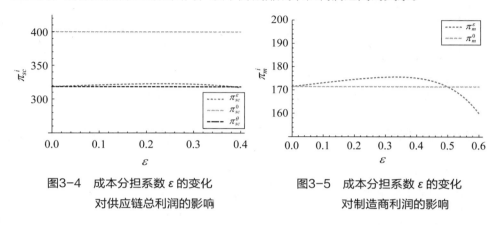

图3-4　成本分担系数 ε 的变化　　　　图3-5　成本分担系数 ε 的变化
　　　　对供应链总利润的影响　　　　　　　　对制造商利润的影响

四、低碳敏感系数和宣传敏感系数对单位减排量和宣传努力水平的影响

此时令 $a=100$，$b=5$，$c=8$，$k=2$，$\alpha=3$，$\beta=1$，$\gamma=1$，$\theta=0.2$，$\varepsilon=0.2$，针对消费者的低碳敏感系数和宣传敏感系数，探究其分别对单位减排量和宣传努力水平的影响。

从图3-6和图3-7可知，随着消费者的低碳敏感系数 α 的增大，制造商的单位减排量和零售商的宣传努力水平都随之增加。从图3-8和图3-9也能看出，随着消费者的宣传敏感系数 β 的增大，单位减排量和宣传努力水平都呈现相同的变化趋势。即消费者的低碳敏感系数和宣传敏感系数对单位减排量和宣传努力水平产生了溢出效应，使得供应链上的企业都能够获益。

具体而言，首先，随着消费者对单位减排量敏感程度的增加，市场需求增大。为了满足消费者对低碳产品的需求，制造商更积极地提高产品的单位减排量，通过采用更环保的生产技术或材料，以降低产品的碳排放量。这种行为不仅能够满足消费者的低碳需求，还能够提升制造商的利润。其次，随着低碳产品市场规模逐渐扩大，零售商为了吸引更多的消费者，会积极提高自身的宣传努力水平，将低碳的品牌形象和产品特点传达给消费者。这样的宣传努力能够扩大市场份额，增加销售额，进而提升零售商的利润。

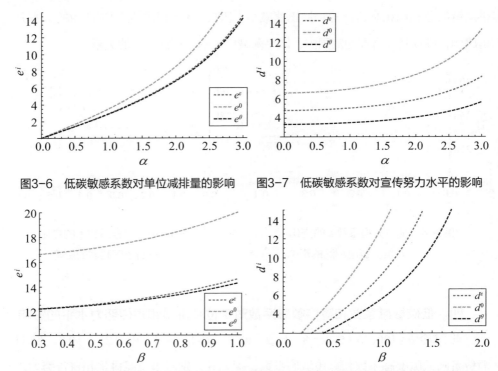

图3-6 低碳敏感系数对单位减排量的影响　图3-7 低碳敏感系数对宣传努力水平的影响

图3-8 宣传敏感系数对单位减排量的影响　图3-9 宣传敏感系数对宣传努力水平的影响

第八节　管理启示与建议

本书考虑了政府补贴、消费者低碳偏好、制造商减排投入、零售商低碳宣传等因素，构建了集中决策和考虑了政府补贴和成本共担契约的分散决策三种模型，研究制造商和零售商进行减排投资的决策问题，并通过理论证明和数值仿真比较分析三种情况。通过上述的计算仿真结果，可以得出以下结论。

（1）政府的补贴会使得供应链整体的利润增加，并且促进制造商单位减排量的提升。一方面，在政府提供减排成本补贴的情况下，制造商通过成本共担契约激励零售商进行低碳宣传，从而使供应链实现整体效益最大化，促使供应链各个节点的企业都投入供应链的低碳转型中来。另一方面，当政府提供的成本补贴过高时，会打击制造商的生产积极性，致使供应链总利润快速下降，因此政府提供的成本补贴应当限制在一个合理有效的范围内。

（2）在政府提供减排成本补贴的情况下，当制造商分担了零售商一部分的宣传成本，零售商能积极参与低碳宣传，低碳产品的消费增量带动了供应链的利润增量，同时制造商为了保证自身的收益，会提高产品的批发价格；成本共担契约的引入可以促进企业之间的合作和协调，进一步提高整个供应链的减排效率，从而实现可持续发展。同时，随着市场对于低碳产品需求的增加，零售商可以通过适当提高产品定价来获得更多的利润，以保证企业的盈利性。成本共担契约的引入可以促进企业之间的合作，提高供应链的减排效率，从而实现可持续发展。

（3）政府对制造商提供减排成本补贴，制造商为零售商承担一定比例的减排宣传成本。这两个行为促进了零售商的低碳宣传积极性，市场需求增加，需求增加量带来的利润增量弥补了制造商为零售商承担低碳宣传成本而减少的经济利润，制造商的最终利润仍保持增加。需要注意的是，成本分担比例的设定是关键因素之一。如果成本分担比例过高，制造商可能会因为成本大于收益而减少其参与成本分担的积极性，导致供应链的总收益下降。

（4）促进低碳减排和"双碳"目标的顺利实现需要整个社会的共同努力，在制造商进行降碳减排的同时，需要零售商通过低碳宣传的手段吸引更多的消费者，通过零售商的低碳宣传，使得消费者能够了解到低碳产品的优势和环保特点，形成对低碳产品的需求。促使制造商的单位减排量和零售商的宣传努力水平增加，进而提升供应链上企业的收益。

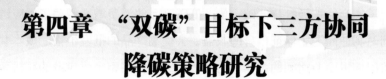

第四章 "双碳"目标下三方协同降碳策略研究

第一节 概　述

本章将通过演化博弈的方法重点研究政府监管和奖惩措施制定、网络交易平台是否提供降碳技术支持、零售企业是否参与降碳减排的策略选择问题。为此本章构建了"双碳"目标背景下，网络交易平台、零售企业与地方政府之间的三方演化博弈模型，考虑了平台交易额、奖惩系数等因素的变化对各方策略的影响，分析了平台需求变化量、政府处罚系数、平台追责和公众意愿等因素对博弈结果的影响，研究了各因素变化对三方策略选择的影响，对演化博弈系统中各均衡点的稳定性进行分析，并利用 Matlab2016a 进行了仿真。

第二节 问题提出及研究动态

一、问题提出

近年来，全球气候变暖趋势进一步加剧，由此带来的极端天气、生态失衡问题对人类文明的发展进程造成了严重影响，实现产业转型、发展低碳经济已成为推动世界经济社会可持续发展的重大政策行动之一。作为世界上碳排放量最大的国家，我国积极承担减排任务，向国际社会做出力争在2030年前实现碳达峰、2060年前实现碳中和的庄严承诺。目前我国政府的降碳减排激励约束措施主要是针对能源消耗巨大的制造行业，该行业通过转变发展模式和改进生产技术已经取得了突出成果，但是在此领域进一步开展降碳减排工作将达到瓶颈，因此必须寻找降碳减排的新途径。

2023年全年社会消费品零售总额47.15万亿元，同比增长7.2%，最终消费支出对经济增长的贡献率达82.5%，消费对经济发展的基础性作用不断增强。网络零售保持较快增长，2023年全年网上零售额15.43万亿元，同比增长11.0%。居民消费水平的提高将使零售消费市场成为碳排放最主要的增长点之一，因此必须重视零售企业在消费领域的降碳减排作用。但是在低碳产品消费市场，我国居民炫耀性消费盛行，还没有形成低碳消费习惯和氛围，再者大部分商品还没有低碳产品标识，又罕见低碳产品销售配套激励政策，导致零售企业缺乏经营主动性。如果能够充分发挥网络交易平台和零售企业在零售和消费领域的降碳减排作用，将对形成低碳消费者、零售企业与网络交易平台协同减排降碳模式具有十分重要的意义。

随着网络交易平台的迅猛发展，零售消费端的降碳项目呈现规模化增长，网络交易平台的降碳作用日益突出，个别互联网平台企业围绕诸多减排场景开展了积极探索。例如阿里巴巴集团的电商平台天猫国际利用数据智能服务品牌"阿里云"，为企业提供了一系列数字化降碳技术，利用大数据分析对企业能源消耗进行优化管理，降低碳排放；借助云计算和人工智能技术，为企业量身定制节能减排方案等等。拼多多倡导"集约化"发展，通过优化配送路径、开发共享仓储和共享物流等方面的技术升级，在减少平台下零售企业卖家的配送成本的同时，也有着很好的降碳减排效果；再有，腾讯通过在线会议和云服务等技术帮助企业实现远程办公，能有效减少通勤产生的碳排放。但是目前地方政府以及相关部门多以监管企业、引导居民的方式开展降碳减排工作，却疏于对整个网络交易平台的统筹监督管理，并没有形成"政府监管平台、平台监管企业"的分层治理降碳格局。因此，政府应当如何对网络交易平台的降碳减排工作实施监管和奖惩约束、引导网络交易平台对其旗下的零售企业进行碳排放约束是一个值得关注的问题。实际上政府加强对网络交易平台的碳排放监管工作，可以间接达到分层监管零售企业的作用，能有效降低在零售和消费领域的碳排放量。而且可以在提升政府和平台在公众心中环保形象的同时，让绿色低碳的消费观念深入人心，形成低碳消费习惯和生产生活方式。

二、国内外研究现状

（一）平台治理研究

"平台"是一个涵义宽泛的概念，其在社会科学领域中有着多种用途[1]，随着信息技术与数字技术的发展，互联网平台作为信息技术开发和应用的创新主体角色脱颖而出，深刻影响了政府的治理模式，促使各级政府实现"重新组织"[2]。平台对政府的治理方式产生影响，逐渐引起了公共管理学和政治学领域学者的广泛关注[3]，既有社会科学研究发现平台可以实现在复杂社会制度环境下政府和社会之间稳定而又灵活的互动[4]，也有学者从政府管制平台的观点出发深入研究了平台治理相较于社会最优治理的不同，并指出政府应当密切关注平台的治理行为，通过适当的手段提升整体的治理力度[5]。在新冠疫情发生以来的"数字抗疫"中，政府高度重视互联网平台企业这一新型治理主体，并产生了平台型治理的新模式[6]。关于平台协同治理模式的探索也已经取得一定成果。例如，张成刚和辛茜莉从协同治理模式视角出发，提出新就业形态平台企业与公共就业服务机构合作的协同治理

① SELSKY J W, PARKER B. Cross-sector partnerships to address social issues : challenges to theory and practice[J]. Journal of management, 2005, 31(6): 849-873.

② TORFING J, SØRENSEN E, RØISELAND A. Transforming the public sector into an arena for co-creation : Barriers, drivers, benefits, and ways forward[J]. Administration & society, 2019, 51(5): 795-825.

③ CORDELLA A, PALETTI A. Government as a platform, orchestration, and public value creation: the Italian case[J].Government information quarterly, 2019, 36（4）:1-15.

④ 宋锴业. 中国平台组织发展与政府组织转型：基于政务平台运作的分析 [J]. 管理世界，2020，36（11）：172-194.

⑤ 邹干. 产品质量、平台治理与政府监管研究 [J]. 上海财经大学学报，2021，23（6）：109-122.

⑥ 吴青熹. 平台型治理："数字抗疫"中的政府治理变革 [J]. 江苏社会科学，2022，325（6）：90-99，242-243.

模式，形成政府、平台、劳动者三方共赢的"三赢模式"[①]。

（二）政府对平台监控策略研究

随着平台企业在提升服务供给质量和资源配置效率等方面的作用日益凸显，政府不能仅仅将其视作一种简单的技术工具，而必须重视对平台运作的"控制"。政府监管从本质上来说是借用公权力优化市场资源配置，保证市场竞争自由和消费者的正当权益，具有强制性规范和普遍性约束的特征[②]。随着平台的兴起和迅速发展，为了规范平台市场活动，衍生出了针对电商平台的监管法律制度[③]。学界聚焦政府与平台合作监管模式构建与运行问题，提出了单一主体动态平衡和双元主体结构平衡两种监管策略[④]。同时政府和平台企业存在多种理想的关系类型，只有在把握政府监管作用的同时，充分发挥出网络交易平台的私权力，才能更好地实现网络交易平台的善治[⑤]。有学者根据政府监管和平台自律的关系，提出先发制人的平台自律、政府关切的平台自律和政府强制监管的平台自律这三种监管模式[⑥]。还有学者指出政府应采取惩罚机制与激励机制相结合的监管方式[⑦]，强化公共安全、

① 张成刚，辛茜莉. 让政府、平台、劳动者三方共赢：以公共就业服务融合新就业形态为视角 [J]. 行政管理改革，2022，150（2）：79-87.

② PODSZUN R, KREIFELS S. Digital platforms and competition law[J]. Journal of european consumer and market law, 2016, 5(1): 33-39.

③ FINCK M. Digital co-regulation: Designing a supranational legal framework for the platform economy[J]. European law review, 2017, 43(1): 47-68.

④ 郭海，李永慧. 数字经济背景下政府与平台的合作监管模式研究 [J]. 中国行政管理，2019，412（10）：56-61.

⑤ 周辉. 网络平台治理的理想类型与善治：以政府与平台企业间关系为视角 [J]. 法学杂志，2020，41（9）：24-36.

⑥ CUSUMANO M A, GAWER A, YOFFIE D. Can selfregulation save digital platforms?[J]. Industrial and corporate change, 2021, 30(5): 1259-1285.

⑦ 汪旭晖，任晓雪. 政府治理视角下平台电商信用监管的动态演化博弈研究 [J]. 中国管理科学，2021，29（12）：29-41.

公共服务等领域的监管[①]。

（三）政企演化博弈策略研究

学术界为探索地方政府与制造企业双方在碳减排政策下的博弈做了大量研究。如：朱庆华等[②]研究了静态奖惩政策的演化模型，并在此基础上提出了动态奖惩机制，焦建玲等[③]则进一步对碳减排约束静态和动态奖惩机制下地方政府和企业的行为博弈进行研究。唐慧玲[④]运用演化博弈和纳什均衡理论研究了政府和企业关于减排问题的行为博弈。骆海燕等[⑤]把环境保护税和政府实施的其他环境政策相结合，研究地方政府与企业的博弈互动行为，并在政府收益函数中引入了公众举报。魏琦等[⑥]研究了碳配额政策下的政府补贴政策对企业的生产经营和决策造成的影响。

第三节 模型设定与研究假设

基于现有研究发现，学术界广泛关注到了互联网平台对政府治理模式的影响，并在此基础上对平台协同治理模式进行了深入探索，关于政府与平台合作监管模式的研究也比较充分。然而，在碳减排问题上现有研究集中于政府奖惩机制对企业降碳减排策略的影响，抑或是政府和企业的博弈关系，较少关注到网络交易平

① 孟凡新.数字经济视角下网络服务交易平台治理框架和机制研究[J].电子政务，2023，243（3）：32-42.

② 朱庆华，王一雷，田一辉.基于系统动力学的地方政府与制造企业碳减排演化博弈分析[J].运筹与管理，2014，23（3）：71-82.

③ 焦建玲，陈洁，李兰兰，等.碳减排奖惩机制下地方政府和企业行为演化博弈分析[J].中国管理科学，2017，25（10）：140-150.

④ 唐慧玲.低碳经济背景下绿色供应链中政企博弈的研究：基于企业自主减排的目标[J].当代经济科学，2019，41（6）：108-119.

⑤ 骆海燕，屈小娥，胡琰欣.环保税制下政府规制对企业减排的影响：基于演化博弈的分析[J].北京理工大学学报（社会科学版），2020，22（1）：1-12.

⑥ 魏琦，潘雨，李林静.碳配额与补贴政策下企业减排和社会福利的比较研究[J].南方金融，2021，534（2）：25-37.

台可以通过协助政府监管零售企业，进而形成协同治理模式来推进降碳减排工作。厘清政府、网络交易平台和零售企业之间的博弈关系不仅有助于探索降碳减排的新途径，也能为加快发展方式绿色转型提供助力。

一、参数描述

在降碳减排的决策中，地方政府、网络交易平台和零售企业都是理性的，会根据切身利益进行相应决策。三者的博弈结果将直接对降碳减排工作的效率效果产生影响。本书考虑了公众意愿这一重要外部影响因素，公众意愿可以对政府和平台的行为进行约束，也有助于优化网络交易平台和零售企业的博弈结果。政府根据碳排放量来实施精准奖惩的策略是最有效率的监控手段之一，网络交易平台和零售企业在地方政府的精准奖惩政策驱动下趋向于选择最优的策略。本书考虑了公众意愿约束和平台需求因素对地方政府、网络交易平台和零售企业行为的影响，构建"双碳"目标背景下的地方政府、网络交易平台和零售企业碳减排三方演化博弈模型。下面将对三方演化博弈模型所含参数符号进行定义说明。各相关参数符号及其含义如表4-1所示。

表4-1 相关参数符号及其含义

参数符号	含义
Q_1、Q_2	平台协助/不协助时交易额增加/减少量
t	平台进行碳减排研发技术的成本系数
$g(\eta)$	平台碳减排技术的研发成本，η 为减排效率
R_1	平台选择协助策略时平台的综合收益
R_2	平台选择不协助策略时平台的综合收益
ε_1	平台对每笔交易收取的手续费用
ε_2	地方政府精准奖惩下对平台的处罚系数
k	平台协助时对企业的追责系数
C_1	平台向企业收取的技术支持费用
C_2	企业不积极减排时的碳减排成本
C_3	地方政府精准策略下的管理成本

表4-1（续）

参数符号	含义
x	零售企业选择积极减排策略的概率
y	平台选择协助地方政府策略的概率
z	地方政府精准奖惩策略的概率
e_0	地方政府对企业的额定碳排放量
e_l、e_h	企业积极/不积极减排时的碳排放量
D_1	地方政府固定奖惩下的协调成本
D_2	地方政府固定奖惩下的公信力下降等带来的损失
S、M	定额奖惩政策下对平台的补贴与罚款
θ_i	精准奖惩下的补贴系数，$i=1$，2分别表示企业和平台

二、模型基本假设

（一）各方策略选择

博弈方为地方政府、网络交易平台（后续简称平台）与平台上的零售企业（后续简称企业），各个博弈主体都是有限理性的，会根据有限的知识和信息做出判断，因此博弈方在博弈过程中会根据其他参与方的行为反馈及时调整策略。平台可以选择是否为旗下零售企业提供降碳技术支持；企业可以选择是否配合平台工作进行碳减排；相应地，地方政府在碳减排工作中可以采取定额奖惩或者是精准奖惩两种策略。

（二）效益设定

平台主动进行碳减排技术的研发，研发成本记为 $g(\eta)=t\eta^2/2$[①]。当平台采取协助措施时，会免费向平台上的零售企业提供技术支持，平台还会从生产流程的优化、产品质量的提高等方面获取更多收益，此时平台的综合收益记为 R_1。由于平台采取积极的减排措施时，会吸引具有低碳偏好的消费者进入平台购物，进而改变平台和企业的需求与利润。由需求量增加引起的平台用户交易额的增加量记为

---

① 孙嘉轶，杨露，姚锋敏. 考虑低碳偏好及碳减排的闭环供应链回收及专利授权策略[J]. 运筹与管理，2022，31（9）：120-127.

Q_1，从而平台收益记为 $\varepsilon_1 Q_1$，对于积极配合平台减排的企业，平台会对其进行标识，让消费者更容易发现该企业，从而使得该企业的营业额增加，即积极减排的企业利润增加量为 Q_1；因采取积极减排措施需要付出相应的成本，从平台购买技术支持，此时费用记为 C_1，或者平台免费提供技术支持；反之，若企业不积极减排时，其碳减排成本为 $C_2(C_1 > C_2)$。若平台选择不提供技术支持，就不能获取额外收益，将平台的综合收益记为 R_2，研发费用仍为 $g(\eta) = t\eta^2/2$，而且会向企业收取技术支持费用 C_1，但如果企业也积极减排，则平台的技术无法售出，收益为0；此外，消费者对该平台的信赖度会下降，用户交易额会减少，对平台来说减少的收益记为 $\varepsilon_1 Q_2$，而对于企业而言，则其损失为 Q_2。企业积极减排时地方政府精准奖惩下的收益和损失分别为 $\theta(e_0 - e_l)$、$\varepsilon_2(e_h - e_0)$。

（三）补贴与惩罚

地方政府会向积极减排的平台提供协助资金 F，平台会对不积极减排的商家进行追责，记为 kC_1（C_1 为正常收取的技术支持费用）。

（四）公众意愿

公众意愿约束下，地方政府、平台和企业的博弈模式会发生转变。若平台减排情形下地方政府不作为、相应补贴未精准给到积极协助的平台，平台会通过向上级政府申诉等渠道与地方政府协调，此时地方政府损失的协调成本与可能的赔偿损失记为 D_1。若地方政府不作为的同时平台恰好也不积极减排，此时不仅平台品牌、需求量利润受到损失，地方政府公信力也受到影响，地方政府的损失记为 D_2。

（五）政府收益

地方政府获得的碳减排综合收益分别为 U_1（企业积极减排）、U_2（企业不积极减排）。当政府采取定额奖惩政策时，对平台的补贴 S 与罚款 M 均为固定值；当政府采取精准奖惩政策时，会根据减排的效果对平台进行补贴 $\theta \Delta e$ 与罚款 $\varepsilon \Delta e$，但是精准奖惩下地方政府需付出额外的人力成本及管理成本 C_3。

（六）其他假设

在碳减排工作中地方政府、平台和企业往往不会严格采取完全积极或完全消极的行为策略。因此，本书对三方的行为进行界定，可以认为参数之间的差距（如R_1和R_2）代表了不同行为（减排和不减排）带来的差异，并且假定上述参数皆大于零。

（七）三方演化博弈模型逻辑关系

三方演化博弈模型逻辑关系图如图4-1所示。

图4-1　三方演化博弈模型逻辑关系图

三、博弈模型构建

基于上述假设可得地方政府、平台和企业的博弈支付矩阵，如表4-2所示。

表4-2　地方政府、平台和企业的博弈支付矩阵

策略组合	企业收益	平台收益	地方政府收益
（不积极减排，不协助，精准奖惩）	$-Q_2-C_2$	$R_2-\varepsilon_1 Q_2-g(\eta)-\varepsilon_2(e_h-e_0)$	$U_2+\varepsilon_2(e_h-e_0)-C_3$
（不积极减排，协助，精准奖惩）	$Q_1-C_2-kC_1$	$R_1+\varepsilon_1 Q_1-g(\eta)+kC_1-\varepsilon_2(e_h-e_0)$	$U_2+\varepsilon_2(e_h-e_0)-C_3$
（不积极减排，不协助，定额奖惩）	Q_1-C_2	$R_2-\varepsilon_1 Q_1-g(\eta)-M$	U_2+M-D_2
（不积极减排，协助，定额奖惩）	$Q_1-C_2-kC_1$	$R_2-\varepsilon_1 Q_1-g(\eta)-M$	U_2+M-D_1
（积极减排，不协助，精准奖惩）	$-Q_2-C_1+\theta_1(e_0-e_l)$	$R_2-\varepsilon_1 Q_2-g(\eta)+\theta_2(e_0-e_l)+C_1$	$U_1-(\theta_1+\theta_2)(e_0-e_l)$

表4-2（续）

策略组合	企业收益	平台收益	地方政府收益
（积极减排，协助，精准奖惩）	$Q_1+\theta_1(e_0-e_l)$	$R_1+\varepsilon_1Q_1-g(\eta)+\theta_2(e_0-e_l)$	$U_1-(\theta_1+\theta_2)(e_0-e_l)$
（积极减排，不协助，定额奖惩）	$-Q_2-C_1$	$R_2-\varepsilon_1Q_2-g(\eta)+C_1+S$	$U_1-\theta_2(e_0-e_l)-D_2$
（积极减排，协助，定额奖惩）	Q_1	$R_1-\varepsilon_1Q_2-g(\eta)+C_1+S$	U_1-S-D_1

第四节　模型分析

一、三方策略及均衡分析

（一）企业策略及均衡分析

令 E_{11} 表示企业采取积极的降碳减排策略时的期望收益，E_{12} 表示其采取消极的降碳减排策略时的期望收益，E_1 表示企业的平均期望收益。企业策略选择的复制动态方程为 $F(x)$，表达式如下所示。

$$E_{11}=y(1-z)PQ_1+(1-y)z[-PQ_2-C_1+\theta_1(e_0-e_l)]+$$
$$(1-y)(1-z)(-PQ_2-C_1)+yz[Q_1+\theta_1(e_0-e_l)]$$
$$=(y-1)(C_1+Q_2)+yQ_1+z(e_0-e_l)\theta_1 \tag{4-1}$$

$$E_{12}=yz[Q_1-C_2-kC_1-\varepsilon_2(e_a-e_0)]+y(1-z)(Q_1-C_2-kC_1)+$$
$$(1-y)z(-Q_2-C_2)+(1-y)(1-z)(Q_1-C_2)$$
$$=-kyC_1-C_2+Q_1+z(y-1)(Q_1+Q_2) \tag{4-2}$$

$$E_1=xE_{11}+(1-x)E_{12} \tag{4-3}$$

$$F(x)=dx/dt=x(E_{11}-E_1)=x(1-x)(E_{11}-E_{12})$$
$$=x(1-x)[(-1+y+ky)C_1+C_2+(1-y)(1-z)(Q_1+Q_2)+z(e_0-e_l)\theta_1] \tag{4-4}$$

$F(x)$ 的一阶导数如下所示：

$$dF(x)/dx=(1-2x)[(-1+y+ky)C_1+C_2-Q_1+yQ_1+zQ_1-yzQ_1-Q_2+yQ_2+zQ_2-$$
$$yzQ_2+ze_0\theta_1-ze_l\theta_1] \tag{4-5}$$

根据微分方程稳定性定理，零售企业进行积极减排的概率处于稳定状态必须满足：$F(x)=0$且$\mathrm{d}F(x)/\mathrm{d}(x)<0$。当$y=y^*=[C_1-C_2+(1-z)(Q_1+Q_2)-z(E_0-E_l)\theta_1]/(1+k)C_1+(1-z)(Q_1+Q_2)$时，$\mathrm{d}F(x)/\mathrm{d}x=0$时，所有的$x$都处于演化稳定状态；当$y>y^*$时，$x=1$为企业的演化稳定策略；反之，当$y<y^*$时，$x=0$为企业的演化稳定策略。企业的策略演化相位图如图4-2所示，其中箭头表示x向$x=1$或$x=0$的方向演化。

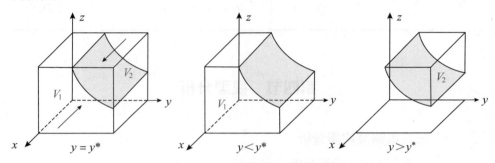

图4-2　企业的策略演化相位图

图4-2表明，体积V_1表示企业选择积极减排策略的概率，V_2表示企业选择不积极减排策略的概率，计算得：

$$V_1=\iint_{0}^{1}\frac{(-1+y+ky)C_1+C_2-Q_1+yQ_1-Q_2+yQ_2+zQ_2}{(yQ_2-e_0\theta_1+e_l\theta_1-Q_1+yQ_1)}\mathrm{d}z\mathrm{d}y$$

$$=\frac{1}{(Q_1+Q_2)^2}\Big(C_1(Q_1+Q_2)(k+1)+(Q_1+Q_2)^2+\log\big[Q_2+(-e_0+e_l)\theta_1\big]\times$$

$$\left\{kC_1Q_1-C_1Q_2+(1+k)C_1(e_0-e_l)\theta_1+\frac{1}{2}(Q_1+Q_2)\big[2C_2-Q_2+2(e_0-e_l)\theta_1\big]\right\}+$$

$$\log\big[-Q_1(-e_0e_l)\theta_1\big]\{-kC_1Q_1+C_1Q_2+(-1-k)C_1(e_0-e_l)\theta_1+$$

$$\left\{\frac{1}{2}(-Q_1-Q_2)\big[2C_2-Q_2+2(e_0-e_l)\theta_1\big]\right\}\Big)\tag{4-6}$$

$$V_2=1-V_1\tag{4-7}$$

命题1　演化过程中存在此现象：企业降碳减排的积极性以及平台为企业提供减碳技术协助的概率均会随地方政府对平台技术补贴的增加而上升，随地方政府对平台罚款的增加而下降。

命题1表明：地方政府增加对平台的技术补贴或适当降低对平台的罚款力度有

利于增加平台为企业提供降碳技术协助的概率，而且还会促进企业的降碳减排积极性。

企业降碳减排积极性的提高将有助于降碳减排工作的开展，能推动"双碳"目标的实现，而提高平台的技术协助概率则有利于推动社会降碳减排技术的进步、营造低碳环保社会共治的良好氛围。

（二）平台策略及均衡分析

对平台而言，令 E_{21} 表示平台提供减碳技术协助时的期望收益，E_{22} 表示其不采取减碳技术协助策略时的期望收益，E_2 表示平台的平均期望收益。平台策略选择的复制动态方程为 $F(y)$，表达式如下所示。

$$
\begin{aligned}
E_{21} = &\ xz\left[R_1 + \varepsilon_1 Q_1 - g(\eta) + \theta_2(e_0 - e_l)\right] + x(1-z)\left[_1 - \varepsilon_1 Q_2 - g(\eta) + C_1 + S\right] + \\
&\ (1-x)z\left[R_1 - \varepsilon_1 Q_2 - g(\eta) - \varepsilon_2(e_h - e_0)\right] + \\
&\ (1-x)(1-z)\left[R_1 + \varepsilon_1 Q_1 - g(\eta) + kC_1 - M\right] \\
= &\ -g(\eta) - M + kC_1 + Q_1 + R_1 + \varepsilon_1 + z\left(M - kC_1 - Q_1 - \varepsilon_1 - Q_2\varepsilon_1 + e_0\varepsilon_2 - e_h\varepsilon_2\right) + \\
&\ x\big[M + S + C_1 - kC_1 - Q_1 - \varepsilon_1 - Q_2\varepsilon_1 + \\
&\ z(-M - S - C_1 + kC_1 + 2Q_1 + \varepsilon_1 + 2Q_2\varepsilon_1 - e_0\varepsilon_2 + e_h\varepsilon_2 + e_0\theta_2 - e_l\theta_2)\big]
\end{aligned}
$$

（4-8）

$$
\begin{aligned}
E_{22} = &\ xz\left[R_2 - \varepsilon_1 Q_2 - g(\eta) + \theta_2(e_0 - e_l) + C_1\right] + x(1-z)\left[R_2 - \varepsilon_1 Q_2 - g(\eta) + C_1 + S\right] + \\
&\ (1-x)z\left[R_2 - \varepsilon_1 Q_2 - g(\eta) - \varepsilon_2(e_h - e_0)\right] + (1-x)(1-z)\left[R_2 + \varepsilon_1 Q_1 - g(\eta) + kC_1 - M\right] \\
= &\ -g - M + Mx + Sx + Mz - Mxz - Sxz + \left[x + k(-1+x)(-1+z)\right]C_1 - ze_h + \\
&\ xze_h + Q_1 - xQ_1 - zQ_1 + xzQ_1 - xQ_2 - zQ_2 + xzQ_2 + R_2 - xze_l\theta_2 + ze_0(1 - x + x\theta_2)
\end{aligned}
$$

（4-9）

$$
E_2 = yE_{21} + (1-y)E_{22}
$$

（4-10）

$$
\begin{aligned}
F(y) = \frac{\mathrm{d}y}{\mathrm{d}t} = &\ y(E_{21} - E_2) = y(1-y)(E_{21} - E_{22}) \\
= &\ y(1-y)\big[-xzC_1 + ze_h - xze_h + xzQ_1 + xQ_2 + zQ_2 - xzQ_2 + R_1 - R_2 + \varepsilon_1 - x\varepsilon_1 - \\
&\ z\varepsilon_1 + xz\varepsilon_1 - xQ_2\varepsilon_1 - zQ_2\varepsilon_1 + 2xzQ_2\varepsilon_1 - (-1+x)ze_0(-1+\varepsilon_2) + (-1+x)ze_h\varepsilon_2\big]
\end{aligned}
$$

（4-11）

根据微分方程稳定性定理，平台选择提供减碳技术协助策略的概率处于稳定状态必须满足：$F(y) = 0$ 且 $\mathrm{d}F(y)/\mathrm{d}y = 0$。当 $z = z^* = (-xQ_2 - R_1 + R_2 - \varepsilon_1 + x\varepsilon_1 + xQ_2\varepsilon_1)/$

$[-xC_1+e_h-xe_h+xQ_1+Q_2-xQ_2-\varepsilon_1+x\varepsilon_1-Q_2\varepsilon_1+2xQ_2\varepsilon_1-(-1+x)e_0(-1+\varepsilon_2)-e_h\varepsilon_2+xe_h\varepsilon_2]$ 时 $\mathrm{d}F(y)/\mathrm{d}y=0$，所有的 y 都处于演化稳定状态；当 $z<z^*$ 时，$y=1$ 为平台的演化稳定策略；反之，当 $z>z^*$ 时，$y=0$ 为平台的演化稳定策略。平台的策略演化相位图如图4-3所示，其中箭头表示 y 向 $y=0$ 或 $y=1$ 的方向演化。

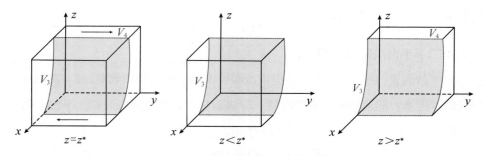

图4-3　平台的策略演化相位图

图4-3表明，体积 V_3 表示平台稳定选择提供减碳技术协助策略的概率，不提供减碳技术协助的概率为 V_4，令 $a=-Q_2-R_1+R_2-\varepsilon_1$，$b=e_0-Q_2+\varepsilon_1+Q_2\varepsilon_1-e_0\varepsilon_2+e_h\varepsilon_2$，$c=-\varepsilon_1-Q_2\varepsilon_1$，$d=-C_1+e_0+Q_1-Q_2+2Q_2\varepsilon_1-e_0\varepsilon_2+e_h\varepsilon_2$，计算得：

$$V_3=\int_0^1\int_0^1\frac{-Q_2-R_1+R_2-\varepsilon_1+z(e_0-Q_2+\varepsilon_1+Q_2\varepsilon_1-e_0\varepsilon_2+e_h\varepsilon_2)}{-\varepsilon_1-Q_2\varepsilon_1+z(-C_1+e_0+Q_1-Q_2+2Q_2\varepsilon_1-e_0\varepsilon_2+e_h\varepsilon_2)}\mathrm{d}y\mathrm{d}z \qquad (4-12)$$
$$=\{ac-(bc-ad)[\log(d)-\log(c+d)]\}/c^2$$

$$V_4=1-V_3 \qquad (4-13)$$

命题2　在演化过程中存在此现象：平台协助概率随着平台交易额、交易收费系数以及地方政府精准奖惩下地方政府对平台的惩罚系数的增加而上升，随平台交易额减少量、罚款金额的增加而下降。

命题2表明：企业减排策略和地方政府的监管策略都会影响平台稳定策略的选择。地方政府采取精准奖惩策略时适当增大处罚系数可促进平台进行技术协助，而零售企业选择积极减排策略时，平台也可以进一步得到政府补贴，以此促进其选择协助策略。因此，地方政府做好对平台的补贴与处罚以及企业监管是促进碳减排工作顺利进行的关键所在。

（三）政府策略及均衡分析

对政府而言，令 E_{31} 表示其采取精准奖惩策略时的期望收益，E_{32} 表示其采取固定奖惩策略时的期望收益，E_3 表示政府的平均期望收益。政府策略选择的复制动态方程为 $F(z)$，表达式如下所示。

$$
\begin{aligned}
E_{31} &= xy\big[U_1-(\theta_1+\theta_2)(e_0-e_l)\big]+x(1-y)\big[U_1-(\theta_1+\theta_2)(e_0-e_l)\big]+\\
&\quad (1-x)y\big[U_2+\varepsilon_2(e_h-e_0)-C_3\big]+(1-x)(1-y)\big[U_2-D_2+\varepsilon_2(e_h-e_0)-C_3\big]\\
&= (-1+x)C_3+(-1+x+y-xy)D_2+xU_1+U_2-xU_2-e_0\varepsilon_2+\\
&\quad xe_0\varepsilon_2+e_h\varepsilon_2-xe_h\varepsilon_2-xe_0\theta_1+xe_l\theta_1+x(-e_0+e_l)\theta_2
\end{aligned}
$$
（4-14）

$$
\begin{aligned}
E_{32} &= xy(U_1-S-D_1)+x(1-y)\big[U_1-\theta_2(e_0-e_l)-D_2\big]+\\
&\quad (1-x)y(U_2+M-D_1)+(1-x)(1-y)(U_2+M-D_2)\\
&= M-Mx-Sxy-yD_1+(-1+y)D_2+U_2+\\
&\quad x\big[U_1-U_2+(-1+y)(e_0-e_l)\theta_2\big]
\end{aligned}
$$
（4-15）

$$
E_3=zE_{31}+(1-z)E_{32}
$$
（4-16）

$$
\begin{aligned}
F(z)&=\frac{dz}{dt}=z(E_{21}-E_2)=z(1-z)(E_{21}-E_{22})\\
&=(1-z)z(-M+Mx+Sxy-C_3+xC_3+yD_1+xD_2-xyD_2-e_0\varepsilon_2+\\
&\quad xe_0\varepsilon_2+e_h\varepsilon_2-xe_h\varepsilon_2-xe_0\theta_1+xe_l\theta_1-xye_0\theta_2+xye_l\theta_2)
\end{aligned}
$$
（4-17）

$$
\begin{aligned}
V_5&=\int_0^1\!\!\int_0^1 (x-1)(M+C_3+e_0\varepsilon_2-e_h\varepsilon_2)+Sxy+yD_1+xD_2(1-y)+(e_l-e_0)x(\theta_1+y\theta_2)dxdy\\
&=\big[-M+Sy-C_3+2yD_1-e_0+e_h-e_0\theta_1+e_l\theta_1-ye_0\theta_2+ye_l\theta_2+D_2(1-y)\big]/2
\end{aligned}
$$
（4-18）

$$
V_6=1-V_5
$$
（4-19）

命题3 在演化过程中，政府监管部门选择精准奖惩的概率与平台协助率以及企业积极减排率呈负相关。

证明：由地方政府监管奖惩策略选择的演化稳定性分析可知，当 $x>x^*$ 时，$z=1$ 为演化稳定策略；随着 x、y 的增加，地方政府采取精准奖惩策略的概率由 $z=1$ 减小至 $z=0$，故存在 z 随着 x、y 的增加而下降。

命题3表明：地方政府监管部门选择精准奖惩的概率受平台协助策略和企业减

排策略的影响，当平台协助率较高且企业积极减排率较高时，地方政府监管部门会降低监管的严格性，此时将可能出现缺失监管的问题。

根据微分方程稳定性定理，政府监管部门选择精准奖惩的概率处于稳定状态必须满足：$F(z)=0$且$\mathrm{d}[F(z)]/\mathrm{d}z=0$。当$x=x^*=(M+C_3-yD_1+e_0\varepsilon_2-e_h\varepsilon_2)/[M+Sy+C_3-(-1+y)D_2+e_0\varepsilon_2-e_h\varepsilon_2-e_0\theta_1+e_l\theta_1-ye_0\theta_2+ye_l\theta_2]$时 $\mathrm{d}[F(z)]/\mathrm{d}z=0$，所有的$y$都处于演化稳定状态；当$x<x^*$时，$z=1$为地方政府的演化稳定策略；反之，当$x>x^*$时，$z=0$为地方政府的演化稳定策略。地方政府的策略演化相位图如图4-4所示，其中箭头表示z向$z=0$或$z=1$的方向演化。

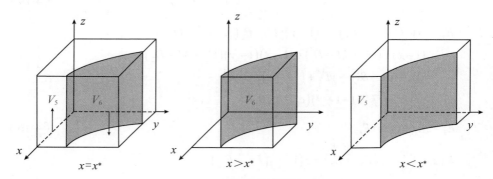

图4-4　地方政府的策略演化相位图

三方复制动态方程如式（4-20）所示。

$$\frac{\mathrm{d}x}{\mathrm{d}t}=x(1-x)\left[(-1+y+ky)C_1+C_2+(1-y)(1-z)(Q_1+Q_2)+z(e_0-e_l)\theta_1\right]$$

$$\frac{\mathrm{d}y}{\mathrm{d}t}=y(1-y)\left[(1-x)(ze_h+\varepsilon_1+zQ_2-ze_0+\varepsilon_2ze_0-ze_h\varepsilon_2)+xz(Q_1-C_1)+\right.$$
$$\left.xQ_2+R_1-R_2+(x-1-Q_2)z\varepsilon_1+(2z-1)xQ_2\varepsilon_1\right]$$

$$\frac{\mathrm{d}z}{\mathrm{d}t}=(1-z)z\left[(x-1)(M+C_3-e_h\varepsilon_2)+Sxy+yD_1+xD_2(1-y)+\right.$$
$$\left.x(x-1)e_0\varepsilon_2(e_l-e_0)(\theta_1+y\theta_2)\right]\qquad（4\text{-}20）$$

二、三方演化博弈均衡点稳定性分析

$F(x)=0$、$F(y)=0$、$F(z)=0$可得系统均衡点：$E_1(0,0,0)$、$E_2(1,0,0)$、$E_3(1,1,0)$、$E_4(1,0,1)$、$E_5(0,1,0)$、$E_6(0,1,1)$、$E_7(0,0,1)$、$E_8(1,1,1)$。三方演化博弈系统

的 Jacobian 矩阵为：

$$
J = \begin{pmatrix} J_{11} & J_{12} & J_{13} \\ J_{21} & J_{22} & J_{23} \\ J_{31} & J_{32} & J_{33} \end{pmatrix} = \begin{pmatrix} \dfrac{\partial F(x)}{\partial x} & \dfrac{\partial F(x)}{\partial y} & \dfrac{\partial F(x)}{\partial z} \\ \dfrac{\partial F(y)}{\partial x} & \dfrac{\partial F(y)}{\partial y} & \dfrac{\partial F(y)}{\partial z} \\ \dfrac{\partial F(x)}{\partial x} & \dfrac{\partial F(y)}{\partial y} & \dfrac{\partial F(z)}{\partial z} \end{pmatrix} =
$$

$$
\begin{pmatrix}
(1-2x)\begin{pmatrix}(-1+y+ky)C_1+C_2- \\ Q_1+yQ_1+zQ_1-yzQ_1- \\ Q_2+yQ_2+zQ_2- \\ yzQ_2+ze_0\theta_1-ze_i\theta_1\end{pmatrix} & (1-x)x\begin{pmatrix}(1+k)C_1- \\ (-1+z)(Q_1+Q_2)\end{pmatrix} & (1-x)x\begin{pmatrix}-(-1+y)(Q_1+Q_2)+ \\ (e_0-e_i)\theta_1\end{pmatrix} \\[3em]
(y-1)y\begin{pmatrix}zC_1+ze_h-zQ_1-Q_2+ \\ zQ_2+\varepsilon_1-z\varepsilon_1+Q_2\varepsilon_1- \\ 2zQ_2\varepsilon_1+ze_0(-1+\varepsilon_2)-ze_h\varepsilon_2\end{pmatrix} & (-1+2y)\begin{pmatrix}xzC_1-ze_h+xze_h-xzQ_1-xQ_2- \\ zQ_2+xzQ_2-R_1+R_2-\varepsilon_1+x\varepsilon_1+ \\ z\varepsilon_1-xz\varepsilon_1+xQ_2\varepsilon_1+zQ_2\varepsilon_1-2xzQ_2\varepsilon_1+ \\ (-1+x)ze_0(-1+\varepsilon_2)+ze_h\varepsilon_2-xze_h\varepsilon_2\end{pmatrix} & (-1+y)y\begin{pmatrix}xC_1-e_h+xe_h-xQ_1-Q_2+ \\ xQ_2+\varepsilon_1-x\varepsilon_1+Q_2\varepsilon_1-2xQ_2\varepsilon_1+ \\ (-1+x)e_0(-1+\varepsilon_2)+e_h\varepsilon_2-xe_h\varepsilon_2\end{pmatrix} \\[3em]
(1-z)z\begin{pmatrix}M+Sy+C_3- \\ (-1+y)D_2+e_0\varepsilon_2-e_h\varepsilon_2- \\ e_0\theta_1+e_i\theta_1-ye_0\theta_2+ye_i\theta_2\end{pmatrix} & (1-z)z(Sx+D_1-xD_2-xe_0\theta_2+xe_i\theta_2) & (1-2z)\begin{pmatrix}-M+Mx+Sxy+ \\ (-1+x)C_3+yD_1+xD_2-xyD_2- \\ e_0\varepsilon_2+xe_0\varepsilon_2+e_h\varepsilon_2-xe_h\varepsilon_2- \\ xe_0\theta_1+xe_i\theta_1-xye_0\theta_2+xye_i\theta_2\end{pmatrix}
\end{pmatrix}
$$

（4-21）

运用李雅普诺夫（Lyapunov）间接法对各均衡点的稳定性进行判断[1]，均衡点稳定性分析结果如表4-3所示。

表4-3 均衡点稳定性分析表

(x, y, z)	特征值	实部符号	稳定性结论	条件
0, 0, 0	$\lambda_{11}= -C_1+C_2-Q_1-Q_2$ $\lambda_{12}= R_1-R_2+\varepsilon_1$ $\lambda_{13}= -M-C_3+(e_h-e_0)\varepsilon_2$	－ ＋ ？	不稳定点	
0, 1, 0	$\lambda_{21}= kC_1+C_2$ $\lambda_{22}= -R_1+R_2-\varepsilon_1$ $\lambda_{23}= -M-C_3+D_1-e_0\varepsilon_2+e_h\varepsilon_2$	＋ － －	不稳定点	
0, 0, 1	$\lambda_{31}= M+C_3+e_0\varepsilon_2-e_h\varepsilon_2$ $\lambda_{32}= (e_h-e_0)(_1-\varepsilon_2)+Q_2(1-\varepsilon_1)+R_1-R_2$ $\lambda_{33}= -C_1+C_2+e_0\theta_1-e_i\theta_1$	？ ？ －		①
0, 1, 1	$\lambda_{41}= M+C_3-D_1+e_0\varepsilon_2-e_h\varepsilon_2$ $\lambda_{42}= R_2-Q_2-R_1+Q_2\varepsilon_1+(\varepsilon_2-1)(e_h-e_0)$ $\lambda_{43}= kC_1+C_2+e_0\theta_1-e_i\theta_1$	？ ？ ＋	不稳定点	

① 王文宾，戚金钰，张萌欣，等.三方演化博弈下政府奖惩机制对 WEEE 回收的影响 [J/OL].中国管理科学：1-13[2023-06-09]. https://doi.org/10.16381/j.cnki.issn1003-207x.2022.2196.

表4-3（续）

(x, y, z)	特征值	实部符号	稳定性结论	条件
1, 0, 0	$\lambda_{51}=C_1-C_2+Q_1+Q_2$ $\lambda_{52}=Q_2+R_1-R_2-Q_2\varepsilon_1$ $\lambda_{53}=D_2-e_0\theta_1+e_t\theta_1$	＋ ＋ ？	不稳定点	
1, 1, 0	$\lambda_{61}=-kC_1-C_2$ $\lambda_{62}=-Q_2-R_1+R_2+Q_2\varepsilon_1$ $\lambda_{63}=S+D_1-e_0\theta_1+e_t\theta_1-e_0\theta_2+e_t\theta_2$	－ － ？		②
1, 0, 1	$\lambda_{71}=-C_1+Q_1+Q_2+R_1-R_2$ $\lambda_{72}=-D_2+e_0\theta_1-e_t\theta_1$ $\lambda_{73}=C_1-C_2-e_0\theta_1+e_t\theta_1$	？ － ？		③
1, 1, 1	$\lambda_{81}=C_1-Q_1-Q_2-R_1+R_2$ $\lambda_{82}=-kC_1-C_2-e_0\theta_1+e_t\theta_1$ $\lambda_{83}=-S-D_1+e_0\theta_1-e_t\theta_1+e_0\theta_2-e_t\theta_2$	？ － －		④

条件 i：$\lambda_{ij}<0$，$i=1, 2, \cdots, 8$；$j=1, 2, 3$

注：表中"？"表示符号不确定。① $M+C_3+e_0\varepsilon_2-e_h\varepsilon_2<0$，$-e_0+e_h+Q_2+R_1-R_2-Q_2\varepsilon_1+e_0\varepsilon_2-e_h\varepsilon_2<0$；② $S+D_1-e_0\theta_1+e_t\theta_1-e_0\theta_2+e_t\theta_2<0$；③ $-C_1+Q_1+Q_2+R_1-R_2<0$，$C_1-C_2-e_0\theta_1+e_t\theta_1<0$；④ $C_1-Q_1-Q_2-R_1+R_2<0$。

命题4 当 $M+C_3+e_0\varepsilon_2-e_h\varepsilon_2<0$，$-e_0+e_h+Q_2+R_1-R_2-Q_2\varepsilon_1+e_0\varepsilon_2-e_h\varepsilon_2<0$，$-C_1+C_2+e_0\theta_1-e_t\theta_1<0$时，复制动态系统存在一个稳定点 $E_3(0, 0, 1)$。

证明：根据表4-3，此时，满足条件1，故 $E_3(0, 0, 1)$ 为系统渐进稳定点。而条件2、3、4不满足。

命题4表明：当地方政府给平台的补贴和地方政府实施精准管理的成本较大且企业的碳排放量仅略高于地方政府所定排放标准时，策略组合演化稳定于（企业不积极减排，平台不协助，精准奖惩）这一稳定点。此时，地方政府虽实施了精准管理策略，但过高的管理成本以及补贴会使地方政府效率下降，从而导致企业和平台钻漏洞，不配合地方政府的减排工作。为避免出现（企业不积极减排，平台不协助，精准奖惩）策略，监管部门必须设定足够大的罚款额，在适当减少地方政府补贴的同时加强管理工作，发挥奖惩机制的效用，把资金花在刀刃上。

命题5 当 $S+D_1 < (e_0-e_l)(\theta_1+\theta_2)$ 时，系统至少存在一个稳定点 $E_6(1, 1, 0)$。

证明：当 $S+D_1 < (e_0-e_l)(\theta_1+\theta_2)$ 时，则有 $S+D_1-e_0\theta_1+e_l\theta_1-e_0\theta_2+e_l\theta_2 < 0$。根据表4-2，满足条件2复制动态系统仅存在一个稳定点 $E_6(1, 1, 0)$。

命题5表明：当地方政府选择固定奖惩策略所带来的声望损失较小时，地方政府会选择固定奖惩策略。而企业和平台则会因奢望地方政府采取固定奖惩策略下给予的高额补贴而积极减排和协助企业提升降碳技术。为此公众作为地方政府的监督者，当地方政府不作为时，应当积极向上级政府反映，加大对不作为政府的惩罚力度，才能有效避免出现（企业积极减排，平台协助，固定奖惩）的稳定策略组合情况。政府严格监管的成本和采取固定奖惩策略遭受的公信力损失强度的变化均不改变演化稳定结果。

命题6 当 $C_1-R_1+R_2 < Q_1+Q_2$ 时，系统存在一个稳定点 $E_8(1, 1, 1)$。

证明：根据表4-3即可推出此时满足条件4。

命题6表明：当平台向企业收取的技术支持费用较少而平台协助收益较大时，三方博弈系统出现（企业积极减排，平台协助，精准奖惩）的稳定策略组合。此时地方政府、平台、企业三方三向奔赴，达到系统最优解。为促进此均衡的出现，地方政府在平台选择协助策略时，应为其进行宣传，以此来为平台吸引受众，提高其交易额及用户量。地方政府还应精准补助协助平台以及积极减排的企业。而平台在为企业提供技术支持时，应对不积极减排的企业进行追责，督促下游企业进行减排。

三、稳定点分析

为验证演化稳定性分析的有效性，结合现实情况将模型赋以数值，利用 Matlab 2016b 进行了数值仿真。令 $k=0.5$、$C_1=50$、$C_2=60$、$Q_1=80$、$Q_2=10$、$e_0=100$、$e_h=110$、$\theta_1=20$、$\theta_2=40$、$\varepsilon_1=0.5$、$\varepsilon_2=90$、$R_1=120$、$R_2=100$、$D_1=15$、$D_1=14$、$S=50$、$M=40$、$C_3=55$。令其满足推论6中的条件，在数组1的基础上，分析 Q_1、ε_1、ε_2、Q_2、S、M 对演化博弈过程和结果的影响。首先，为分析 Q_2 变化对演化博弈过程和结果的影响，将 Q_2 分别赋以 $Q_2=100$、150、200复制动态方程组

随时间演化50次的仿真结果如图4-6所示；为分析 Q_1 变化对演化博弈过程和结果的影响，将 Q_1 分别赋以 $Q_1 = 40$、60、80的仿真结果如图4-7所示。

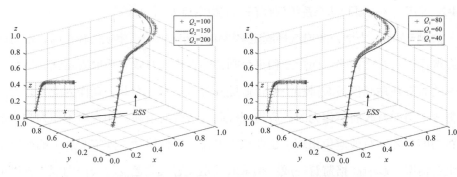

图4-6　平台交易额减少量的影响　　图4-7　平台交易额增加量的影响

由图4-6可知，在系统演化至稳定点的过程中，平台交易额减少量的提升能够提高企业策略由不积极减排策略向积极减排策略的演化速度，但是随着 Q_2 增大，平台企业选择不积极减排策略的概率增大，此时平台积极协助的概率增大。因此，地方政府部门为提高降碳减排水平，应加强对企业的管理和监督，尤其是针对不积极减排的企业。地方政府应对平台的协助行为进行奖励，并提供相关政策支持其对不积极减排的企业进行追责，切实提高企业减碳的积极性和平台提供技术协助的积极性。图4-7表明，在演化过程中，随着 Q_1 增大，企业选择积极减排的概率上升，平台提供技术协助的概率下降。地方政府可通过加强媒体宣传等手段，提升企业声誉和影响力，刺激市场需求，增加平台零售企业的降碳减排积极性，从而提升降碳减排的效果。

接下来，分别赋以 $\varepsilon_1 = 0.01$、0.03、0.05仿真结果如图4-8所示；分别赋以 $\varepsilon_2 = 0.2$、0.4、0.6的仿真结果如图4-9所示。

图4-8表明，在企业选择积极减排概率演化稳定于1之前，适当调整平台对企业交易金额的收费系数并不会对企业策略以及平台策略造成显著影响。图4-9表明，在演化过程中，ε_2 增大会使地方政府采取精准奖惩策略的概率下降。因此，地方政府应制定合理的奖惩机制，可以采取奖金红利等形式对积极减排的企业进行激励，支持平台进行技术研发，使平台及企业在提高自身产业经济的竞争力的同时，

能够与政府共同承担起绿色技术创新的使命，推动构建政、企、平台协同降碳的发展格局，助力实现"双碳"目标。

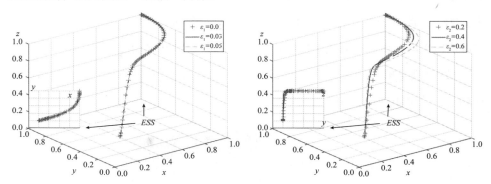

图4-8　平台交易收费系数 ε_1 的影响　　图4-9　精准奖惩政策对平台处罚系数 ε_2 的影响

再者，分别赋以平台对企业的追责系数 $k=0.5$、1.0、1.5，复制动态方程组随时间演化50次的仿真结果如图4-10所示；将 M 分别赋以 $M=40$、50、60的仿真结果如图4-11所示。

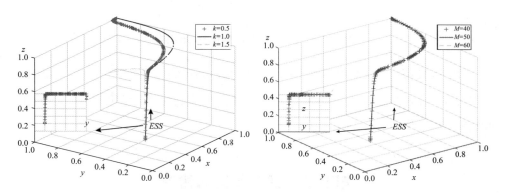

图4-10　平台追责系数 k 的影响　　图4-11　定额奖惩政策对平台罚款额 M 的影响

由图4-10可知，当平台选择协助、企业选择积极减排的概率接近于1时，适当增大平台对企业不积极减排的追责系数会提升平台为企业提供减碳技术支持的概率。但当追责系数过大时，企业的减排积极性反而会下降，致使企业进行技术协助的概率也大幅下降。可见在此策略下，地方政府一方面要为平台提供技术补贴，另一方面还要保障企业的基本利益，以免发生平台的随意追责现象，进而降低企业的减排积极性。

由图4-11可知，在定额奖惩政策下，当平台选择协助、企业选择积极减排的概率接近于1时，增大对不进行技术协助的平台的罚款金额并不会对三方的策略带来影响，因此对于平台的罚款金额，应只作为一个辅助手段来调节各方策略，地方政府应采取的措施应为激励企业减排，而不是一味地进行惩罚。

数组1满足推论6中的条件。该组数值分别从不同初始策略组合出发随时间演化50次，结果如图4-12所示。

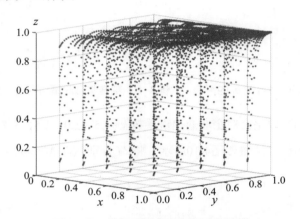

图4-12　数组1随时间演化50次结果

由图4-12可知，仿真结果得：$E(1, 1, 1)$ 是本系统的一个稳定均衡点，系统此时仅存在一个演化稳定策略组合（企业积极减排，平台协助，精准奖惩），与推论9结论一致。

第五节　研究结论与建议

一、研究结论

本章在考虑地方政府的奖惩策略、平台协助策略以及企业的减排策略等因素的基础上，首先构建了"双碳"目标背景下，网络交易平台、零售企业与地方政府之间的低碳减排三方演化博弈模型，考虑了平台交易额、奖惩系数等因素的变化对各方策略的影响，分析了平台需求变化量、政府处罚系数、平台追责和公众意愿等因素对博弈结果的影响；其次运用 Lyapunov 间接法分析了复制动态系统各策略均衡点的稳定性，并得出演化稳定策略组合；最后本书通过 Matlab2016b 软件对不同初始条件下模型进行仿真分析并验证其有效性。在此基础上本书根据分析结果针对政府构建分层治理降碳格局提出了对策与建议。

二、政策建议

根据本章研究结论，在此提出以下政策建议：

（1）政府应当实施精准奖惩政策，重视网络交易平台碳排放监管工作，发挥其在零售和消费领域的降碳减排作用，形成"政府监管平台、平台监管企业"的分层治理降碳格局。但是在实施该策略时必须注重管理工作的效率问题，通过适当放权的方式来降低管理成本。

（2）政府在实施精准奖惩政策时须考虑平台的基本利益，保证平台进行低碳技术研发和协助的积极性。一方面要出台具体政策以保障平台的追责权利，避免因企业不积极参与降碳减排工作损害平台的利益；另一方面，针对降碳技术研发力度大且成效较好的平台，政府可以提高补贴额度，以促进平台降碳技术的革新。

（3）对于积极参与协同降碳的平台政府应树立典范，提升平台在消费者心中的绿色形象，在提高消费者对该平台认可度的同时，促进低碳商品零售占比的提升；倡导绿色低碳的生活方式，抵制炫耀性消费行为，形成低碳消费习惯和氛围。

（4）政府应当对目前已经开展降碳项目的平台进行深入调研，总结固化平台行之有效的降碳减排工作经验，并形成系统的平台降碳理论体系，为各平台的降碳路径选择提供科学指导。

三、展　　望

本章重点研究了地方政府监管下地方政府—网络交易平台—零售企业的分层治理降碳策略问题。在后续研究中我们将构建消费者参与下的博弈模型，进一步挖掘消费者低碳消费意愿的影响作用，探索平台和企业对消费者低碳消费的激励措施问题，进而形成政府、平台、零售企业和消费者多方参与的低碳消费行为激励机制体系，并提出针对性的政策建议。

第五章 "双碳"目标下低碳产品购买意愿研究

第一节 概　述

随着我国消费占国民生产总值比重的提高、对经济增长拉动作用的增强，消费对资源环境和二氧化碳排放的影响也日益显现。生产为了消费，消费反过来也促进生产，故为实现"双碳"目标进行的低碳消费，不仅消费者有责任，也对制造商提出了更高要求：从原材料采购、产品生产和流通、产品使用、报废产品回收和最终处理/处置的全过程都以低碳为标准，倒逼供给侧结构性改革促进绿色低碳发展[①]。中国目前在生态环境治理体系现代化领域中的环境政策多集中在生产领域，且以约束和监管为主要方式，因而制造商应该积极响应政府提出的"双碳"目标战略，在这种趋势下承担起责任。

经济学一般认为，消费与生产相辅相成，生产决定消费，消费调节生产，生产以消费为目的，消费反过来促进生产。零售商连接着制造商，零售商虽然未直接参与生产，但如果零售商以绿色低碳为导向销售产品，那么很大程度上将决定消费者对低碳产品的接纳程度，潜移默化地推动广泛化的低碳消费行为[②]，进一步促进"双碳"目标的实现。零售商低碳转型的发展趋向以及其与日俱增的经济社会地位，使得政府更加要求零售商在"双碳"目标中担负起责任，消费者也更加

---

① 周宏春，史作廷.双碳导向下的绿色消费：内涵、传导机制和对策建议 [J].中国科学院院刊，2022，37（2）：188-196.

② 靳惠."双碳"导向下电商影响消费者绿色消费意愿的路径：基于"4P"理论框架 [J].商业经济研究，2023（14）：67-70.

期望零售商能够有所作为。

首先，由于工业化、城镇化的发展，消费者选择的主导作用逐渐凸显，其形成的消费规模、消费结构以及消费方式等使得消费领域对资源环境的压力持续加大，成为环境污染和温室气体排放的重要来源因素[①]。再者，消费者是企业各种经营活动的向导，消费者的低碳消费理念和行为主导着市场的价值取向，会成为企业决策过程中最重要的考量依据。最后，消费者数量庞大、个体间差异较大，关于低碳消费行为偏好的变化会直接影响消费碳排放。故在"双碳"导向下提高消费者低碳消费行为是实现"双碳"目标不可或缺的部分。

因此，要实现"双碳"目标，不仅需要制造商、零售商对实施低碳行为具有攻坚克难的决心，也需要每个消费者脚踏实地地践行绿色低碳消费。为此，制造商和零售商应该积极生产与销售低碳产品，消费者应该提升低碳认知水平、转变消费方式。

第二节 制造商的低碳行为分析

一、研究思路

为探究"双碳"目标下制造企业的低碳行为与其生产低碳产品的策略，本书首先对若干制造企业相关负责人进行关于"双碳"目标下制造企业的低碳行为与低碳产品生产策略的访谈，再通过对访谈反馈结果定性分析，最后归纳总结得出研究发现。

二、研究设计

（一）访谈提纲设计

本次研究以半结构访谈为主，访谈提纲的设计是首先通过与相关负责人沟通交流，确定初步的访谈思路，再结合与制造商低碳行为及措施相关的文献与背景

---

① 国合会"绿色转型与可持续社会治理专题政策研究"课题组，任勇，罗姆松，等. 绿色消费在推动高质量发展中的作用 [J]. 中国环境管理，2020，12（1）：24-30.

知识，拟定访谈提纲，以"双碳"目标下制造企业的低碳行为与低碳产品生产策略为访谈主题，从"双碳"目标相关政策对制造企业的影响、与零售商的成本共担和利益分享、消费者的接受程度三方面考虑，每一方面都设计了3~5道题目，具体如下。

1. "双碳"目标相关政策对制造企业的影响

在这一方面，主要问题有：

（1）2021—2022年，国家的多个部门都印发了有关"双碳"的指导意见及实施方案，您对这一方面是否有关注？

（2）贵公司是否将"双碳"目标纳入了企业战略和组织文化？

（3）能为我们举一个您公司在经营活动中有关"双碳"的具体例子吗？

（4）政府在您或您的公司践行"双碳"相关战略时提供了帮助吗？

（5）您认为政府为您或您的公司提供的帮助是否有效？或者说您更希望政府以什么样的方式来对您提供帮助？

2. 与零售商的成本共担和利益分享

在这一方面，主要问题有：

（1）在您的公司有了"双碳"目标后，您是否会在选择销售渠道时将"双碳"因素纳入考虑因素？

（2）目前学界普遍认为生产低碳产品将会增加企业的制造成本，您是否能向我们透露，这些成本是如何分摊的？

（3）你认为在同样遵从"双碳"目标的产业体系中，企业间的合作会促进低碳产品的发展吗？

（4）在终端销售环节，您或您的公司会以怎样的策略来与销售渠道进行合作？

3. 消费者的接受程度

在这一方面，主要问题有：

（1）作为制造商，在制造产品前，您会提前去了解消费者购买意愿吗？

（2）消费者对低碳产品的购买意愿有影响您公司的营收吗？

（3）当低碳产品在市场中的占比加大时，有可能对消费者的选择造成影响吗？

（二）访谈对象描述

本次访谈对象是若干制造企业相关负责人。确定好研究主体后，首先与相关企业主要负责人交流访谈目的与内容，根据负责人的建议和通过访谈、文献整理获得的信息确定下一次访谈的人员和内容[①]。本书选择的访谈对象主要选取具有一定工作经验的管理人员或资深员工。对制造商践行的低碳行为和低碳产品生产策略的了解需要一定的工作背景作支撑，否则对访谈的问题难以获得感悟，不利于访谈的深入进行。详见表5-1。（注：访谈内容经过手工整理及提炼，已经剔除与本书主题无关的内容。）

表5-1　访谈资料详细信息

序号	受访企业	时长（分钟）	文本字数
1	美团	55	1 400
2	盐津铺子	64	1 463
3	颈仔食品	58	1 311
4	湖南唐人神肉制品有限公司	62	1 310
5	辣妹子食品	53	1 397
6	宜家	67	1 360

（三）访谈结果反馈

通过本次访谈得知，制造商的低碳行为会受到"双碳"目标下相关政策、与零售商的成本共担和利益分享、消费者的接受程度这三方面的影响。本书将访谈对象按照序号进行编码，访谈成果如表5-2所示，表中所包含的编号用以表示每个企业对访谈问题的回应。

① 赵绮雨，毛太田，张裴皓.H市政府数据治理对数据质量管理绩效的影响机理研究：基于扎根理论的探索 [J/OL].情报科学：1-18[2023-10-28]（2024-02-27）. http://kns.cnki.net/kcms/detail/22.1264.g2.20231016.1356.050.html.

表5-2 "双碳"目标下制造企业的低碳行为与低碳产品生产策略访谈结果

因素	访谈结果	访谈发现
『双碳』目标下相关政策	（1）对国家的"双碳"政策和相关实施方案都非常关注； （2）当然有关注，会在生产和销售环节中不断推进低碳产品的研发和生产，并通过减少能源消耗、优化供应链等措施来实现"双碳"目标； （3）非常关注，这是我们应尽的社会责任； （4）非常关注，这是当前社会发展的重要议题，企业应该积极参与并承担相应的责任； （5）会密切关注相关政策动态，以确保公司能跟上步伐； （6）认为实现"双碳"目标不仅是国家重大战略，也是宜家中国义不容辞的责任	制造商非常关注"双碳"目标下相关政策，并已付诸行动
	（1）已将"双碳"目标纳入了企业战略和组织文化中； （2）已纳入了企业战略和组织文化中，并将低碳产品的生产和销售作为公司的重要发展方向，通过制定相应的目标和计划来推进这一工作； （3）已经纳入企业战略和组织文化，并将其贯穿于公司各个环节； （4）纳入了企业战略和组织文化，并制订了相应的行动计划和指标体系； （5）将其纳入了企业战略和组织文化，视之为公司未来发展的重要方向； （6）公司制订出详细的"双碳"行动计划，并成立专门的团队负责实施	制造企业积极将"双碳"目标纳入企业战略与组织文化
	（1）在经营活动中，主动推出并持续推广美团单车；考虑产品的能效、耐用性等因素； （2）推出生产工艺更节能、采用更环保包装的"纯萃零糖原味茶"产品，并通过其推广宣传低碳理念； （3）在生产过程中采用节能减排技术，降低能耗，减少废气排放； （4）肉制品生产过程中改善工艺、优化供应链、推广节能减排，提高了能源利用效率，降低了碳排放； （5）开始采用可再生能源供应公司的生产和运营；不断优化产品的生产工艺，以减少碳排放量； （6）在天津东丽区建立宜家全球首家能源友好型商场，使用100%可再生能源与多项节能技术，每年可减少碳排放约1万吨	制造企业大多通过优化生产工艺、生产低碳产品来减少碳排放量

表5-2（续）

因素	访谈结果	访谈发现
"双碳"目标下相关政策	（1）政府提供财政补贴、税收优惠鼓励公司开展低碳生产，推广低碳产品； （2）政府提供低息贷款、优惠税收支持公司的发展； （3）政府为我们公司提供了相关政策的支持和财政补贴； （4）政府为我们提供了一定的政策扶持、税收优惠； （5）政府提供的补贴和优惠政策积极促进我们公司践行"双碳"目标； （6）政府提供的资金支持和税收优惠，让公司在节能减排上的开销降低	政府在制造商践行"双碳"目标时会提供支持
	（1）我们希望政府能够在政策制定和实施方面给予更多的支持和指导； （2）希望政府加大支持力度，通过税收优惠、市场准入等方式鼓励制造商； （3）希望政府能够加大宣传力度，以此引导公众更积极参与低碳环保； （4）更希望政府能在技术创新、环保投资等方面给予更多的支持和引导； （5）希望政府能够在技术研发、政策制定等方面给予更多的支持； （6）希望政府提供更精准的政策支持，营造更加良好的市场环境	制造商希望政府加大支持力度，引导公众多参与
与零售商的成本共担和利益分享	（1）我们会选择符合环保标准的销售渠道；会积极与合作伙伴合作推广低碳产品； （2）会考虑"双碳"因素，确保产品能在销售渠道中得到充分推广和销售； （3）在选择销售渠道时，我们当然会将"双碳"因素纳入考虑因素； （4）在选择销售渠道时会将"双碳"因素纳入考虑因素； （5）销售渠道选择时会考虑"双碳"因素； （6）会优先选择拥有绿色供应链、低碳运营模式的销售渠道	制造企业选择销售渠道时会考虑"双碳"因素
	（1）我们的生产成本增加主要因为使用更环保的材料。在产品销售过程中，这些成本实际上……共同推动低碳产品的发展； （2）生产低碳产品确实会增加企业的制造成本，但这些成本可以通过……一系列的策略进行分摊； （3）生产低碳产品会增加制造成本，这些成本一般会通过……来平衡分摊生产成本； （4）生产低碳产品确实会增加企业的制造成本，但这些成本通常会分摊到产品价格中……；政府也会……以鼓励企业生产低碳产品； （5）生产低碳产品会增加企业制造成本，可通过……分摊弥补这些成本； （6）短期内会增加企业的制造成本，但可以通过政府补贴和政策优惠来减轻成本压力，从长远看将有利于降低企业运营成本	生产低碳产品会增加生产成本，但能与零售商共同分摊成本，并且政府会提供补贴支持

表5-2（续）

因素	访谈结果	访谈发现
与零售商的成本共担和利益分享	（1）随着全球低碳技术的进步，……产业间合作有助于……推广低碳产品； （2）在同样遵从"双碳"目标的产业体系中，企业间的合作可以共享资源和技术，提高效率，降低成本，进而推动低碳产品的发展； （3）我认为在同样遵从"双碳"目标的产业体系中，企业间的合作可以……，进而会促进低碳产品的发展； （4）我们认为企业间的合作对低碳产品的发展至关重要……，从而更好地推广和销售低碳产品； （5）我认为……企业间的合作可以促进低碳产品的发展，因为合作可以……推广低碳理念，引导消费者更加关注环保和可持续发展； （6）我认为企业间合作可促进低碳产品的发展，并推动全社会的低碳发展	企业间的合作会促进低碳产品的发展，促进推广低碳理念，引导消费者低碳消费
与零售商的成本共担和利益分享	（1）为了确保绿色低碳产品的质量和可靠性，我们实施……，在……推出一系列的措施与产品，以此提高消费者的节能意识，减少资源的消耗； （2）我们会……，共同推广和销售低碳产品；会根据不同的销售渠道和销售环节，制定不同的合作策略，……充分的推广和销售； （3）我们会与销售渠道进行紧密的合作，……；也会与各大电商平台合作，通过……方式来扩大销售渠道，提升产品的曝光度和销售量； （4）在销售环节，我们会……以促进销售；也会……以提高销售效果； （5）在终端销售环节，我们会……来促进销售；也会……来减少碳排放； （6）在终端销售环节，我们会建立线上线下销售平台……来拓宽低碳产品的销售渠道	实施产品生命周期的可持续发展管理、在各环节推出有效措施与产品
消费者的接受程度	（1）我们目前做法……改进用户评价体系……提高产品环保性和用户体验； （2）是的，……进行市场调研，……，以便产品能够更好地满足市场需求； （3）我们会提前了解消费者购买意愿，……制定更符合市场需求的产品； （4）提前了解消费者购买意愿……调整生产计划，……，提高销售额； （5）公司会尽可能了解消费者购买意愿，包括……产品研发和市场推广； （6）会通过问卷、访谈……收集数据，关注消费者对低碳产品的认知度；对低碳产品价格的敏感度；对低碳产品功能和质量的要求……	制造商会提前了解消费者购买意愿

表5-2（续）

因素	访谈结果	访谈发现
消费者的接受程度	（1）消费者……购买意愿还是会影响营收。但……希望通过提供更多的低碳产品满足消费者的需求，来实现营收增长； （2）影响营收时会考虑产品的市场潜力和竞争情况……确保产品能在市场中销售表现良好； （3）因为我们的产品都是低碳产品，……购买意愿越强，营收也会越高； （4）……购买意愿对公司营收有影响，增加……购买意愿相应增加销售额； （5）低碳产品市场的潜力和需求非常大，……购买意愿会对公司的营收产生一定的影响，我们会……提供高品质、环保、健康的低碳产品……； （6）我们公司认为低碳产品是未来发展的趋势……会积极开发和生产低碳产品……满足消费者的需求，以此提升营收	消费者对低碳产品的购买意愿有影响制造商营收
	（1）低碳产品具有环保性，可以提供更好的性能和体验，消费者会……； （2）随着……影响是市场竞争的必然结果……根据市场需求和竞争情况不断调整产品研发和营销策略……； （3）密切关注市场变化，消费者对环保低碳产品倾向……会影响其选择； （4）低碳产品市场占比增加，消费者可能会更倾向于选择低碳产品……； （5）低碳产品健康、环保、节能的特点更受到消费者的青睐和信任……； （6）环保意识增强的同时低碳产品占比增加，消费者更有可能购买……	低碳产品市场占比加大时能影响消费者选择

三、研究结论

通过本次访谈发现，在"双碳"目标下若干制造企业已经意识到生产低碳产品对环境可持续发展的作用，逐渐开始向低碳方向发展，并已付诸实施于公司的经营活动中。主要结论如下：

（1）大部分制造商都非常支持"双碳"政策，将其纳入企业战略和组织文化中，在公司的各个环节都会考虑"双碳"因素。例如，在产品研发时考虑生产的产品对环境的影响，采用更节能环保的生产工艺；在选择销售渠道时考虑低碳产品是否容易推广与销售。

（2）政府会给予践行"双碳"目标的制造商一些帮助。例如：在推广节能环保产品时，国家投入了大量的资金补贴给予生产节能环保产品的制造商；政府对生产低碳产品的制造商所缴纳的税金有优惠政策等。

（3）制造商生产低碳产品所增加的成本可以通过合作、产品定价分摊至零售商与消费者身上；同时制造商也会通过优化供应链、技术创新、减少能耗等方式弥补所增加的成本。

（4）消费者对低碳产品的认知与接受会影响制造商的营收，因而制造商需要与零售商紧密合作，共同推广和销售低碳产品；了解消费者购买意愿，以此指导产品研发和市场推广，提供高品质、环保、健康的低碳产品来满足消费者需求。

第三节　零售商的低碳行为分析

一、研究思路

为探究"双碳"目标下零售企业的低碳行为与其销售低碳产品的策略，本书对若干零售企业相关负责人进行关于"双碳"目标下零售企业的低碳行为与低碳产品销售策略的访谈。

二、研究设计

（一）访谈提纲设计

本次研究以半结构访谈为主，访谈提纲的设计是首先通过与相关负责人沟通交流，确定初步的访谈思路，再结合与零售商低碳行为及营销措施相关的文献与背景知识，拟定访谈提纲，以"双碳"目标下零售企业的低碳行为与低碳产品销售策略为访谈主题，主要从零售企业争取并响应"双碳"目标下相关政策、与制造商的成本共担和利益分享、消费者购买意愿三方面考虑，每一方面都设计了4~5道题目，具体如下。

1. "双碳"目标相关政策的影响

在这一方面，主要问题有：（1）2021—2022年，国家的多个部门都印发了有关"碳达峰和碳中和"的指导意见及实施方案，您对这一方面是否有关注？（2）贵公司是否将"双碳"目标纳入了企业战略和组织文化？（3）能为我们举一个您公司在经营活动中有关"双碳"的具体例子吗？（4）政府在您或您的公司践行"双碳"相关战略时提供了帮助吗？（5）您认为政府为您或您的公司提供的帮助是否有效？或者说您更希望政府以什么样的方式来对您提供帮助？

2. 与制造商的成本共担和利益分享

在这一方面，主要问题有：（1）目前学界的研究结果普遍显示，低碳产品的销售利润低于其他产品，您是否能向我们透露，这些遭受的损失是如何分摊的？（2）你认为在同样遵从"双碳"战略的产业体系中，企业间的合作会促进低碳产品的发展吗？（3）在终端销售环节，您或您的公司会以怎样的策略来与制造商合作呢？（4）在您销售低碳产品时，制造商对您或您的公司提供过帮助吗？

3. 消费者购买意愿

在这一方面，主要问题有：（1）作为销售方，在订货前，您会提前了解消费者购买意愿吗？（2）消费者对低碳产品的购买意愿有影响您公司的营收吗？（3）您会主动引导消费者购买低碳产品吗？能为我们举一个具体的例子吗？（4）您认为消费者的消费习惯可以被培养吗？（5）当消费者对低碳产品的接受程度提高后，会对您的销售策略或模式产生什么影响吗？

（二）访谈对象描述

本次访谈对象是具有一定工作经验、对企业的低碳行为与低碳销售策略有一定了解的若干零售企业相关负责人。首先与相关零售企业主要负责人介绍访谈的目的和访谈的大致内容，再确定好访谈时间与访谈地点，最后整理访谈所获得的信息与感悟，见表5-3。（注：访谈内容经过手工整理及提炼，已经剔除与本书主题无关的内容。）

（三）访谈结果反馈

通过本次访谈得知，零售商的低碳行为会受到"双碳"目标下相关政策、与制造商的成本共担和利益分享、消费者购买意愿这三方面的影响。本书将访谈对象按照序号进行编码，访谈成果如表5-4所示，表中所包含的编号用以表示每个企业对每个问题的回应，其中含两个编号表示其回答大致相同。

表5-3　访谈资料详细信息

序号	受访企业	时长（分钟）	文本字数
1	周黑鸭	55	1 496
2	步步高商业连锁	64	1 274
3	天虹股份	58	1 722
4	芙蓉兴盛	51	1 983
5	华润万家	52	2 010
6	大润发	68	1 862
7	家乐福	65	2 351
8	苏宁易购	72	1 772
9	盒马鲜生	68	1 359
10	高鑫零售	52	1 020
11	百联集团	61	1 438
12	物美集团	59	1 182
13	乐购中国	66	1 502
14	麦德龙	51	1 420

表5-4　"双碳"目标下零售企业的低碳行为与低碳产品销售策略访谈结果

因素	访谈结果	访谈发现
"双碳"目标下相关政策	（1）我们一直关注……政策，将其纳入企业战略和组织文化中； （2）我们关注国家"碳达峰和碳中和"政策，……推动低碳经济发展； （3）作为一家关注可持续发展的零售企业，我们非常关注国家有关"碳达峰和碳中和"的指导意见及实施方案； （4）我们密切关注有关……政策动态，知道2021—2024年国家……多个部门相继印发了……； （5）我们清楚认识到"双碳"是国家重大战略……作为大型商业企业，有责任和义务积极参与到这场行动中； （6）大润发作为负责任的企业，积极响应国家号召，将"双碳"目标纳入了企业战略和组织文化，并付诸实践； （7）家乐福始终高度关注……战略的实施进展，认真学习并积极贯彻落实……文件精神，以实际行动助力国家实现"双碳"目标； （8）……引起社会各界广泛关注，苏宁易购……高度重视……目标；	零售商关注"双碳"目标，推动低碳经济发展

表5-4（续）

因素	访谈结果	访谈发现
	（9）我们对国家有关"双碳"目标的政策和动态高度关注； （10）作为大型零售企业，十分重视……国家战略目标； （11）百联集团……认为……是我们义不容辞的责任； （12）物美集团认为在自身发展的同时，应该为……贡献力量； （13）乐购中国认为……既是挑战也是机遇，密切关注……； （14）我们正在积极研究如何将国家政策与企业战略相结合……	
"双碳"目标下相关政策	（1）我们的"双碳"目标是通过……方式实现……致力于将低碳理念融入产品研发、生产、销售和服务的各个环节中； （2）公司已经将"双碳"目标纳入企业战略和组织文化中； （3）我们将"双碳"目标纳入了企业战略和组织文化中，在……管理制度和流程、推广低碳产品、优化供应链……减少碳排放； （4）我们制定出"芙蓉兴盛碳中和行动方案"，明确"2025年实现运营碳达峰、2060年实现全价值链碳中和"目标……； （5）将"双碳"目标引入企业生产中，制定具体的排放标准……； （6）将"双碳"理念与……相融，推动全社会积极参与碳减排行动； （7）上层共同组成碳减排领导小组，下设碳减排办公室……； （8）高度重视"双碳"目标，积极推行绿色采购……； （9）制定详细碳减排方案，明确减排目标、责任分工……机制； （10）将减排任务分解到各部门和各门店，纳入年度考核指标……； （11）成立"双碳"工作领导小组，统筹规划推动公司"双碳"工作； （12）将"双碳"理念融入员工管理体系，鼓励员工节能减排……； （13）从能源结构、供应链管理、运营效率……减少碳排放； （14）麦德龙将其纳入企业战略和组织文化，制定了碳减排目标和行动计划、纳入公司年度绩效考核指标体系……	零售企业将"双碳"目标纳入企业战略和组织文化中，并已经有了具体举措
	（1）我们在生产过程中采用……清洁能源，优化能源使用效率，并积极推广绿色产品； （2）在经营活动中推出多款低碳产品……以减少碳排放；推出了……促销活动吸引消费者购买低碳产品； （3）我们在经营活动中推出了多款低碳环保产品，例如环保袋、节能灯具等，并在宣传和推广中注重强调其环保特点； （4）在经营活动的各个环节积极践行……，例如门店建设、商品采购、物流配送……；	有些零售商已经将"双碳"目标落实到公司具体经营活动上

表5-4（续）

因素	访谈结果	访谈发现
"双碳"目标下相关政策	（5）在门店改造和新建过程中采用绿色建筑标准……； （6）销售产品同时推广并使用节能电器和设备……； （7）加强供应链管理，选择绿色物流配送……； （8）联合家电品牌推出"以旧换新"服务，鼓励消费者淘汰旧家电，购买节能环保的新家电……； （9）在门店设立废弃物分类回收系统，与专业回收企业合作，对各类废弃物进行分类回收和资源化利用……； （10）优先采购绿色产品，选择绿色供应商；对消费者进行绿色消费教育引导、消费者低碳消费……； （11）与京东物流合作，推广使用新能源物流车辆，并要求供应商使用可回收包装材料……； （12）与国内领先的冷链技术公司合作，在全国范围内的门店推广使用绿色冷链系统……； （13）在门店运营中使用节能设备和高效电器、用能监测……； （14）在门店屋顶安装光伏发电系统，使用绿色冷柜……	
	（1）政府……税收减免、补贴政策；我们也积极参与政府组织的相关活动，并与政府部门进行合作，共同推进低碳经济发展； （2）政府……减税降费、提供环保技术支持； （3）政府在我们践行"双碳"相关战略时……税收政策上给予优惠； （4）（5）（6）（7）政府……提供资金补贴、税收优惠、建立碳排放交易体系等政策、研发和推广绿色技术……来鼓励支持企业减排； （8）在资金、技术和人才等方面得到政府的大力支持； （9）政府对制造商碳排放的限制使得我们得到一定利润； （10）政府对消费者的宣传教育促进企业销售低碳产品……； （11）政府设立专项资金支持企业节能减排技术研发和应用……； （12）政府出台了一系列政策措施，如……帮助； （13）政府推广绿色技术、提供技术咨询服务……帮助	政府大力支持零售商推进低碳经济发展
	（1）我们认为政府提供的帮助有效，希望……在相关政策的制定和执行上提供更多的指导和支持，例如……； （2）政府帮助……低碳战略发展非常重要，……希望政府能够提供更多的政策支持和技术支持，……；	

表5-4（续）

因素	访谈结果	访谈发现
"双碳"目标下相关政策	（3）政府提供的帮助有一定效果，……促进低碳战略……落地实施； （4）（14）政府帮助有效，但也有可改进之处，如加大对绿色企业政策支持，完善碳排放交易体系，加大绿色技术研发投入……； （5）主要希望政府加强对企业的宣传培训，帮助企业更好地理解和落实"双碳"目标……； （6）（7）主要希望政府通过……提供更规范、透明、高效的碳排放交易平台； （8）政府通过……，优化帮扶方式，提高帮扶的精准性和有效性； （9）……加强与企业的沟通交流，及时提供有针对性的帮助和支持……； （10）……简化碳排放交易体系流程，降低企业参与成本……； （11）……加大宣传力度，营造全社会共同参与的氛围……； （12）……进一步简化政策申报程序，提高政策的执行效率……； （13）……提高碳排放配额的价格，以更好地激励企业减排……	政府的相关政策有效促进了零售商销售低碳产品
与制造商的成本共担和利益分享	（1）低碳产品的销售利润比其他产品低，故会……与加盟商分摊； （2）销售低碳产品……遭受的损失会在公司整体利润中根据公司的经营情况和政策进行分摊； （3）因低碳产品在生产运输过程中需要更多的资源和能源，成本更高，所以销售利润低于其他产品。我们会……以提高消费者对低碳产品的认知和接受程度； （4）（13）首先，在创新技术……其次，优化供应链……以减少损失，最后，在成本上通过提高产品价格、内部成本消化……方式分摊； （5）正在考虑探索多元化成本分摊机制、上下游企业参与合作……方式分摊； （7）（10）……加大研发投入……规模化销售……方式分摊； （9）（11）百联集团通过……提高产品价格……采用先进技术和管理模式……政府补贴……方式分摊； （6）（12）物美会通过技术创新、规模化销售、绿色溢价、政府补贴等方式分摊成本； （8）（14）控制价格上涨幅度，将部分成本转嫁给消费者，以免影响产品销量……分摊	因低碳产品的销售利润低于其他产品，故零售商会分摊到加盟商、消费者身上

表5-4（续）

因素	访谈结果	访谈发现
与制造商的成本共担和利益分享	（1）企业间的合作可以共享资源和技术，降低生产成本，提高产品的质量和竞争力来推动低碳产品的发展； （2）我们认为企业间合作有助于推进低碳产品发展，合作可以共享技术、资源和成本，从而提高低碳产品的质量和市场竞争力； （3）天虹股份与相关产业链上下游企业合作……提高产品的可持续性和竞争力；与政府部门合作……获得政策支持和资金支持； （4）认为企业间合作有利于低碳产品销售，进一步实现"双碳"目标； （5）通过合作可拓展市场渠道，扩大市场规模，降低推广成本……； （6）（13）联合开发可以增强低碳产品标准，提升产品竞争力……； （7）目前我们与中国连锁经营协会合作，共同制定了《绿色超市标准》，为行业绿色转型提供参考……； （8）企业联合开展低碳技术和产品的研发，共享研发成果，让我们在2021年的"双11"一级节能效空调销售量增长89%……； （9）通过企业合作，可以构建出绿色供应链，减少碳排放……； （10）（14）通过合作可提升品牌影响力，增强消费者对低碳产品的信心……； （11）（12）企业间合作可以共享技术、资源和经验，共同打造低碳产品标准，形成规模化效应，推动低碳产品更快更好地发展……	零售商会与相关企业、政府合作，以推进低碳产品发展
	（1）目前我们既生产也销售，会在产品体系中开发推广低碳产品；在产品宣传、销售渠道等方面……提高产品知名度和市场占有率； （2）我们会在销售过程中推广宣传，提高消费者对低碳产品的认知和接受程度； （3）在终端销售环节，我们会积极与制造商合作……会提供一些优惠政策……会营销宣传低碳产品特点和优势，吸引消费者购买； （4）（8）（11）在此环节，我们将积极低碳营销：如联合开展宣传活动、制定优惠政策、完善服务体系……； （5）……加强对销售人员的培训……提供销售奖惩机制……利用大数据技术分析消费者需求……开展……绿色营销活动……； （6）与京东合作推出"绿色家电"专区……与支付宝"蚂蚁森林"等合作开展"双碳"主题的线上购物节……鼓励消费者选择低碳产品； （7）家乐福采取数据共享策略，建立碳排放数据共享机制，与销售渠道协同减排……；	大多数零售商现在在生产与销售环节两头并进，以此促进低碳产品销售

表5-4（续）

因素	访谈结果	访谈发现
与制造商的成本共担和利益分享	（10）我们会对销售人员进行培训、为消费者提供信息优惠、共同开发低碳产品……； （12）物美会在销售时宣传教育、推广、回收利用……； （9）（13）建立低碳产品奖励机制，提升销售渠道的销售积极性……； （14）主要是与制造商共同开展低碳产品推广活动，提高消费者对低碳产品的认知度…… （1）……我们会整合工厂与加盟商，在产品开发和销售方面……共同推动低碳产品发展； （2）制造商会提供技术支持和资源共享……我们会……根据制造商的需求……积极配合制造商开展低碳产品的生产和销售工作； （3）制造商……提供了一定的帮助，……我们会在采购和供应链管理方面与制造商进行合作，以优化供应链，降低碳排放和成本； （4）（8）因相关政策的出台，制造商积极配合……，甚至利益让渡； （5）（11）制造商会根据我们反馈的消费者需求情况生产低碳产品……； （6）（9）（12）制造商将通过一定渠道宣传推广所生产的低碳产品……大规模采购低碳产品时有优惠……； （7）（13）在产品采购和配送方面，所合作的制造商积极配合打造绿色供应链……； （10）（14）制造商与公司会共享技术、资源、经验、共同参与低碳产品研发……	在零售商销售低碳产品时制造商会给予一定帮助，共同推进低碳发展
消费者购买意愿	（1）在制订生产计划之前，我们就会进行市场调研，……以便根据市场需求调整订货量； （2）在订货前，我们会主动了解消费者购买意愿以及消费者对低碳产品的接受程度； （3）销售数据可以相对客观地反映消费者购买意愿，让我们大致了解消费者……并根据市场需求进行相应的采购和库存管理； （4）（10）我们始终坚持以消费者为中心，在……环节都会进行市场调研，了解消费者的需求和偏好，销售符合市场需求的低碳产品； （5）（8）……定期开展问卷调查……分析历史销售数据……进行用户体验研究……了解消费者对产品使用体验的需求； （6）……通过消费者购物数据分析、社交媒体和网络舆情……了解消费者……；	零售商在进行采购时会提前了解消费者对低碳产品的相关情况

表5-4（续）

因素	访谈结果	访谈发现
	（7）家乐福……将消费者洞察看作产品销售的基石……以市场调研、全渠道数据分析、消费者互动共创……分析其低碳消费趋势……； （9）在开发盒马鲜生自有品牌产品时，会通过问卷调查、焦点小组……根据消费者的反馈……来调整产品的配方、包装和价格； （11）（13）（14）我们会通过……市场调查……分析消费者购物数据……与消费者进行互动交流……来了解他们的想法和建议； （12）物美会通过市场调查、数据分析、消费者访谈……方式了解消费者购买意愿	
消费者购买意愿	（1）消费者低碳购买意向对公司营收产生非决定性影响……会通过市场营销策略吸引消费者购买低碳产品，例如……； （2）我们会尽可能地推广低碳产品来降低……的影响； （3）消费者低碳产品的购买意向会对我们公司营收产生影响，……； （4）（5）（9）随着人们环保意识的增强，……会直接影响公司营收，故我们积极顺应市场趋势，加大低碳产品销售； （6）根据尼尔森IQ的调查，2022年中国消费者对低碳产品的购买意愿比2021年提高了15%……促进我们发展低碳产品； （7）……低碳产品已成为家乐福重要的销售增长点，并为家乐福带来了多方面的价值提升……； （8）（10）（14）……有着直接的影响……故我们积极顺应市场趋势，加大低碳产品的采购和营销力度……； （11）（13）……我们认为低碳产品将会成为未来市场的主流趋势……； （12）……低碳产品的需求不断增长，对物美的营收产生积极影响……	零售商销售低碳产品时，营收会受到消费者购买意愿影响
	（1）我们会通过线上和线下渠道来主动引导消费者购买低碳产品。例如在线上，……；在线下，……； （2）我们会在销售绿色环保家电时详细介绍产品的低碳环保特点； （3）我们会……在商品陈列、宣传推广、服务等方面加强低碳产品的展示和宣传，让消费者更容易接触到低碳产品； （4）（7）（11）公司将规模化销售低碳产品提高其对低碳产品的认知度、降价促销……吸引消费者低碳消费； （5）（9）（12）通过降价促销、低碳产品展示、先用后付……方式吸引消费者低碳消费……； （6）与京东合作推出"绿色家电"专区……与支付宝"蚂蚁森林"等	零售商会主动引导消费者进行低碳消费

表5-4（续）

因素	访谈结果	访谈发现
	合作开展了"双碳"主题的线上购物节……鼓励消费者选择低碳产品； （8）设立了绿色产品专区、联合家电品牌推出"以旧换新"服务……； （10）（14）宣传低碳知识，引导消费者树立绿色消费理念……； （13）……进行市场教育工作，引导消费者树立正确的消费观念……	
消费者购买意愿	（1）……我们会通过不断的宣传推广……在产品质量和服务方面……； （2）消费者的消费习惯可以被培养，我们会通过……； （3）我们会通过多种方式加强对低碳消费的宣传和引导，例如……； （4）在政府的宣传教育下，公司也能通过……培养消费者低碳消费； （5）公司会通过标注产品的低碳特性和环保信息……帮助消费者做出明智的购买决策； （6）我们会通过店内宣传、社交媒体、线上平台……渠道，向消费者传播低碳消费的理念和好处； （7）家乐福推出"低碳产品价格补贴"，减轻消费者购买负担，促进低碳产品消费； （8）对消费者绿色消费教育、鼓励消费者购买节能环保产品……； （9）（12）……通过设置奖励机制，如积分奖励、会员特权……鼓励消费者持续进行低碳消费； （10）（14）……积极收集消费者对低碳产品的意见和建议，为消费者提供更多的低碳选择……； （11）……组织与低碳消费相关的主题活动……提高消费者参与度； （13）……员工培训以确保员工了解低碳消费知识，以便向消费者提供专业的建议和服务……	零售商认为通过一些举措能培养消费者低碳消费
	（1）……我们会根据……推出更多的低碳产品，并进一步优化销售渠道和服务质量，以适应市场变化； （2）……我们会相应调整销售策略和模式，以更好满足消费者需求； （3）……我们会根据市场需求进行产品结构和销售策略的调整……也会继续宣传引导低碳消费，推动低碳消费理念的普及和发展； （4）（11）若消费者低碳意识提高，会在保证利润的基础上扩大销售； （5）（10）……倒逼我们不断采购质量和性能好的低碳产品，为消费者提供更好、更多的产品和服务……； （6）……我们会更积极的低碳营销，推动形成绿色消费社会风尚……；	在消费者积极低碳消费时零售商需要调整其策略

表5-4（续）

因素	访谈结果	访谈发现
消费者购买意愿	（7）我们推出的"低碳生活"系列产品……深受消费者欢迎，销量增长显著； （8）2022年我们推出"苏宁易购绿色家电"系列产品，受到消费者的广泛欢迎，销量同比增长近30%； （9）（12）……可能会与其他零售企业合作推广低碳产品……； （13）（14）……会对不重视低碳产品的企业造成压力，故将调整销售策略和模式……	

三、研究结论

通过本次访谈发现，若干零售企业逐渐意识到践行低碳行为对缓解环境问题的重要性，承担起实现"双碳"目标的责任，具体表现在销售以绿色低碳为导向的产品，应用碳标签，宣传传播低碳知识等，大多数零售商已经开始潜移默化地推动广泛化的低碳消费行为。主要结论如下：

（1）零售商将低碳理念融入产品采购、运输、销售和服务的各个环节中，密切关注"双碳"目标相关政策。例如在采购环节中选择向绿色低碳发展的制造商采购；在物流运输环节采用环保可再生的包装材料；在销售环节举办低碳生活体验活动等。

（2）零售商积极与政府、制造商、其他合作企业交流沟通，共同推动低碳经济发展，引导消费者进行绿色低碳消费。例如零售企业苏宁易购因为消费者低碳行为的增加，而决定向制造商反馈，希望制造商能够研发更符合消费者心意的低碳产品。

（3）零售商企业在制定绿色低碳产品营销策略时会注重在消费者中建立起正面积极的环境保护形象，通过适宜的营销活动促进消费者对绿色低碳产品产生积极的态度，进而激发其购买意愿。零售商具体实施的营销策略有降价促销、绿色低碳产品优惠、碳积分、低碳生活体验活动、低碳消费咨询服务等，以此来吸引消费者购买低碳产品。

（4）零售商会通过多种渠道和方式宣传展示来主动引导消费者购买低碳产

品。例如在线上社交媒体平台等直播宣传低碳产品的环保特点和使用方法；在线下店铺内设置低碳产品的展示区域，向消费者进行介绍和推荐。以此提高消费者对低碳产品的认知和接受程度，提高低碳产品知名度和市场占有率。

（5）零售商会了解消费者购买意愿，根据市场需求调整产品销售策略。例如天虹股份在市场调研后增加了低碳产品的品类和种类，以此满足消费者对低碳产品的需求；天猫加强对低碳产品的销售推广；步步高进一步优化销售渠道和服务质量来促进消费者购买绿色低碳产品。

第四节　消费者的低碳行为分析

一、问题提出

因全球变暖、空气污染、资源枯竭等环境问题愈发严重，目前社会上各个国家都十分关注如何减少碳排放量、如何应对气候变化带来的影响，这已成为了焦点话题，习近平进而提出了"双碳"目标。首先，基于"双碳"目标背景，本书认为影响消费者购买低碳产品意愿的因素主要有"双碳"目标下相关政策、零售商营销策略、消费者间相互作用。其次，基于计划行为理论，消费者在低碳方面的心理意识是消费者进行低碳消费行为的前置诱致因素，故社会参照规范与个体心理意识也会影响消费者对低碳产品的购买意愿，具体可通过环境责任意识和行为效果感知两个方面体现。最后，通过自我效能感在实践领域中的广泛应用，本书认为自我效能感也有可能具有调节效果。

因而本节从消费者的社会参照规范与个体心理意识入手，探究"双碳"目标背景下社会参照规范与个体心理意识对消费者低碳产品购买意愿的影响。

二、文献回顾

（一）消费者购买意愿的影响因素研究

消费作为社会再生产的最终目的，是经济增长的主要拉动力；意愿是个体实施某项特定事件的主观可能性高低。由此概念可延伸出，购买意愿是指消费者个体自愿采取某种特定购买行为的可能性大小。对于购买意愿的概念,国内外学者都非常认同消费者购买行为五阶段中的购买决策阶段会产生购买意愿这一观点,认为购买意愿是在此阶段已经存在购物偏好的基础上,消费者继续收集产品信息、比较评估产品而发生的。因此,普遍认为购买意愿是消费心理活动的内容,是一种购买行为发生的概率,购买意愿能够用来预测消费者的购买行为[1][2]。最初,Gollwitzer 等[3]认为行为意愿包括了个体行动前的意愿形成和计划实施两个阶段。随着我国经济的逐渐发展,消费方式越来越多样化、产品越来越多,许多学者也开始研究消费者购买意愿的影响因素。栾少颖[4]以地理标志农产品消费者购买意愿影响因素为研究对象,多角度探究影响消费者购买意愿的驱动因素。谢范范[5]展开新零售背景下交互体验对消费者购买意愿的影响研究,基于 SOR 理论、消费者行为理论以及信任理论构建了文章的实证模型。代肖燕[6]以 SOR 模型和感知价值理论为主进行影响因素分析,采用发放调查问卷和抓取电商平台消费者评论两种方式来收集数据。王相飞等[7]基于计划行为理论,借助因果事理图谱方法,认为消费者购买意愿受到行为态度、主观规范、知觉行为控制三个方面的因素影响。在本书研究中,购买意愿是指消费者个体主动购买绿色低碳产品的概率大小的测算,主要能反映出消费者从事绿

① 刘佳,邹韵婕,刘泽溪.基于 SEM 模型的电商直播中消费者购买意愿影响因素分析 [J].统计与决策,2021,37(7):94-97.

② 冯建英,穆维松,傅泽田.消费者购买意愿研究综述 [J].现代管理科学,2006(11):7-9.

③ GOLLWITZER P M. Goal achievement: the role of intentions[J]. European review of social psychology, 1993, 4(1): 141-185.

④ 栾少颖.地理标志农产品消费者购买意愿影响因素研究 [D].郑州:河南农业大学,2023.

⑤ 谢范范(Pimwaranthiya supan).新零售背景下交互体验对消费者购买意愿的影响因素研究 [D].成都:成都大学,2023.

⑥ 代肖燕.农产品电商营销模式中消费者购买意愿影响因素研究 [D].烟台:烟台大学,2023.

⑦ 王相飞,吴明惠,张钢花.基于计划行为理论的体育图书消费者购买意愿影响因素分析 [J].中国出版,2023(16):51-56.

色低碳消费行为的偏向和意愿。

（二）低碳消费

1. 低碳消费的内涵及其与相关概念的关系

英国政府于2003年的能源白皮书《我们的能源未来：创造低碳经济》中首次提出低碳消费的内涵是：在满足居民生活质量提升需求的基础上，努力削减高碳消费和奢侈消费，实现生活质量提升和碳排放下降的双赢。"低碳"在社会生活中也逐渐成为一个热门词汇，"低碳经济""低碳生活""低碳消费"等概念也应运而生。国内外与低碳消费意义比较接近的概念还有绿色消费、可持续消费、生态消费、环保消费、节约型消费等，这些消费概念都是世界各国为了缓解因消费主义而产生的生态环境问题所提出的一系列合理消费的理念。这些消费理念的共同之处在于从消费这一角度来解决能源、资源、环境与生态问题，不同之处则在于每一消费理念的具体着眼点不同、政策语境不同①。低碳消费也是着力于解决人类生存环境危机，但低碳消费是以碳排放作为切入点来解决消费中存在的不持续问题，其指向相比于绿色消费、可持续消费等其他消费概念更明确，是可持续消费在当前全球气候变暖等环境危机下一种暂时的应急措施，其实质是以"低碳"为导向的一种共生型消费方式；也因"低碳"这一词义的限制，低碳消费模式大多只能在"减少碳排放量"的核心上做文章。

2. 低碳消费的类型

低碳消费的实质是以"低碳"为目标的致力于缓解目前人类已存在的生存环境问题的一种共生型消费方式。俞海山在《低碳消费论》中提出低碳消费在每个角度都有不同的类型。如维度方面，低碳消费包括时间和空间两个维度；主体方面，低碳消费可分为居民低碳消费和政府低碳消费；领域方面，有低碳生活消费，也有低碳生产消费；国家发展方面，低碳消费可以分为发达国家低碳消费与发展中国家低碳消费。

---

① 庄贵阳.低碳消费的概念辨识及政策框架 [J].人民论坛·学术前沿，2019（2）：47-53.

3. 低碳消费的意义

随着渐渐显现的全球化的生态环境危机，实现"双碳"目标已经成为当前国家的一项重要战略，因而国家大力支持绿色低碳经济发展。而发展绿色低碳经济必然要选择进行低碳消费，这也体现出人们的一种心境、一种价值和一种行为；代表着人与自然和谐共生、社会经济与生态环境和谐发展，因此进行低碳消费是我国绿色低碳发展的必然要求。

这种以低碳为导向的消费方式并不会妨碍人们提高自己的生活品质，相反两者可同时进行。要想进行低碳消费，就需要首先满足人们提升生活水平的需求，再在此基础上从各个方面削减过度消费、高碳消费等对环境有负面作用的消费，从而渐渐过渡为低碳消费，最后达到既提升人们的生活质量、又降低碳排放量的双重目标。因此低碳消费对消费者的要求是：在消费过程中坚持低碳发展的理念，积极践行科学、文明、健康的消费方式①。

4. 低碳消费的实践

自从出现了低碳消费概念后，国内外学者不断进行关于低碳消费的研究，但这些研究都更侧重于如何践行低碳消费，如对低碳消费行为的实证研究。这也反映出学者对低碳消费的理论研究有所不足和缺失，需要加强对低碳消费基本理论的研究，否则当前即使有再多的关于低碳消费的实践研究，也不足以支撑学者们继续深入研究低碳消费。

通过一系列的研究可以得知：推动"高碳消费"向"低碳消费"转变是全社会的共同职责，各种社会角色对低碳消费都有一定的推动作用。政府方面，出台相关政策法规鼓励公民、企业进行低碳消费并运用税收等政策抑制消费主体的高碳消费，将低碳消费落到实处。企业方面，优化设计其商品和服务，加强技术创新来降低生产和交换流程中的碳排放量，各环节实施低碳策略。消费者方面，每个消费者都要积极践行低碳消费，这不仅可以直接降低消费过程中产生的碳排放，而且由于市场经济的作用，消费者的"货币选票"等低碳行为也能反过来引导企

---

① 庄贵阳. 低碳消费的概念辨识及政策框架 [J]. 人民论坛·学术前沿，2019（2）：47-53.

业进行低碳生产①。因而我们需要教育引导消费者，唤起消费者的内心道德，使低碳消费成为消费者的自觉追求，让公民广泛参与低碳消费。

（三）社会参照规范

1. 社会参照规范的含义

社会参照规范主要是指周围人的影响和带动作用。关于其概念和内涵，国内外学者已经做了广泛而深入的探讨。有学者认为社会参照规范可分为主观规范与社会规范；但也有大多数学者认为，主观规范是社会规范在个体心理意识上的表现，社会参照规范即社会规范，个体心理意识即主观规范。不同学科关于社会规范的概念有不同的界定，但基本上都认可社会规范是指在没有法律效力前提下，对社会成员的行为规则或标准的指引和规范；主观规范是指个体感知到的人或团体对一些行为实施的看法和评价②。与群体保持一致是中国人特有的社会规范之一，它通过外在的压力或奖励约束着个体行为。Bamberg 等学者的研究发现，社会参照规范对某一行为越支持，个体感到自己的行为能力越强，其预期的阻碍较少，执行某一行为的可能性就越大③。

2. "双碳"目标背景下消费者的社会参照规范

在认知有限的情况下，消费者购买商品面临选择时，往往会将大多数人的行为选择作为自己的行动指南或参照标准；并且消费者往往会注意让自己避免违背社会规范或道德。因此，社会参照规范对消费者购买低碳产品的意愿也会产生影响。本次研究中主要考虑将社会参照规范从消费习惯观念、社会风气氛围、政府机构表率、榜样形象标杆四个维度进行设计，这些参照因素主要是消费者践行绿

① 杨丹萍. 低碳消费理论的立纲之作：评俞海山教授的《低碳消费论》[J]. 浙江社会科学，2016（1）：155，138.

② 郭泉. 大型面板生产企业绿色生产行为驱动机理及引导政策研究 [D]. 徐州：中国矿业大学，2020.

③ BAMBERG S,MOSER G.Twenty years after Hines,Hungerford,and Tomera:A new meta-analysis of psycho-social determinants of pro-environmental behaviour[J]. Journal of environmental psychology, 2007, 27(1):14-25.

色低碳消费的心理归因，表明消费者个体行为符合社会规范的要求。其中，消费习惯观念是指社会上多数消费者存在很久的消费观念和消费习惯；社会风气氛围主要包括人际交往相关的社会风气、群体参照、人情往来；政府机构表率即政府表率与官员表率；榜样形象标杆是指社会榜样、名流群体的形象标杆。

3. 社会参照规范的中介作用

消费者在做出消费行为或购买决策时，会受到风俗习惯、道德规范、法律规范的制约。例如，法律规范制约消费者的欺诈性消费，道德规范制约消费者的破坏生态性消费。法律规范、道德规范、风俗习惯等均属于社会参照规范。参照群体对消费者行为的影响已经受到学者们的广泛关注，以往研究表明，消费者会与内群体行为保持一致。但通过实证研究发现，当内群体成员做出某些不道德行为时，消费者会做出与内群体相反的行为，其中社会规范起到中介作用[1]。在 Bandura 的社会学习理论中，认为个体心理意识是内部心理因素，社会参照规范是社会心理因素，人类行为源自内部因素与环境因素相互作用的信息加工活动[2]。Ajzen 等的理性行为理论表明个体行为意向是个体对行为的态度和社会规范（subjective norm）两者共同作用的结果，在理论中内部心理因素是个体态度，社会参照因素是社会规范，即个体对身边重要的人或组织对其执行或不执行特定行为所产生的压力感知[3]。Teisl 等将计划行为理论和规范激活理论两种模型整合到同一个理论框架下发现，个体通过一些相关意见和看法可以对其行为的社会正确性进行判断，进而引导消费者对其行为与内在自我期望和价值观的一致性进行判断[4]。

---

① 宋倩文 . 内群体对消费者不道德行为的影响研究 [J]. 现代营销（经营版）,2020（12）: 172-173.

② BANDURA A.Self-efficacy mechanism in human agency[J].American psychologist, 1982, 37(2):122-147.

③ AJZEN I, FISHBEIN M. Belief, attitude, intention, and behavior:an introduction to theory and research[M].New Jersey: Addison-Wesley, 1975.

④ TEISL M F, NOBLET C L, RUBIN J. The psychology of eco-consumption[J]. Journal of agricultural and food industrial organization, 2009, 7(2): 1-29.

（四）个体心理意识

1. 个体心理意识的含义

个体心理意识，即认知、情绪和动机、能力和人格存在于个体身上的心理现象。

2. "双碳"目标背景下消费者的个体心理意识

有学者认为，消费者在个体内部的心理意识与外界社会规范的共同影响下能够践行低碳消费行为。消费者进行低碳消费行为的一个主要心理归因就是个体认识、知识、意识、信念等心理意识因素，这些因素在个体内部通过影响个体对低碳消费的心理偏好来促成个体实施低碳消费行为。在本书研究中，个体心理意识主要包括环境问题认识、个体责任意识、低碳消费知识、责任归属。首先，消费者需要正确认识环境问题的严重性、紧迫性，了解消费者自身关于社会环境问题的社会责任，促使消费者产生绿色低碳消费的心理。其次，学习低碳内涵知识、低碳行为指南等低碳消费知识，正确认识低碳消费的价值，明白低碳消费可以保护环境，而消费者具有保护环境的责任，在消费时存有低碳消费的意识。人们所产生的从事特定行为的心理意识会影响人们的行为意向，消费者低碳消费的心理意识越积极，其购买低碳产品的意向就越强烈。

（五）自我效能感

1. 自我效能感的定义

自我效能感（self-efficacy）是指人们对自身能否利用所拥有的技能去完成某项工作行为的自信程度。个体过往成功与失败的经验、具有重要影响的人的示范、周围大部分人的劝说、自身的情绪状况和生理唤起在自我效能感的形成中会综合发挥作用。自我效能感这一概念是美国著名心理学家班杜拉（Albert Bandura）1977年首次提出，将自我效能感界定为"个体在成功完成计划任务时所表现出的对自身能力的自信态度"[①]。班杜拉后来又从个体层面出发，认为在个体已有的知识技能与个体实施的具体行为之间存在一个中介心理机制，也就导致形成自"经验、

① BANDURA A.Self-efficacy mechanism in human agency[J].American psychologist, 1982, 37(2):122-147.

示范、劝说及心理"的自我效能感可以影响个体的实际态度与行为绩效（Bandura，2006）。社会认知理论认为，自我效能感强的个体在学习、行动和决策等活动中面临困难与挑战时将会展现出更积极的决心与意志，这也有助于个体取得成功。自我效能感作为个体行为预测变量，不仅被心理学界广泛接受，还被广泛应用于诸如组织理论、管理研究等领域。因而对于自我效能感的概念，还有一些学者在班杜拉的概念以及自身研究的基础之上提出了新的解释，其中最著名的就是斯塔科维奇和鲁森斯1998年针对组织行为这一领域给出的更广泛、实用性更强的定义："自我效能是指个体对自己能力的一种确切的信念（或自信心），这种能力使自己在某个背景下为了成功地完成某项特定任务，能够调动起必需的动机、认知资源与一系列行动"①。

2. 自我效能感的影响因素与功能

班杜拉等人的研究指出，影响自我效能感形成的因素主要有：个体过往行为的成败经验（direct experiences）、替代经验（vicarious experiences）或模仿、他人的言语劝说（verbal persuasion）、自身的情绪唤醒（emotion arise）、外部的情境条件。

国内外研究证明，自我效能感在一定意义上能够提高工作绩效、增强工作动机、改善工作态度。班杜拉等人的研究指出，自我效能感在人们选择将要进行的活动时具有决定性和坚持性；自我效能感在人们遇到困难时会影响个体态度；自我效能感会影响个人获得新行为以及获得后的学习表现；在个体进行某项活动时自我效能感能够影响个体的情绪。这也使得班杜拉的自我效能感后来在实践领域中被很多学者应用发展，延伸出一系列新的衍生概念，如管理者的管理自我效能感、职业自我效能感、群体效能感、教学（学习）自我效能感等等，它们也都是自我效能理论分别在管理领域、职业领域、群体活动领域以及教育领域中的具体应用②。

---

① 周文霞，郭桂萍.自我效能感：概念、理论和应用 [J].中国人民大学学报，2006（1）：91-97.

② 张承龙.创业培训能提升可持续创业意向吗：自我效能感与家庭效能感链式中介效应分析 [J].企业经济，2023，42（9）：93-102.

3. "双碳"目标背景下自我效能感的调节作用

相对正规的低碳知识解释可以提升消费者对低碳产品的自我效能感；依据社会认知理论，个体对效能的信念会影响人们为一项任务付出努力、坚持的程度以及他们的选择，高自我效能者会更多想象做了某项事情后的影响，并给自己的行为表现提供积极的指导。韩建涛等[①] 采用 Runco 创新观念行为量表、积极情绪量表、创造性自我效能感问卷调查发现创造性自我效能感调节了创造力影响生命意义感的直接路径，并随着创造性自我效能感的提升，创造力对生命意义感的预测作用减弱。因而，假设自我效能感可以调节消费者社会参照规范与其购买意愿之间、消费者个体心理意识与其购买意愿之间的影响关系。

第五节 模型与假设

一、概念模型

SOR 模型认为个体的情绪状态会受到情境刺激的影响，进而诱发个体做出趋近或者是逃避行为。随着互联网的发展，SOR 模型至今已被广泛用于线下情境和传统网上情境的零售业研究。Donovan 等第一次使用这一模型分析实体购物环境对顾客购买行为的影响[②]。

结合已有的研究成果来看，对于广大消费者而言，所处环境必然会影响他们的消费行为，外界环境的影响会使得他们的机体状态发生改变，从而导致他们的行为受到影响。在本次研究中，以"双碳"目标下政策变革、零售商营销策略、消费者间相互作用作为刺激变量，消费者在"双碳"目标相关政策、零售商营销策略、消费者间相互作用影响下所遵循的社会参照规范和所产生的个体心理意识作为机体变量，把消费者对低碳产品的购买意愿作为反应变量，并考虑消费者自

① 韩建涛，钱俊妮，张婕妤，等 . 创造力与大学生生命意义感：积极情绪和创造性自我效能感的作用 [J]. 心理发展与教育，2024（2）：187-195.

② DONOVAN R J, ROSSITER J R. Store atmosphere: an environmental psychology approach[J]. Journal of retailing, 1982, 58(1): 34-57.

我效能感对消费者购买低碳产品意愿的调节作用。综上所述构造的概念模型如图 5-1所示。

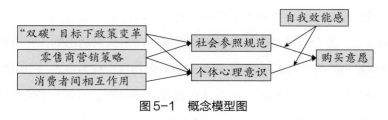

图5-1　概念模型图

二、研究假设

本书根据上面所提到的理论和构建的模型，提出了研究假设，具体如下：

（一）"双碳"目标下政策变革

在营销领域，相关学者已从一些方面证明了国家政策与社会参照规范、个体心理意识存在作用关系。柴亦欣[1]通过构建跨境电商平台消费者购买意愿影响因素研究模型，发现国家政策可以降低消费者的风险顾虑，使消费者产生低碳产品值得购买的心理，进而促进消费者实施绿色低碳消费。余晓钟等[2]认为可以通过制定相对应的低碳消费行为激励机制引导人们建立绿色低碳消费习惯，使社会参照规范的作用得到增强，激励机制包括完善碳排放定价机制、完善低碳补贴和税收制度、规范高碳产品税收制度等。谢守红等[3]认为政策效果的感知会显著影响人们的低碳消费行为。随着"双碳"目标的提出，政府也随之提供必要的激励和约束来支持"双碳"目标，例如在推广节能环保产品时，国家会投入大量的资金补贴给予生产节能环保产品的制造商。公共政策可以引导、约束或改变全社会的低碳行

① 柴亦欣.跨境电商平台消费者购买意愿影响因素与定价策略研究[D].北京：北京邮电大学，2019.

② 余晓钟，侯春华，汪晓梅.不同区域类型低碳消费行为模式及引导策略研究[J].软科学，2013，27（6）：79-82.

③ 谢守红，陈慧敏，王利霞.城市居民低碳消费行为影响因素分析[J].城市问题，2013（2）：53-58.

为，营造低碳消费市场，进而影响消费者产生购买低碳产品的意愿[①]。2015年广东省推行碳普惠制度，用"碳币"激励消费者日常践行低碳行为，潜在促使消费者产生低碳消费的心理意识。因此，本书提出以下假设：

假设1："双碳"目标下政策变革对消费者社会参照规范具有显著正向影响。

假设2："双碳"目标下政策变革对消费者个体心理意识具有显著正向影响。

（二）零售商营销策略

因国家提出的"双碳"目标，政府出台的相关政策对制造商与零售商给予了优惠，因而零售商为促使消费者购买低碳产品，也产生了相对应的营销策略。例如推广应用碳标签，开展低碳技术创新，宣传低碳知识与低碳产品，对低碳产品进行促销等。国外的农产品碳标签逼过绿色金融与碳汇交易获得了更高的利益[②]。贴有碳标签的产品更容易让消费者产生信任感，进而购买产品促使企业扩大消费规模，从而弥补了降低碳排放会增加的成本[③]。英国百货公司乐购联合第三方机构向公众发放低碳手册，普及低碳相关政策和知识[④]。这些策略在一定程度上提升了社会参照规范与个体心理意识，由此提出以下假设：

假设3：零售商营销策略对消费者社会参照规范具有显著正向影响。

假设4：零售商营销策略对消费者个体心理意识具有显著正向影响。

（三）消费者间相互作用

消费者行为学中提出，购物时消费者与其他消费者之间存在某种群体关系，群体成员承受着一种压力，驱使他们去购买受到群体认可的东西。如果消费者不认同且遵守其他大多数消费者所认为的商品"好"或"坏""时尚"或"过时"的

---

① 黄俊勇，刘世锦. 碳标签推广应用的国际经验与中国策略 [J]. 改革，2023（2）：62-74.

② 金书秦，丁斐，胡钰. 农产品碳标识赋能农业生态价值实现：机理与建议 [J]. 改革，2022（8）：57-66.

③ 申成然，刘小媛. 碳标签制度下供应商参与碳减排的供应链决策研究 [J]. 工业工程，2018（6）：72-80.

④ 杜群，王兆平. 国外碳标识制度及其对我国的启示 [J]. 中国政法大学学报，2011（1）：68-79.

观念，常常会被大多数消费者形成的群体排斥。同一年龄段的消费者通常共享一系列伴随终身的价值观和共有的文化体验，因而当这一年龄段的大多数消费者都被吸引购买产品时，剩余的消费者也可能会产生购买的欲望。

一般来说，对消费者有重大影响的人进行低碳消费时，消费者也会对低碳消费产生好奇，进而消费者会产生是否要尝试进行低碳消费的心理。当消费者周围许多人都选择进行低碳消费时，消费者会因从众心理而被带动产生进行低碳消费的心理意识。由此提出以下假设：

假设5：消费者间相互作用对消费者个体心理意识具有显著正向影响。

（四）社会参照规范对购买意愿的影响及其中介作用

王建明等[①]认为社会氛围、群体压力等社会规范对公众的低碳消费行为有重要影响作用。说明当社会地位高或者有重大影响力的人都选择绿色低碳产品时，基于榜样的模范效应，会带动周边的消费者也做出低碳选择[②]。当消费者意识到自己的消费行为不符合绿色低碳社会道德规范时，大多会产生一种内疚的情绪，这种内疚感将激励消费者后续更多地选择绿色低碳产品[③]。杜鑫[④]的实证分析发现，消费者的主观规范是消费者创新和居民绿色消费行为的中间变量。社会参照规范存在中介作用，消费者在"双碳"目标下政策、零售商营销策略、消费者间相互作用的刺激下会增强低碳消费的社会参照规范，更容易带动周围人产生购买低碳产品的意愿，由此提出以下假设：

假设6a：社会参照规范在"双碳"目标下政策变革与购买意愿间起完全中介

---

① 王建明，贺爱忠.消费者低碳消费行为的心理归因和政策干预路径：一个基于扎根理论的探索性研究 [J].南开管理评论，2011，14（4）：80-89，99.

② 操敏敏.参照群体对消费者碳标签产品购买意愿的影响研究 [D].武汉：华中农业大学，2020：50-53.

③ 李研，安蕊，王珊珊.自我意识情绪视角下居民低碳消费意愿模型 [J].首都经济贸易大学学报，2022（3）：89-102.

④ 杜鑫.消费者创新性与绿色消费行为：理论机制与实证研究 [J].商业经济研究，2020（19）：56-58.

作用。

假设6b：社会参照规范在零售商营销策略与购买意愿间起完全中介作用。

假设7：社会参照规范对购买意愿具有显著正向影响。

（五）个体心理意识对购买意愿的影响及其中介作用

Steg 认为，加强针对消费者的低碳教育和宣传力度，能够提高消费者的生态环境意识，促进消费者实施节能减排行为[1]。Heslop 等[2] 通过调查发现：相比于消费者个体责任感和环保意识，绿色环保产品的价格对家庭能源使用行为的影响作用更大。葛万达[3] 发现个体规范对消费者的绿色购买意愿具有显著的正向影响。个体心理意识存在中介作用，消费者在"双碳"目标下政策变革、零售商营销策略、消费者间相互作用的刺激下会产生低碳消费的心理意识，这种意识会对购买意愿造成影响，由此提出下列假设：

假设8a：个体心理意识在"双碳"目标下政策变革与购买意愿间起完全中介作用。

假设8b：个体心理意识在零售商营销策略与购买意愿间起完全中介作用。

假设8c：个体心理意识在消费者间相互作用与购买意愿间起完全中介作用。

假设9：个体心理意识对购买意愿具有显著正向影响。

（六）自我效能感的调节作用

通过影响个体的动机过程、认知过程、情感过程及选择过程能够实现自我效能感对个体的行为及活动的调节效应，其中有学者认为自我效能感对消费者购买

---

① STEG L. Promoting household energy conservation[J]. Energy policy, 2008, 36(12): 4449-4453.

② HESLOP LA, MORAN L, COUSINEAU A. "Consciousness" in energy conservation behavior:an exploratory study[J].Journal of consumer research, 1981, 8(3): 299-305.

③ 葛万达 . 社会规范及规范冲突对绿色消费的影响研究 [D]. 长春：吉林大学，2019.

意愿起着反向调节作用。如 Wang 等[①] 发现在网络内容服务情境下消费者的自我效能感在感知价值与购买意愿的关系中起反向调节作用。王军等[②] 指出自我效能会反向调节消费者感知有用性、在线动态评论与消费者购买意愿之间的关系。Sun[③] 发现在线自我效能感反向调节消费者购物动机对购买意愿的影响。因此，将自我效能感作为"双碳"目标下购物环境中调节消费者购买意愿的因子是合理的，本书将其引入社会参照规范对消费者购买意愿、个体心理意识对消费者购买意愿的作用机理研究中。

在"双碳"目标导向下，消费者会产生绿色低碳消费的想法，但也会存在对低碳产品质量、环保性能等的担忧。通过政府出台的相关政策、零售商营销策略、消费者间相互作用会使消费者对低碳产品有一定的认知与了解，存在的社会参照规范与个体心理意识更容易促使消费者进行绿色低碳消费。因此，当消费者对低碳产品不够熟悉和自信，即消费者的自我效能感不强时，个体心理意识便成为自我效能感一定程度上的替代品，个体心理意识的增强会提升消费者购买意愿。但是也存在一些购物自我效能感较强的消费者，在购物时对社会参照规范存在的影响相对较低，不易受到周围社会氛围、群体压力等社会规范的影响，社会参照规范的增强不会对其购物意愿造成影响，甚至还会减少其购买意愿。基于以上讲述，故提出下列假设：

假设10a：消费者的高自我效能感负向调节社会参照规范对购买意愿的影响。

假设10b：消费者的高自我效能感正向调节个体心理意识对购买意愿的影响。

---

① WANG Y S, YEH C H, LIAO Y W. What drives purchase intention in the context of online content services? The moderating role of ethical self-efficacy for online piracy[J]. International journal of information management, 2013, 33(1): 199-208.

② 王军，周淑玲. 一致性与矛盾性在线评论对消费者信息采纳的影响研究：基于感知有用性的中介作用和自我效能的调节作用 [J]. 图书情报工作，2016，60（22）：94-101.

③ SUN Z J. Effects of shopping motivation of O2O on trust and users' intention[J]. E business studies, 2017, 18(2): 315-329.

第六节 "双碳"目标下的消费者低碳行为分析模型构建

一、研究思路

为了进一步研究"双碳"目标下政策变革、零售商营销策略、消费者间相互作用、社会参照规范、个体心理意识、自我效能感与消费者购买低碳产品意愿之间的关系，在上文提出的概念模型和研究假设情境下，通过问卷调查的方法广泛收集"双碳"目标下消费者进行低碳消费行为的数据，然后再应用SPSS22.0和Amos22.0软件对此数据进行处理与分析，最后得到"双碳"目标下政策变革、零售商营销策略和消费者间相互作用对消费者社会参照规范、个体心理意识、购买低碳产品意愿的影响系数和作用路径，并验证了假设的正确性。

二、问卷设计

本书的问卷是通过国内专业的问卷调查平台"问卷星"进行设计与分析，设计的问卷分为导语、消费者基本信息、主体测量题项三部分。先让问卷填写者了解"双碳"目标相关政策与一些零售商实施的营销策略，再让其填写问卷，方便问卷填写者在填写问卷时能够更加理解题项的含义，提高所填写问卷的有效性。

第一部分是问卷导语，这一部分简要地介绍了本次问卷调查的主要内容、目的与用途等，并消除问卷填写者的顾虑，确保得到的数据真实可靠。

第二部分是问卷填写者的个人基本信息，主要是对填写者年龄、性别、受教育程度、职业、月收入等基本情况进行统计。

第三部分是针对各个变量题项的调查问卷的填写，在国内外学者问卷设计的基础上，选取了比较成熟的量表和题项，在题项选择方面，先是选取了"双碳"目标下政策变革、零售商营销策略、消费者间相互作用三个因素考虑对消费者社会参照规范和个体心理意识的影响，再进一步考虑社会参照规范和个体心理意识对消费者购买低碳产品意愿的影响作用，同时将自我效能感作为调节变量考虑进去，检验其在社会参照规范和消费者购买意愿以及个体心理意识和消费者购买意愿之间的调节作用。

三、量表设计

基于上文的文献回顾、概念模型、研究假设等研究框架，通过对问卷的问项进行信效度测试，再用主成分分析法优化问卷题项，来保证测量结果的信度与效度；通过借鉴国内外已有的成熟量表，除控制变量相关题项外其他题项都采用李克特五级量表进行测量，要求问卷填写者在了解"双碳"目标及相关政策和零售商营销策略之后，按照自己的真实想法进行填写。第二部分与消费者基本信息有关的控制变量采用单项选择题形式，第三部分的有关量表中1代表反对，2代表不太同意，3代表同意，4代表很同意，5代表非常同意。

本次问卷最后得到7个潜变量36个问项，7个潜变量分别是"双碳"目标下政策变革、零售商营销策略、消费者间相互作用、社会参照规范、个体心理意识、自我效能感、购买意愿。本次问卷量表中有关"双碳"目标下政策变革的问项由陈亚平等的量表 ① 改编而成；有关零售商营销策略的问项由 Winkler 等的量表 ② 改编而成；有关消费者间相互作用的问项由 Yadav 等的量表 ③ 改编而成；有关社会参照规范与个体心理意识的问项由王建明等的量表 ④ 改编而成；有关自我效能感的问

① 陈亚平. 高新技术企业15%税收优惠政策促进企业实质性创新了吗？：基于问卷调查和访谈的分析 [J]. 税务与经济，2023（3）：42-50.

② WINKLER M R, LENK K, ERICKSON D J, et al. Retailer marketing strategies and customer purchasing of sweetened beverages in convenience stores[J]. Journal of the academy of nutrition and dietetics, 2022, 122(11): 2050-2059.

③ YADAV R, PATHAK G S. Young consumers' intention towards buying green products in a developing nation: Extending the theory of planned behavior[J]. Journal of cleaner production, 2016, 135: 732-739.

④ 王建明，王俊豪. 公众低碳消费模式的影响因素模型与政府管制政策：基于扎根理论的一个探索性研究 [J]. 管理世界，2011（4）：58-68.

项借鉴了 Karwowski 等人的 CSE 分量表[①]，在此基础上改编而成；有关购买意愿的问项借鉴了 Maria 等的研究量表[②]，设计了测量消费者购买低碳产品的意愿强度的5个题项。问卷的具体潜变量及题项见表5-5。

表5-5 变量测量及题项

潜变量	编号	测量题项
"双碳"目标下政策变革	A1	政府对低碳产品提供补贴会让我想要购买低碳产品
	A2	政府对高能耗产品的额外增税会让我想要购买低碳产品
	A3	现有政府绿色低碳消费政策能促使我想要购买低碳产品
	A4	现有非低碳产品存在的碳消费税，会促使我购买低碳产品
	A5	提倡购买低碳产品的公益广告宣传，会促进我购买低碳产品
	A6	单位或社区组织低碳宣传活动，会促进我购买低碳产品
零售商营销策略	B1	零售商积极主动、全方位宣传低碳产品会提高我对低碳产品的购买兴趣
	B2	零售商的低碳产品促销措施，会促进我购买低碳产品
	B3	公益广告、低碳专题节目宣传，能提高我对低碳产品的购买兴趣
	B4	进行循环利用的低碳产品，会提升我购买低碳产品的意愿
	B5	零售商提供的产品碳标签、节能等级标识等能提高我对低碳产品的认识
消费者间相互作用	C1	身边的亲朋好友购买低碳产品，会增强我购买低碳产品的态度
	C2	亲朋好友推荐购买低碳产品，会影响我购买低碳产品的态度
	C3	我愿意将购买和使用低碳产品的满意度，与亲朋好友分享
	C4	对购买的使用效果好的低碳产品，我会推荐给亲朋好友
	C5	如果周围的人购买低碳产品多，我也会购买低碳产品
社会参照规范	D1	我平时习惯购买低碳产品，我会优先考虑购买低碳产品
	D2	节能低碳意识能促使我购买能循环利用的低碳产品
	D3	自我环境保护意识，会让我更多地购买低碳产品
	D4	政府倡导购买低碳产品会促使我选择购买低碳产品

....

① KARWOWSKI M, LEBUDA I, BEGHETTO R A. Creative self-beliefs[M]//KAUFMAN J C, STERNBERG R J. The cambridge handbook of creativity(2nd Edition). New York: Cambridge University Press, 2019: 396-417.

② MARIA R T, SIEGFRIED K C. Bridge the gap: Consumers' purchase intention and behavior regarding sustainable clothing[J]. Journal of cleaner production, 2021, 278: 123882.

表5-5（续）

潜变量	编号	测量题项
	D5	公众人物对低碳产品的推广，会影响我对低碳产品的购买意愿
个体心理意识	E1	我认为我有义务在购买产品时考虑其对环境保护的影响
	E2	我会倾向于购买对环境保护有益的低碳产品
	E3	我认为自己有必要购买低碳产品，来减少碳排放和改善环境
	E4	我在过度消费非低碳的产品后，会感到内疚
	E5	我对低碳消费知识的了解程度越高，越会让我更想要购买低碳产品
自我效能感	F1	在消费时，我会主动搜索低碳产品的信息
	F2	我认为低碳产品的信息十分容易找到
	F3	我对购买的低碳产品的环保价值很认可
	F4	我对购买的低碳产品的品质很信任
	F5	我认为我购买了低碳产品会对环境保护很有价值
购买意愿	G1	我会主动学习低碳消费相关知识，并提升低碳产品的购买意愿
	G2	我了解低碳知识后，会优先购买低碳产品
	G3	我会积极地将低碳产品推荐给亲朋好友
	G4	我愿意花费更高的价格购买低碳产品
	G5	与便宜的非低碳产品比较时，我更倾向于购买低碳产品

四、描述性分析

本问卷设计先收集了263份答卷进行小样本测试，测试后剔除了一些有问题的题项，完成了调查问卷设计；最后在微信朋友圈、微博等社交平台上大规模发放问卷，广泛邀请有消费经历的人填写问卷，回收后又剔除了答题时间少于30 s的问题答卷，共回收有效问卷877份。

本次研究设计的调查问卷中人口统计变量主要有性别、年龄、职业、受教育程度、月收入。数据来自不同人群，其中男女比例分别为51.8%和48.2%；在年龄分布上，18岁以下占比7.6%，18~30岁占比52%，31~50岁占比27.6%，50岁以上占比12.8%；在文化程度方面，具有本科及以上学历的占53%；在月可支配收入的分布上主要集中在5 000以下，比例达到44.1%。见表5-6，总体来说，学历较高、月收入较高的消费者更倾向于购买低碳产品，即进行低碳消费。

表5-6 样本背景分析

问题	选项	频数	百分比
性别	男	454	51.8%
	女	423	48.2%
年龄	18 岁以下	67	7.6%
	18~25 岁	334	38.1%
	26~30 岁	122	13.9%
	31~40 岁	129	14.7%
年龄	41~50 岁	113	12.9%
	51~60 岁	75	8.6%
	60 岁以上	37	4.2%
学历	初中及以下	94	10.7%
	高中/中专	157	17.9%
	大学专科	161	18.4%
	大学本科	328	37.4%
	研究生及以上	137	15.6%
月收入	5 000 元以下	387	44.1%
	5 000~10 000 元	320	36.5%
	10 000~15 000 元	102	11.6%
	15 000 元以上	68	7.8%

五、信度与效度分析

通过查阅文献得知：信度系数 Cronbach's α > 0.7表明问卷数据处于可以接受的一个范围内，Cronbach's α > 0.8说明问卷数据具有非常高的可信度。当 KMO 值大于0.5、Bartlett 球度检验小于0.05时，说明问卷得到的数据适合做因子分析。本次研究设计的调查问卷各变量的信度和效度均通过了检验，问卷的所有变量的 Cronbach's α 值在0.866~0.883之间，具有较好的内部一致性信度，KMO 值为0.983，说明各变量之间的偏相关程度可以接受，P 值均小于0.05，说明其相关程度可以接受，故满足效度要求。

效度检验通常包括内容效度和构建效度两个方面。本书的测量题项主要来自国内外主流期刊上发表的论文，并结合研究需要进行修改，因此，本书量表的内容效度得到了保证。紧接着从收敛效度和区别效度两个方面来检验构建效度。本书利用 Amos 22.0对所涉及的变量进行验证性因子分析，主要根据标准化因子载荷系数、组合信度值（CR）和平均方差萃取值（AVE）三个指标来检验变量的收敛效度。模型检验后的结果要满足标准化因子载荷系数＞0.6，CR＞0.7，AVE＞0.5，由表5-7可知，潜变量 CR 值均大于0.7，内部一致性较高；AVE 值都在0.4以上，说明潜变量对观察变量的平均解释力较高。因此，模型整体收敛效度较好。

表5-7　测量变量的信度和效度检验

潜变量	标准化因子载荷系数	Cronbach's α	CR	AVE
政策变革	0.698	0.883	0.883 7	0.559 0
	0.727			
	0.756			
	0.769			
	0.782			
	0.751			
零售商营销策略	0.765	0.877	0.877 4	0.588 8
	0.772			
	0.745			
	0.783			
	0.771			
消费者间相互作用	0.777	0.875	0.874 8	0.583 1
	0.748			
	0.762			
	0.741			
	0.789			
社会参照规范	0.79	0.868	0.868 5	0.569 4
	0.744			
	0.719			
	0.758			
	0.760			

表5-7（续）

潜变量	标准化因子或荷系数	Cronbach's α	CR	AVE
个体心理意识	0.801	0.879	0.879 7	0.594 2
	0.770			
	0.806			
	0.720			
	0.754			
自我效能感	0.749	0.866	0.865 7	0.563 6
	0.707			
	0.735			
	0.781			
	0.779			
购买意愿	0.793	0.870	0.869 8	0.572 4
	0.750			
	0.799			
	0.717			
	0.720			

据表5-8可知，AVE 值的平方根最小为0.747 7。各测量变量的 AVE 值的平方根均大于各变量间的相关系数，说明了各变量间具有较高的区别效度，由此证明本次研究得到的数据的区别效度也通过了检验。

表5-8　区别效度检验

	政策变革	零售商营销策略	消费者间相互作用	社会参照规范	个体心理意识	自我效能感	购买意愿
政策变革	0.559						
零售商营销策略	0.586	0.588 8					
消费者间相互作用	0.581	0.638	0.583 1				
社会参照规范	0.593	0.628	0.67	0.569 4			
个体心理意识	0.505	0.507	0.571	0.6	0.594 2		
自我效能感	0.546	0.565	0.6	0.649	0.552	0.563 6	
购买意愿	0.529	0.544	0.58 4	0.611	0.53	0.623	0.572 4
AVE	0.559	0.588 8	0.583 1	0.569 4	0.594 2	0.563 6	0.572 4
$\sqrt{AVE}$	0.747 7	0.767 3	0.763 6	0.754 6	0.770 8	0.750 7	0.756 6

六、验证性因子分析

本书利用 Amos 22.0对收集到的问卷数据进行验证性因子分析（CFA）。本书采用卡方、卡方与自由度的比值 χ^2/df、拟合度指标 GFI、调整的拟合度指标 AGFI、近似均方根误差 RMSEA、规范拟合指数 NFI、增值拟合指数 IFI 和比较性拟合指标 CFI 来衡量模型的拟合度。测量结果如表5-9所示，其中 χ^2 越小越好，df 越大越好，$\chi^2/df=2.518$；GFI >0.8，AGFI >0.8，RMSEA <0.08，NFI >0.9，IFI >0.9，CFI >0.9。由此可见，测量模型的拟合度良好。

表5-9　结构方程模型的适配度指标值

适配指标	推荐值	拟合值	适配指标	推荐值	拟合值
χ^2	越小越好	1 065.024	RMSEA	<0.08	0.042
χ^2/df	<3.0	2.518	NFI	>0.9	0.943
GFI	>0.9	0.926	IFI	>0.9	0.965
AGFI	>0.8	0.913	CFI	>0.9	0.964

七、模型的检验与分析

（一）直接效应检验

本书使用 Amos 22.0进行结构方程模型检验，验证性因子分析的结果表明本模型拟合度良好。本书的路径分析示意图结果如图5-2所示。

（1）政策变革与社会参照规范之间的标准化路径系数为0.308，显著性概率水平等于0.001，也就是说通过"双碳"目标下政策变革能显著正向地影响消费者的社会参照规范，进而影响消费者购买意愿，因此假设1得到了验证；政策变革与个体心理意识之间的标准化路径系数为0.537，显著性概率水平小于0.001，即可以通过"双碳"目标下政策变革显著正向地影响消费者的个体心理意识，进而影响消费者购买意愿，因此假设2得到了验证。

（2）零售商营销策略与社会参照规范之间的标准化路径系数为0.067，显著性概率水平小于0.05，换言之零售商可通过一些营销策略显著正向地影响消费者的社会参照规范，进而影响消费者购买意愿，因此假设3得到了验证；零售商营销

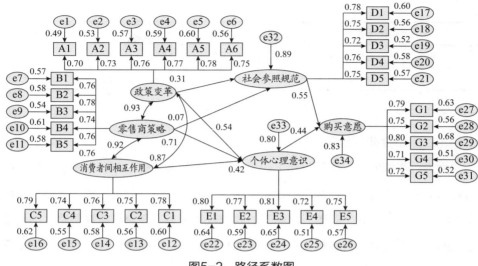

图5-2 路径系数图

策略与个体心理意识之间的标准化路径系数为0.710，显著性概率水平小于0.001，即零售商可通过一些营销策略显著正向地影响消费者的个体心理意识，进而影响消费者购买意愿，因此假设4得到了验证。

（3）消费者间相互作用与个体心理意识之间的标准化路径系数为0.417，显著性概率水平小于0.001，即消费者之间的相互作用能显著正向地影响消费者的个体心理意识，进而影响消费者购买意愿，因此假设5得到了验证。

（4）社会参照规范与个体心理意识对购买意愿的标准化路径系数分别为0.547、0.437，两者显著性概率水平都小于0.001，即显著正向影响消费者购买意愿，因此假设7与假设9得到了实证研究的支持。路径系数如表5-10所示。

表5-10 路径系数

模型路径	Estimate	S.E.	C.R.	P
社会参照规范←政策变革	0.308	0.094	3.289	0.001
个体心理意识←政策变革	0.537	0.109	4.936	***
社会参照规范←零售商营销策略	0.067	0.149	0.451	*
个体心理意识←零售商营销策略	0.710	0.094	7.588	***
个体心理意识←消费者间相互作用	0.417	0.088	4.717	***

表5-10（续）

模型路径	Estimate	S.E.	C.R.	P
购买意愿←社会参照规范	0.547	0.055	9.898	***
购买意愿←个体心理意识	0.437	0.052	8.432	***

注：* 表示 $P < 0.05$；** 表示 $P < 0.01$；*** 表示 $P < 0.001$。

（二）中介效应检验

为进一步探究"双碳"目标下政策变革、零售商营销策略和消费者间相互作用对消费者购买低碳产品意愿的影响机制，本书将社会参照规范和个体心理意识作为中介变量，探究"双碳"目标下的政府政策变革、零售商营销策略、消费者之间的相互作用对消费者购买意愿影响的理论模型。为检验该理论模型中社会参照规范和个体心理意识两个变量对消费者购买意愿的中介作用而采用 Bootstrap 法，设置重复抽样2 000次，置信区间为95%；再根据偏差校正法（bias corrected）得到的结果进行判定。判定标准是置信区间不包含零，则中介效果显著，反之效果不显著。直接效应分析结果如表5-11所示。

表5-11　直接效应分析结果

直接路径		下界	上界	效果
政策变革	→ 社会参照规范	0.388	3.633	显著
	→ 个体心理意识	0.549	11.545	显著
	→ 购买意愿	−9.938	1.771	不显著
零售商	→ 社会参照规范	0.316	3.951	显著
	→ 个体心理意识	0.214	15.226	显著
	→ 购买意愿	−1.178	15.828	不显著
消费者	→ 个体心理意识	0.513	7.905	显著
	→ 购买意愿	−4.374	1.845	不显著

如表5-12、表5-13所示，通过这种方法得到的政策变革、零售商营销策略、消费者间相互作用对购买意愿的直接效应中置信区间均包含0，间接效应中置信区间均不包含0，即三者对购买意愿的直接效应不显著，间接效应显著。因此，社会参照规范在"双碳"目标下政策变革与消费者购买意愿之间、零售商营销策略与消

费者购买意愿之间存在中介效应，起完全中介作用，验证了假设6a、假设6b。同理，个体心理意识也存在中介作用，在"双碳"目标下政策变革与消费者购买意愿之间、零售商营销策略与消费者购买意愿之间、消费者间相互作用与消费者购买意愿之间起完全中介作用，假设8a、假设8b、假设8c 得到验证。

表5-12 间接效应分析结果

间接路径			下界	上界	效果	中介效应
政策变革	→ 社会参照规范 →	购买意愿	0.325	20.931	显著	完全中介
	→ 个体心理意识 →					
零售商	→ 社会参照规范 →	购买意愿	0.028	22.223	显著	完全中介
	→ 个体心理意识 →					
消费者	→ 个体心理意识 →	购买意愿	0.234	10.303	显著	完全中介

表5-13 中介效应系数

中介路径			相关系数
政策变革	→ 社会参照规范 →	购买意愿	1.264
	→ 个体心理意识 →		0.981
零售商营销策略	→ 社会参照规范 →	购买意愿	0.679
	→ 个体心理意识 →		0.721
消费者间相互作用	→ 个体心理意识 →	购买意愿	0.011

（三）调节效应检验

本书采用 Amos 22.0检验消费者自我效能感在消费者的社会参照规范和消费者购买意愿之间、个体心理意识和消费者购买意愿之间的调节作用。在进行分析之前，对消费者的社会参照规范与个体心理意识、自我效能感进行去中心化处理以减弱多重共线性的影响。结果如表5-14所示。社会参照规范与自我效能感的交互项与消费者购买意愿之间的标准化路径系数是 -0.487，显著性概率水平小于0.05，说明自我效能感显著负向调节消费者社会参照规范与购买意愿之间的影响关系，验证了假设10a；个体心理意识与自我效能感的交互项和消费者购买意愿之间的标准化路径系数是0.536，显著性概率水平小于0.001，说明自我效能感显著正向调节消费者个体心理意识与购买意愿之间的影响关系，验证了假设10b。

表5-14　调节效应分析结果

调节效应路径	Estimate	S.E.	C.R.	P
购买意愿 ← 自我效能感	0.629	0.108	5.806	***
购买意愿 ← 交互项（个人）	0.536	0.32	1.677	***
购买意愿 ← 交互项（社会）	-0.487	0.296	-1.647	*

注：* 表示 $P < 0.05$；*** 表示 $P < 0.001$。

八、研究结论

（一）"双碳"目标下政策变革对消费者社会参照规范与个体心理意识的影响分析

通过 Amos 22.0的研究结果，可得到"双碳"目标下相关政策变革对消费者的社会参照规范和个体心理意识都会产生显著的影响。其中，政策变革与社会参照规范之间的相关系数为0.308，政策变革与个体心理意识之间的相关系数为0.537，说明"双碳"目标下的政策变革对消费者的个体心理意识有更大的影响，对消费者的社会参照规范影响相对较小。

因此，"双碳"目标下的政策变革主要会对消费者的个体心理意识产生影响，表明政府出台的"双碳"相关政策更会促使消费者个体意识到低碳消费、保护环境的责任，产生低碳消费的心理；对全社会共同参与低碳消费的带动作用较小。

（二）零售商营销策略对消费者社会参照规范与个体心理意识的影响分析

通过 Amos 22.0的研究结果，可得到零售商营销策略对消费者的社会参照规范和个体心理意识都会产生显著的影响。其中，与社会参照规范之间的相关系数为0.067，与个体心理意识之间的相关系数为0.710，说明零售商的营销策略对消费者的个体心理意识有更大的影响，对消费者的社会参照规范影响相对较小。

因此，零售商的营销策略主要会对消费者的个体心理意识产生影响，表明零售商的促销、宣传等营销策略对消费者绿色低碳消费习惯的养成作用较弱，更容易激发消费者购买低碳产品的热情，促使消费者产生购买低碳产品欲望。

（三）"双碳"目标下的政策变革、零售商营销策略、消费者间相互作用对消费者个体心理意识的影响分析

通过 Amos 22.0 的研究结果，可得到"双碳"目标下政策变革、零售商营销策略、消费者间相互作用对消费者的个体心理意识都会产生显著的影响。其中，零售商营销策略与个体心理意识之间的相关系数为0.710，说明零售商营销策略对消费者的个体心理意识影响较大，"双碳"目标下政策变革与个体心理意识之间的相关系数为0.537，消费者间相互作用与个体心理意识之间的相关系数为0.417，说明二者对于消费者个体心理意识的影响相对较小。

数据表明，在政策变革、零售商营销策略、消费者间相互作用三个维度中，零售商营销策略是影响消费者个体心理意识最显著的因素，进一步表明消费者在进行购物时更加容易受到零售商所采取的营销策略影响，例如促销、提供低碳消费咨询服务等，这些营销策略相较于政府出台的相关政策更能吸引消费者购买低碳产品。

（四）社会参照规范与个体心理意识的中介效应分析

数据分析结果显示，"双碳"目标下政策变革、零售商营销策略、消费者间相互作用与消费者购买意愿的直接效应中置信区间均包含0，在加入社会参照规范和个体心理意识这两个变量之后，"双碳"目标下政策变革、零售商营销策略、消费者间相互作用与消费者购买意愿的效应才显著，故社会参照规范与个体心理意识在消费者低碳行为分析研究中起到了完全中介作用。对比社会参照规范和个体心理意识在三个维度的影响与购买意愿之间的中介作用系数可以得出，其中"双碳"目标下政策变革完全是通过在社会参照规范和购买意愿的影响过程中作用是最大的，说明"双碳"目标下政策变革对购买意愿的作用很大一部分是通过社会参照规范产生的，而个体心理意识在消费者间相互作用与消费者购买意愿的影响过程中占据的比例是最小的，说明个体心理意识对购买意愿的直接影响大，而消费者间相互作用的间接影响小。

因此，消费者在进行购物的过程中，"双碳"目标下政府出台的相关政策、零售商采取的营销策略、消费者与消费者之间的相互作用只可以间接影响消费者购

买低碳产品的意愿，而这三者对消费者购买意愿的间接影响是通过社会参照规范和个体心理意识这两个心理归因产生作用的。

（五）自我效能感的调节作用分析

数据结果显示，消费者自我效能感对购买意愿具有正向促进作用；消费者自我效能感在消费者的社会参照规范与购买意愿之间起负向的调节作用；在个体心理意识与购买意愿之间起正向的调节作用。因此，消费者在购物时的自我效能感越高，社会参照规范对购买意愿的正向影响就越小；个体心理意识对购买意愿的正向影响就越大。高自我效能感的消费者更加关注自身进行低碳行为所带来的效果和影响，而购买低碳产品刚好为消费者提供了一个途径，因此促使消费者产生购买低碳产品的意识，极大地提升了消费者个体心理意识对购买意愿的影响。对于低自我效能感的消费者来说，增强社会参照规范会提高其购买意愿；而对于高自我效能感的消费者来说，增强社会参照规范反而会降低其购买意愿。

第七节 "双碳"目标下制造商、零售商、消费者的低碳行为交互机制

通过上文对制造商、零售商、消费者的低碳行为分析，可以发现："双碳"目标下，制造商、零售商、消费者三个主体的低碳行为相互影响。作用路径主要有两方面：一方面是政府政策作用到制造商，然后过渡到零售商，再影响到消费者；另一方面是政府通过宣传手段培养消费者的低碳意识，以此反向作用到零售商和制造商销售和生产低碳产品。作用路径图如图5-3。

一、政府－制造商－零售商－消费者作用路径

（1）政府的激励约束政策是制造商行为改变的驱动力。通过对制造商的访谈可以发现：由于政府践行"双碳"目标给予制造商补贴政策，制造商受到政策激励，愿意承担生产低碳产品所增加的成本，而且增加的成本可以通过政府补贴和消费

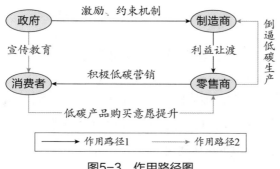

图5-3 作用路径图

者的低碳购买意愿而消化。由于政府通过碳税、碳排放配额等方式，约束制造商不超过碳排放量配额，因而制造商愿意采用积极的低碳产品生产营销策略。

（2）制造商的利益让渡是促使零售商践行低碳行为的关键因素。从零售商访谈结果反馈来看：由于制造商的利益让渡，使得零售商积极进行直播宣传、绿色低碳产品优惠、碳积分、碳标签等低碳营销，以此引导消费者购买低碳产品。

（3）零售商的低碳营销是推动消费者低碳消费的重要手段。零售商营销低碳产品过程中宣传传播低碳知识、低碳产品的特点和使用方法等举措，会潜移默化地促进消费者低碳意识的提升，进而激发消费者进行低碳消费行为。

二、政府－消费者－零售商－制造商作用路径

（1）政府的宣传教育是影响消费者践行低碳行为的关键因素。"双碳"政策下政府进行的一系列宣传教育活动，促使消费者个体意识到低碳消费、保护环境的责任，产生低碳消费的心理，从而积极主动地低碳消费。

（2）消费者低碳产品购买意愿的提升是促使零售商践行低碳行为的动力。从零售商访谈结果反馈来看：消费者关于低碳产品购买意愿的提升会反向推动零售商增加企业所销售的低碳产品的品种和数量，以此满足消费者对低碳产品的需求，使零售企业逐渐向低碳方向发展。

（3）零售商的低碳销售导向是增大制造商低碳生产的主要原因。通过对制造商的访谈可以发现：零售商对低碳产品需求的增加会倒逼制造商进行低碳产品生产，从而达到减少制造企业碳排放量的目的。

第八节 管理建议

为实现"双碳"目标，形成推动绿色低碳消费的长效机制，促进绿色低碳消费的健康持续发展，需要政府、制造商、零售商和消费者的共同努力。因此，根据本书的分析结果提出以下具体建议。

一、建立引领绿色低碳消费模式的制度机制

"双碳"目标下相关政策能有效促进制造商、零售商和消费者践行低碳行为，故可以从政府入手，建立引领绿色低碳消费模式的机制。

（1）加强激励与约束并举机制。加强如政府补贴、税收优惠等政策激励制造商生产绿色低碳产品企业发展，鼓励践行低碳行为的零售商发展；同时对高耗能、高污染商品列入消费税计征范畴，加强监管力度，加大对假冒伪劣产品的处罚，以此规范市场。

（2）形成常态化的严格核查机制。实时监督绿色低碳产品价格，定期检查企业绿色产品标签资质，为"低碳先进"企业提供资金扶持，同时对不合理定价的企业警告整改，防止企业抬高绿色低碳产品价格水平而打击到消费者购买绿色低碳产品的热情，破坏消费者对绿色低碳产品的性价比信任，降低其低碳消费意愿。

（3）搭建信息分享公共服务平台。让制造商、零售商了解"双碳"目标相关政策，以促进制造商、零售商践行"双碳"目标，向消费者宣传低碳消费过程中具体而实用的减少环境污染和改善环境的行为策略知识，以提高消费者实施低碳消费行为的行为能力。

二、培养消费者绿色低碳的消费模式

"双碳"目标下相关政策、零售商营销策略对全社会共同参与低碳消费的带动作用较小，对消费者个体心理意识的作用大，特别是零售商的营销策略；对于自我效能感较高的消费者，增强其个体心理意识会增强其购买意愿，故可以从消

费者入手，培养消费者的绿色低碳消费意识。

（1）加强绿色低碳消费信念教育。首先，开展全民低碳消费教育，营造绿色低碳消费社会氛围，提高消费者低碳消费素养，发挥社会参照规范对消费者低碳消费意愿的影响作用。其次，引导正确的消费理念，消费者应该积极采取简约适度、绿色低碳的生活方式和消费方式，主动去学习绿色低碳相关知识，提高对绿色低碳产品的理解，正确识别低碳产品的碳标签。

（2）推进绿色低碳消费主题宣传。运用故事、漫画、图片等多种形式的宣传教育提高消费者的理性认知，同时触动消费者的环境情感，使其自觉践行绿色低碳消费行为；通过典型示范、榜样学习、低碳活动参观体验、低碳产品现场展示等方式激发消费者对低碳消费的热情，进而养成消费者绿色低碳消费、保护环境的风尚。如周黑鸭借助互联网，线上宣传低碳产品的环保特点和使用方法，线下向消费者展示低碳产品并介绍，共同吸引消费者购买低碳产品。

（3）创新绿色低碳消费返利积分模式。零售商应积极探索相关积分制度，制定具体激励方法。具体可以通过发放低碳消费券、兑换商品券、直接补贴、降价降息等方式刺激消费者进行绿色低碳消费，如步步高商业连锁为鼓励消费者购买低能耗电器，举办"购买绿色家电可获得优惠"的活动，通过发放绿色消费券予以补贴。

三、增加制造商绿色低碳产品供给

消费者绿色低碳消费意愿越强，代表消费者对于绿色低碳产品的需求越高。故应提高绿色低碳产品供给。第一，制造商应该加强技术创新，加大低碳产品研发和制造的力度。第二，制造商应优化绿色低碳产品生产流程，降低绿色低碳产品生产成本，在市场中获得价格优势，从而提高绿色低碳产品供给。第三，鼓励实体制造企业和电子商务零售企业合作。制造商与零售商合作共同推进绿色低碳产品的生产、销售和服务，降低绿色低碳产品生产过程中增加的成本、销售过程中资源的浪费，发挥"互联网＋物流"的规模经济作用，减少能源损耗，实现经济的绿色低碳发展。

第六章　基于网络交易平台的个人低碳消费积分降碳激励机制研究

第一节　问题提出

我国目前正处于实现"双碳"目标的初期阶段，在此前开展的节能减排工作中，能源消耗巨大的宏观领域已经取得突出效果，但同样达到瓶颈。因此从微观领域入手发掘节能减排的新途径，将是现阶段完成"双碳"目标的重要发力点。而如何进行微观领域的节能减排是实现这一目标的关键。微观领域最突出的主体是消费者，消费者在节能减排的过程中发挥着十分重要的作用。中国在减少生活消费端碳排放方面既面临挑战，也具备巨大潜力。一方面，家庭生活消费所产生的碳排放不断增加。随着中国城镇化迅速推进和居民生活水平的提高，生活端能源消费需求持续强劲增长，将成为主要的碳排放来源之一。另一方面，中国拥有庞大的人口规模和巨大的消费能力。截至2020年，中国最终消费支出占国内生产总值比例高达54.3%，消费已成为经济增长的主要推动力。因此，从生活消费端减少碳排放不仅是中国实现"双碳"目标的主要依托，还是创新消费模式、激发内需潜力、提高居民生活品质的重要途径。

经过多年的实践和探索，我国在工业生产领域已经建立了减少温室气体排放的长期机制的基本框架，并取得了显著的成就。相比之下，针对公众生活消费领域的温室气体减排、资源节约和环境保护手段相对较为单一。目前，鲜有制度能够激励消费者积极参与节能减排，主要采取社会道德引导和公众自我约束相结合的方式。这导致公众生活消费领域的节能减排潜力尚未得到有效挖掘，未能为我国实现减排目标和新时代生态文明建设提供有效支持。

　　为了建立相关制度充分调动零售商和消费者的低碳积极性，已有学者提出通过实行绿色消费积分的方式促进零售商的低碳产品营销积极性和消费者的低碳产品购买积极性。《促进绿色消费实施方案》以国家部委规章的立法形式，正式确立了"消费积分"的存在性、有效性及合法性。同时，《方案》规定了鼓励各类销售平台制定绿色低碳产品消费激励办法，通过发放绿色消费券、绿色积分、直接补贴、降价降息等方式激励绿色消费①。目前，我国多地对碳积分制度的探索研究已取得了一定成果，如广东省、江西省、浙江省等，都在实践中获得了正向反馈。但是，构建全面而系统的个人低碳消费积分激励机制仍然存在一系列局限。例如：低碳消费积分兑换渠道复杂、积分适用性和实用性不强、积分来源较为单一且不能通用等，这些问题导致低碳消费积分制度难以大规模推广。

　　随着网络交易平台的日益普及和不断发展，极大地推动了电子商务的发展以及商家和消费者之间的互动。由于网络交易平台市场覆盖巨大、运作成本较低、不受空间限制和用户体验优秀等特点，使得通过网络交易平台实行个人低碳消费积分成为可能。在网络交易平台上实行个人低碳消费积分，不仅使得消费积分的获取和兑换更加方便快捷，而且消费积分还可以通过多个合作商家的联盟积分系统进行积累。这意味着消费者在不同商家进行消费时，可以积累更多的积分，提升积分获取的效率。网络交易平台还能为消费者提供了更多的消费选择，消费积分可以覆盖更多的消费领域，增加了兑换的灵活性和多样性。

　　因此，借助网络交易平台发展普及的契机，通过平台实行个人低碳消费积分制度，能丰富公众生活消费领域节能减碳的机制手段，促进公众绿色生活方式形成，充分发挥公众生活消费领域所蕴藏的温室气体减排、资源节约和环境保护潜力。而作为聚焦于公众生活消费领域的一种新型减排机制，还需要理论结合实践进行研究和探索。本书针对基于网络交易平台的个人低碳消费积分的激励机制进

---

① 国家发展改革委，工业和信息化部，住房和城乡建设部，等．国家发展改革委等部门关于印发《促进绿色消费实施方案》的通知 [EB/OL]．（2022-01-28）[2024-02-01]．https://www.gov.cn/zhengce/zhengceku/2022-01/21/content_5669785.htm．

行设计和分析，重点探讨积分机制设计问题，并考虑消费者的低碳消费偏好，对参与积分兑换过程的零售商和网络交易平台的策略选择问题进行研究。此外，由于碳减排工作的动力根源是政府政策推动，因此本书还将考虑政府补贴和碳减排效益对零售商策略选择的影响。

第二节　模型构建

在实际情况中，一个网络交易平台中往往存在很多商家，商家供货给平台，借助其信息资源以获得更大的利润。而平台会在商家的供应价格的基础上适当提升价格在平台售卖，以此获取利益。为了简化模型，本书将所有商家视为一个整体，商家整体在平台售卖普通和低碳两种产品，而平台将会对普通产品和低碳产品进行区分售卖。

本书考虑在政府影响下零售商商家整体（下文简称商家）、一个网络交易平台（下文简称平台）组成的二级供应链系统。在系统中，商家通过平台售卖普通产品和低碳产品两种产品，决策变量是其供货给网络交易平台的两种产品的供应价格。而平台会通过此渠道谋利，适当提高两种产品的价格，其决策变量是两种产品在平台的实际售卖价格。

在"双碳"目标的背景下，受到国家宏观政策的影响，商家和平台将通过各种营销策略刺激消费者，在提升低碳产品销售量的同时，保持甚至提升各自的利润。而个人低碳消费积分就是一种很好的促销方式。在此激励机制下，平台充分发挥信息化积分和广告宣传的优势，消费者在购买低碳产品后将获得依据低碳产品平台售卖价一定比例的低碳积分，积分将统计在消费者的账户中，后续可以将低碳消费积分用于且仅可用于购买低碳产品。此外商家和平台推行低碳营销策略往往需要来自外部的激励，这个激励主要是政府补贴。在已有研究中可以得知，政府补贴会直接给到低碳产品的生产制造企业，但是制造商会通过诸多手段将此补贴利益让渡部分给商家，以此达到"双赢"的目的。因此，这一政府补贴让渡部分将是对商家开展低碳产品营销的重要激励。

为重点考虑低碳消费积分这一促销机制以及政府补贴对零售商整体和网络交易平台的决策影响，本书对三种情况进行了决策分析和仿真：第一种是商家和平台不进行低碳消费积分的情况；第二种是商家和平台采取低碳消费积分促销激励的情况；第三种是在得到政府补贴后商家和平台采取低碳消费积分促销激励的情况。此三种情况分别用 N 表示无积分模式；A 表示积分促销模式；S 表示补贴下积分促销模式。

各相关参数符号及其含义如表6-1所示。

表6-1　相关参数符号及其含义

参数符号	含义
c_h	商家单位普通产品需要的成本
c_l	商家单位低碳产品需要的成本
w_h	商家供货单位普通产品给平台的价格
w_l	商家供货单位低碳产品给平台的价格
t_h	单位普通产品在平台的售卖价格
t_l	单位低碳产品在平台的售卖价格
q_h	普通产品销售量
q_l	低碳产品销售量
A	单位低碳产品积分比例
U	积分有效兑换比例
S	商家销售单位低碳产品获得到的政府补贴
$\pi(p, i)$	i 模式下平台利润，$i \in \{N, A, S\}$
$\pi(r, i)$	i 模式下商家整体利润，$i \in \{N, A, S\}$

第三节　模型假设

假设1：消费者低碳消费意愿假设。通常情况下使用效果相近的低碳产品往往比普通产品价格更高，而由于社会参照和自我意识规范等因素影响，消费者存在一定的低碳产品购买意愿，即愿意花费一定的更高价格购买低碳产品。本书假设 δ 为消费者对低碳产品的接受程度，也可以理解为消费者相对于普通产品对低碳产品的"心理接受折扣"。也就是说在购买商品时由于低碳购买意愿的影响,消费者实际上会将购买低碳产品的心理价格 δt_l 与 t_h 进行比较。因此 δ 可以用来反映消费者对低碳产品的购买意愿, δ 越大,消费者购买低碳产品的意愿越小,反之 δ 越小,则消费者购买低碳产品的意愿越大。$0 \leqslant \delta \leqslant 1$。

假设2:需求函数假设。依据文献①,本书假设需求函数中产品销售量与平台售卖价格之间满足如下关系: $t_l = 1 - q_l - \delta q_h$, $t_h = \delta(1 - q_l - q_h)$ 那么低碳产品和普通产品的销售量为: $q_l = \dfrac{(1 - \delta + t_h - t_l)}{(1 - \delta)}$, $q_h = \dfrac{(\delta t_l - t_h)}{\delta(1 - \delta)}$。

假设3:在进行低碳消费积分促销时,平台将给予消费者积分比例为 A 的消费积分,即消费者购买单位低碳产品将获得 At_l 的积分。消费者使用低碳积分购买低碳产品时低碳积分可视为等额的现金。考虑到少数消费者在获得低碳积分后短期内可能不会再次购买低碳产品,或者是低碳积分并没有有效使用,因此本书假设低碳消费积分的有效使用比例为 U。

第四节　模型求解

一、商家和平台无低碳促销激励的模型

根据上述模型的建立和假设,可以得出在商家和平台不采取任何促销激励措施时商家和平台的利润函数,分别为:

$$\pi_{r,N} = (w_l - c_l)q_l + (w_h - c_h)q_h \tag{6-1}$$

$$\pi_{p,N} = (t_l - w_l)q_l + (t_h - w_h)q_h \tag{6-2}$$

式(6-1)中 $(w_l - c_l)$ 表示商家销售单位低碳产品获得的收益, $(w_l - c_l)q_l$ 表示商家销售低碳产品获得的总收益, $(w_h - c_h)$ 表示商家销售单位普通产品获得的收益, $(w_h - c_h)q_h$ 表示商家销售普通产品获得的总收益。

式(6-2)中 $(t_l - w_l)$ 表示平台销售单位低碳产品获得的收益, $(t_l - w_l)$ 表示平

---

① WU C H. Product-design and pricing strategies with remanufacturing[J]. European jouranl of operational research, 2012, 222(2): 204-215.

台销售低碳产品获得的总收益，(t_h-w_h) 表示平台销售单位普通产品获得的收益，$(t_h-w_h)q_h$ 表示平台销售普通产品获得的总收益。

求解：

将 q_h 和 q_l 的表达式代入式（6-2）可得：

$$\pi_{p,N} = \frac{(t_l - w_l)(1 - \delta + t_h - t_l)}{(1-\delta)} + \frac{(t_h - w_h)(\delta t_l - t_h)}{\delta(1-\delta)} \qquad (6\text{-}3)$$

对式（6-3）分别关于 t_l 和 t_h 求一阶偏导和二阶偏导可得黑塞矩阵，计算结果如下：

$$\frac{\partial \pi_{p,N}}{\partial t_l} = \frac{1 - \delta + 2t_h - 2t_l - w_h + w_l}{1-\delta}, \quad \frac{\partial \pi_{p,N}}{\partial t_h} = \frac{2\delta t_l - 2t_h - \delta w_l + w_h}{\delta(1-\delta)}$$

$$\frac{\partial^2 \pi_{p,N}}{\partial t_l^2} = \frac{-2}{1-\delta}, \quad \frac{\partial^2 \pi_{p,N}}{\partial t_h^2} = \frac{-2}{\varepsilon(1-\delta)}, \quad \frac{\partial^2 \pi_{p,N}}{\partial t_l \partial t_h} = \frac{\partial^2 \pi_{p,N}}{\partial t_h \partial t_l} = \frac{-2}{1-\delta}$$

黑塞矩阵为：

$$\boldsymbol{H} = \begin{bmatrix} \dfrac{-2}{1-\delta} & \dfrac{-2}{1-\delta} \\ \dfrac{-2}{1-\delta} & \dfrac{-2}{\delta(1-\delta)} \end{bmatrix}$$

由于 $0 \leq \delta \leq 1$，可以求得此矩阵为负定矩阵。因此式（6-2）是关于 t_h 和 t_l 的凹函数。同理，可以证明式（6-2）也是关于 q_h 和 q_l 的凹函数。因此式（6-2）存在均衡解。求解如下：

$$令 \begin{cases} \dfrac{\partial \pi_{p,N}}{\partial t_l} = \dfrac{1 - \delta + 2t_h - 2t_l - w_h + w_l}{1-\delta} = 0 \\ \dfrac{\partial \pi_{p,N}}{\partial t_h} = \dfrac{2\delta t_l - 2t_h - \delta w_l + w_h}{\delta(1-\delta)} = 0 \end{cases} \qquad (6\text{-}4)$$

求解式（6-4）可以得出 $t_l = \dfrac{1+w_s}{2}$，$t_h = \dfrac{\delta + w_h}{2}$。

此结果记为均衡解①，其实际含义可以理解为平台售卖商品时，平台售卖价格相对于商家供应价格的涨幅关系。

将此结果代入销售量需求函数中可以得到需求量与商家供应价格之间的关系：$q_l = \dfrac{(1 - \delta + w_h - w_l)}{2(1-\delta)}$，$q_h = \dfrac{(\delta w_l - w_h)}{2\delta(1-\delta)}$。再将此结果代入（6-1）中。

类似于上述求解过程，可以得出 w_l 和 w_h 的均衡解。再进行回代后可以得出此模式下商家整体和平台利润最大化的最优解。求解结果如下：

$$w_h = \frac{2c_h + \delta + c_l\delta - \delta^2}{4 - \delta}, \quad w_l = \frac{2 + c_h - 2\delta + 2c_l}{4 - \delta}$$

$$t_h = \frac{2c_h + (5 + c_l - 2\delta)\delta}{8 - 2\delta}, \quad t_l = \frac{6 + c_h + 2c_l - 3\delta}{8 - 2\delta}$$

$$q_h = \frac{c_h(\delta - 2) + (1 + c_l - \delta)\delta}{2(\delta - 4)(\delta - 1)\delta}, \quad q_l = \frac{2 + c_h + c_l(\delta - 2) - 2\delta}{2(\delta^2 - 5\delta + 4)}$$

$$\pi_{r,N} = \frac{c_h^2(3\delta - 4) + 2c_h\delta[4 + \delta(c_l - 4)]}{4(\delta - 4)^2(\delta - 1)\delta} -$$

$$\frac{\delta[4 + c_l^2(4 - 3\delta) + \delta - 5\delta^2 + 2c_l(\delta^2 + 3\delta - 4)]}{4(\delta - 4)^2(\delta - 1)\delta}$$

$$\pi_{p,N} = \frac{-2c_h\delta[2c_l(\delta - 2) - \delta(\delta - 1)] - c_h^2(4 - 3\delta + \delta^2) - \delta(\delta - 1)^2(4 + \delta)}{2(\delta - 4)^2(\delta - 1)\delta} -$$

$$\frac{c_l^2(\delta^2 - 3\delta + 4) - 2c_l(4 - 7\delta + 3\delta^2)}{2(\delta - 4)^2(\delta - 1)\delta}$$

二、商家和平台采取低碳消费积分激励的模型

在采取低碳消费积分激励的情况下，消费者购买低碳产品将获得按一定积分比例的低碳积分，而此积分可以用于购买低碳产品。由于积分可以直接用于购买，可以视为商家或者平台需要支出的成本，而参考小卖部进行"再来一瓶"等有奖兑换的经营模式，本书假设积分的成本全部由商家承担。

结合上述模型分析和假设，可以得出商家和平台在采取低碳消费积分激励的模式下的利润函数，分别为：

$$\pi_{r,A} = (w_l - c_l)q_l - AUt_lq_l + (w_h - c_h)q_h \qquad (6\text{-}5)$$

$$\pi_{p,A} = (t_l - w_l)q_l + (t_h - w_h)q_h \qquad (6\text{-}6)$$

在此模式下，由于低碳消费积分的激励作用，消费者对于低碳产品的需求量将发生改变，而整体的需求量是不变的，那么普通产品的需求量也会有相应变化。

需求函数将变为：

$$q_l = \frac{\left(1 - \delta + t_h - t_l + At_l\right)}{1 - \delta}, \quad q_h = \frac{\delta t_l - t_h - \delta At_l}{\delta\left(1 - \delta\right)}$$

在上述计算中，求解式（6-4）得出均衡解①，其实际含义可以理解为平台售卖商品时，平台售卖价格相对于商家供应价格的涨幅关系。在低碳积分模式下假设认为售卖价格与供应价格之间的涨幅关系不变，也就是说商家和平台之间不因为采取低碳积分模式而改变原有的价格合约。

因此仍然可以得出 $t_l = \dfrac{1 + w_l}{2}$，$t_h = \dfrac{\delta + w_h}{2}$。

与上述求解方法相同，可以得出在商家和平台采取低碳消费积分激励模式下的利润最大化的最优解：

$$w_h = \frac{c_h\left(4 - 2AU\right) + 2\left(1 + c_l - \delta\right)\delta + A\delta\left(-2 - 2c_l + U\delta\right)}{\left(-2 + AU\right)\left(-4 + \delta\right)}$$

$$w_l = \frac{-2\left(2 + c_h + 2c_l - 2\delta\right) - AU^2\left(-4 + \delta\right) + A\left(-4 + 4c_l + c_hU + 2\delta - 2U\delta\right)}{\left(-1 + A\right)\left(-2 + AU\right)\left(-4 + \delta\right)}$$

$$t_h = \frac{c_h\left(2 - AU\right) + \delta\left[5 + c_l - 2\delta - A\left(1 + c_l + 2U - U\delta\right)\right]}{\left(-2 + AU\right)\left(-4 + \delta\right)}$$

$$t_l = \frac{A\left[4 + 4c_l + U\left(4 + c_h - 3\delta\right)\right] - 2\left(6 + 2c_l + c_h - 3\delta\right)}{2\left(-1 + A\right)\left(-2 + AU\right)\left(-4 + \delta\right)}$$

$$q_h = \frac{c_h\left(-2 + AU\right)\left(-2 + \delta\right) - 2\left(1 - \delta + c_l\right)\delta + A\delta\left(2 + 2c_l - U\delta\right)}{2\left(-1 + \delta\right)\left(-2 + AU\right)\left(-4 + \delta\right)\delta}$$

$$q_l = \frac{A\left[U\left(4 + c_h - 3\delta\right) + 2\left(-2 + \delta\right) + 2c_l\left(-2 + \delta\right)\right] - 2\left[2 + c_h + c_l\left(-2 + \delta\right) - 2\delta\right]}{2\left(-1 + \delta\right)\left(-2 + AU\right)\left(-4 + \delta\right)}$$

$$\pi_{r,A} = \frac{A\left[U\left(4 + c_h - 3\delta\right) + 2\left(-2 + \delta\right)2c_l\left(-2 + \delta\right)\right] - 2\left[2 + c_h + c_l\left(-2 + \delta\right) - 2\delta\right]^2}{4\left(-1 + A\right)\left(-2 + AU\right)\left(-4 + \delta\right)^2\left(1 - \delta\right)} + $$

$$\frac{\left\{c_h\left(-2 + AU\right)\left(-2 + \delta\right) + \delta\left[2\left(-1 + A\right)\left(1 + c_l\right)\left(2 - AU\right)\delta\right]\right\}^2}{2\left(-1 + \delta\right)\left(-2 + AU\right)^2\left(-4 + \delta\right)^2\delta}$$

$$\pi_{p,A} = \frac{1 - \dfrac{-2\left(2 + c_h + 2c_l - 2\delta\right) - AU^2\left(-4 + \delta\right) + A\left(-4 + 4c_l + c_hU + 2\delta - 2U\delta\right)}{\left(-1 + A\right)\left(-2 + AU\right)\left(-4 + \delta\right)}}{2} \times$$

$$\frac{A\left[U\left(4+c_h-3\delta\right)+2\left(-2+\delta\right)+2c_l\left(-2+\delta\right)\right]-2\left[2+c_h+c_l\left(-2+\delta\right)-2\delta\right]}{2\left(-1+\delta\right)\left(-2+AU\right)\left(-4+\delta\right)}+$$

$$\frac{\delta-\dfrac{c_h\left(4-2AU\right)+2\left(1+c_l-\delta\right)\delta+A\delta\left(-2-2c_l+U\delta\right)}{\left(-2+AU\right)\left(-4+\delta\right)}}{2}\times$$

$$\frac{c_h\left(-2+AU\right)\left(-2+\delta\right)-2\left(1-\delta+c_l\right)\delta+A\delta\left(2+2c_l-U\delta\right)}{2\left(-1+\delta\right)\left(-2+AU\right)\left(-4+\delta\right)\delta}$$

三、政府补贴下商家和平台采取低碳消费积分激励的模型

相对于第二个模型，此情况是政府对低碳产品的制造商给予了一定的低碳补贴，而制造商通过一定的手段将此补贴让渡部分给商家，因此商家在获得此补贴激励后就有了开展低碳产品促销激励的动力。

在此情况下，积分的兑换方式、兑换有效比例等仍然保持不变，积分产生的成本依然由商家承担。由于消费者并没有直接享受到补贴带来的优惠，所以需求函数与模式二相同。但是商家会收到来自上游的补贴让渡，本书假设每销售单位低碳产品商家能获得的补贴为 S。

结合上述模型分析和假设，可以得出政府补贴下商家和平台在采取低碳消费积分激励的模式下的利润函数，分别为：

$$\pi_{r,S}=\left(w_l-c_l\right)q_l-AUt_lq_l+Sq_l+\left(w_h-c_h\right)q_h \qquad (6\text{-}7)$$

$$\pi_{p,S}=\left(t_l-w_l\right)q_l+\left(t_h-w_h\right)q_h \qquad (6\text{-}8)$$

在此模型中，需求函数未发生改变，也默认售卖价格与供应价格之间的涨幅关系不变，也就是说商家和平台之间不因为商家受到了补贴而改变原有的价格合约。因此仍然可以得出 $t_l=\dfrac{1+w_l}{2}$，$t_h=\dfrac{\delta+w_h}{2}$。

与上述求解方法相同，可以得出在政府补贴下商家和平台采取低碳消费积分激励模式下的利润最大化的最优解：

$$w_h=\frac{c_h\left(4-2AU\right)+2\left(1+c_l-\delta-S\right)\delta+A\delta\left(-2-2c_l+2S+U\delta\right)}{\left(-2+AU\right)\left(-4+\delta\right)}$$

$$w_l=\frac{-2\left(2+c_h+2c_l-2S-2\delta\right)-AU^2\left(-4+\delta\right)+A\left(-4+4c_l-4S+c_hU+2\delta-2U\delta\right)}{\left(-1+A\right)\left(-2+AU\right)\left(-4+\delta\right)}$$

$$t_h = \frac{c_h(2-AU)+\delta\left[5+c_l-2\delta-S+A(-1-c_l+S-2U+U\delta)\right]}{(-2+AU)(-4+\delta)}$$

$$t_l = \frac{A(4+4c_l-4S+4U+c_hU-3U\delta)-2(6+2c_l+c_h-2S-3\delta)}{2(-1+A)(-2+AU)(-4+\delta)}$$

$$q_h = \frac{c_h(-2+AU)(-2+\delta)+2\delta(-1-c_l+S+\delta)+A\delta(2+2c_l-2S-U\delta)}{2(-1+\delta)(-2+AU)(-4+\delta)\delta}$$

$$q_l = \frac{A(4U-4+c_hU+2c_l(-2+\delta)-2S(-2+\delta)+2\delta-3U\delta)}{2(-1+\delta)(-2+AU)(-4+\delta)}+$$

$$\frac{-2\left[2+c_h+c_l(-2+\delta)+2S-S\delta-2\delta\right]}{2(-1+\delta)(-2+AU)(-4+\delta)}$$

$$\pi_{r,S} = \frac{-\left\{-2\left[2+c_h+2S+c_l(-2+\delta)-2S-S\delta\right]+A\left[-4+4U+c_hU+2c_l(-2+\delta)-2S(-2+\delta)+2\delta-3U\delta\right]\right\}^2}{4(-1+A)(-2+AU)(-4+\delta)^2(-1+\delta)}$$

$$\pi_{p,S} = -\frac{\left(\begin{array}{c} -2(-1+A)\left\{c_h(-2+AU)+\left[3-c_l+S+A(1+c_l-S-2U)\right]\delta\right\} \\ \left[\delta(-2+AU)(-2+\delta)+2\delta(-2-c_l+S+\delta)+A\delta(2+2c_l-2S-U\delta)\right] \\ \delta\left\{\begin{array}{c}2\left[2+c_h+2S+c_l(-2+\delta)-2\delta-S\delta\right]- \\ A\left[-4+4U+c_hU+2c_l(-2+\delta)-2S(-2+\delta)+2\delta-3U\delta\right]\end{array}\right\} \\ \left[\begin{array}{c}2(-2+c_h+2c_l-2S-\delta)+2A^2U(-4+\delta)+ \\ A(12-4c_l+4S+4U-c_hU-4\delta+U\delta)\end{array}\right] \end{array}\right)}{4(-1+A)(-2+AU)^2(-4+\delta)^2(-1+\delta)\delta}$$

第五节　数值仿真与分析

在上文中已经对三种模式下商家和平台利润最大化的最优解进行求解，然而并不能从结果中直观得出采取低碳消费积分激励以及受到政府补贴后商家和平台销售策略的变化以及低碳产品和普通产品之间的增减变化，同时也难以观察消费者低碳偏好的影响。为进一步直观具体地分析，本书通过代入数值进行仿真，根据仿真图像结果分析低碳积分激励和政府补贴作用下低碳产品销量提升效果以及零售商商家和平台的收益变化。

通过查阅相关文献，本书设定零售商商家进货单位普通产品的成本为0.35，单位低碳产品的成本为0.55。在采取低碳消费积分激励时，单位低碳产品积分比例 $A=0.1$，积分兑换有效比例 $U=0.8$。并使用 mathematica 13.0进行图像仿真。

一、商家和平台无低碳促销激励的情况

通过图6-1可知，随着 δ 的减小，也就是消费者的低碳偏好提升，低碳产品的销售量不断提高，而普通产品的销售量不断减少。

令 $q_l=0, \delta=0.86$，令 $q_h=0, \delta=0.5$。在 δ 值大于0.86时，低碳产品销售量小于0，而当 δ 减少到0.5时，普通产品的销售量小于0。

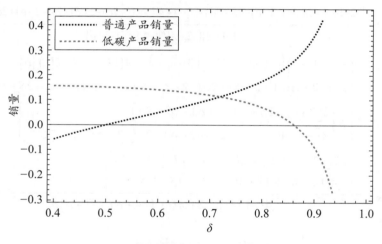

图6-1 消费者偏好对产品销售量的影响

此结果说明，当消费者群体的低碳意识提升、对低碳产品的消费意愿更强烈时，低碳产品会更加受到欢迎，低碳产品的市场需求量将大幅增长。在提倡低碳消费初期，消费者并没有很好的低碳意识，对低碳产品的需求量小于0，也就是说市场上不存在低碳产品。在推行低碳消费后，消费者的低碳消费偏好得到改善，对于低碳产品的需求量不断提升，甚至在达到一定的低碳水平后，普通产品的需求量将小于0，此时市场上不存在普通产品。或者说，低碳产品已经成为常态化的新的"普通产品"，而以往的非低碳产品将受到消费者的强烈抵制。

随着"双碳"目标的不断推进，有着高水平低碳意识的消费群体将成为常态，

零售商势必然面临向低碳产品转型的过程。因此，在政府加大宣传力度，商家和平台也需要通过恰当的低碳促销手段逐步改变消费者的消费行为，加快培养消费者的低碳消费习惯。

通过图6-2可知，在消费者低碳消费意愿小即 δ 的值较大时，普通产品的价格与低碳产品的售卖价格较为接近。随着消费者低碳偏好的提升，普通产品的供货价格和售卖价格都会降低，而低碳产品的供货价格和售卖价格都会不断增加。

这是因为在消费者低碳偏好较低时，商家和平台为了鼓励低碳消费，低碳产品和普通产品的售卖价格差距将控制在消费者能接受的范围内，以保持消费者并不高的低碳消费积极性。而将随着消费者群体的低碳意识提升，甚至消费者对低碳产品产生了"依赖"，而普通产品的销售将经营惨淡。商家和平台为了保证自身利润，就会提高低碳产品的售卖价格。

出现这种情况是符合现实的，但是商家和平台的此种做法将会损害消费者的利益，容易让消费者丧失对低碳产品的消费信心。因此，当消费者群体的低碳消费意愿足够高时，商家和平台仍然需要推行一定的优惠措施维护消费者的低碳消费热情。

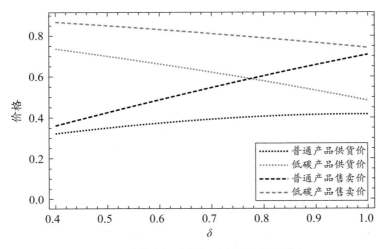

图6-2　消费者低碳偏好对产品价格的影响

根据图6-3可知，平台的利润是随着 δ 的降低也就是消费者低碳意愿的提升而减少的，而商家的利润呈现随 δ 降低先减少后增加的趋势，而极小值点出现在

$\delta = 0.8$附近。

结合图6-1的分析结果可以推测，在消费者低碳意愿很低时，市场上仅存在对普通产品的需求，不存在内部的竞争关系，因此商家和平台都能获得较好的利益。但随着消费者低碳意愿的提升，低碳产品开始被消费者接受。结合图6-2的分析结果可以得知，普通产品和低碳产品的售卖价格与供应价格之间的差价在不断降低，平台的利润空间持续下降。而商家的利润之所以出现先下降后上升的趋势，是因为商家低碳产品的成本并没有提升，而低碳产品的供货价格增加了，同时低碳产品的需求量也增加了，所以商家的利润将出现增长。

从图6-3可以反映出商家会因为消费者低碳消费意愿的提升而转变经营模式，"明星产品"将是低碳产品。因此在"双碳"目标持续推进的趋势下，商家必须将营销重点转向低碳产品，以适应市场环境变革的影响。

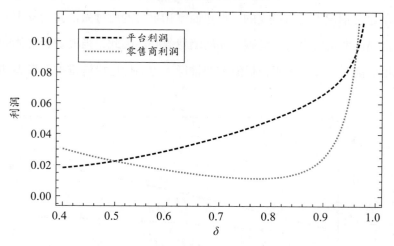

图6-3　消费者意愿对商家和平台的利润影响

二、采取低碳积分激励模式与不采取激励模式对比

通过图6-4可知，在任何消费意愿下采取低碳积分激励模式的低碳产品销售量都要高于不采取激励模式的销售量；相反，采取低碳积分激励模式的普通产品销售量都要低于不采取激励模式的销售量。这充分反映在低碳消费积分的激励下，消费者更愿意舍弃普通产品而购买低碳产品。并且在δ较大也就是消费者低碳消

费意愿较低时，低碳产品的销量提升更大，也就是说低碳消费积分的刺激效果更为明显。此外，市场上出现低碳产品需求的 δ 相对提前，而且市场上普通产品需求消失的 δ 也相对提前。

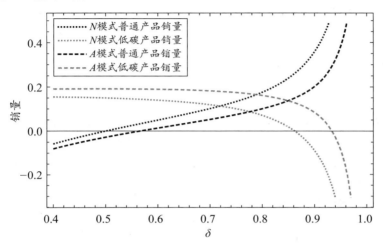

图6-4　N 模式与 A 模式普通产品和低碳产品销量对比

　　从以上分析可以反映出低碳消费积分在开展低碳消费的初期对消费者有着很好的激励作用，能使得低碳产品的需求量得到大幅提升，这样的结果出现，将很大程度上降低碳排放量。此外，采取低碳消费积分激励之后，普通产品或者说"高碳产品"退出市场的时间节点将提前出现。因此，推行低碳消费激励措施，不仅在"双碳"目标初期能取得良好的降碳减排效果，更能加快实现"双碳"目标的进度。

　　平台售卖价格是消费者能够直接了解到的价格，这一价格直接关乎消费者的切身利益。图6-5中对采取低碳消费激励和不采取激励的模式的售卖价格进行对比，通过图像可以发现，在两种模式下，普通产品的价格差距微乎其微可以忽略，而采取低碳消费积分激励模式下低碳产品的售卖价格相对来说都出现了提升，而且涨幅相对固定。

　　之所以出现这一情况是因为商家和平台采取低碳消费积分激励措施并没有受到外部的激励，也就是说两者并没有从外部获得利益，而想要维护自身利益就会从消费者入手。在此情况下，消费者看似因为低碳消费积分模式获得了一定优惠，实际上是"羊毛出在羊身上"。

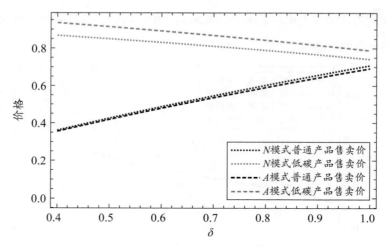

图6-5 *N* 模式与 *A* 模式普通产品和低碳产品售卖价格对比

从图6-5的分析结果可以反映出商家和平台采取低碳消费积分激励实际上是在剥削消费者，商家和平台必须要综合考虑多方因素找到维护综合利益的平衡点，应当注重长期发展而非短期利益。但是商家和平台想要维护自身利益就不得不陷入这样的困境。因此解决这一困境最好的办法就是获得来自系统外部的激励，而政府补贴正是较为常见的一种外部激励。下文将会对政府补贴的影响进行分析。

图6-6是商家和平台采取低碳消费积分与不采取激励模式的利润对比。通过仿真图像可以得知，采取低碳消费积分之后，平台的利润有了一定的减少。而采取低碳消费积分后，商家的利润差异呈现随 δ 减小，即消费者低碳消费意愿提升先降低后增加的情况。

出现这种情况是因为：采取低碳消费积分激励后，低碳产品的销售量提升，在上述结论中已经得知平台的利润空间是逐渐减少的，所以平台的利润逐渐下降。而商家是否采取低碳激励的利润差值之所以呈现先减少后增加，是因为发放积分的成本是由商家承担的，在消费者低碳消费意愿并不高时商家需要投入更多的发放积分成本，而后随着消费者低碳消费意愿的提升，商家开始享受到前期投入带来的利益回报。

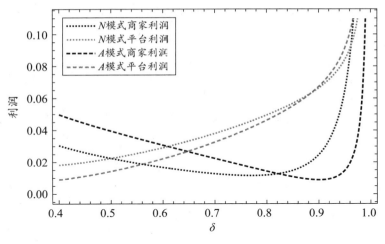

图6-6　N模式与A模式商家和平台利润对比

从图6-6的分析结果中可以反映，在推行低碳消费积分激励模式的初期，商家需要投入一定的成本来提升消费者对低碳产品的购买意愿，而随着消费群体低碳观念的改变，商家将开始享受前期投入带来的回报。因此，在"双碳"目标开展的初期，商家需要有壮士断腕的决心，做好低碳激励营销需要投入大量成本的心理准备，而商家成功完成"低碳转型"后将获得更为稳定的收益，同时商家的举措将极大助力实现"双碳"目标的伟大事业。

三、获得补贴与无补贴采取低碳积分激励模式对比

在政府补贴的情况中，本书假设商家能够获得的来自政府的补贴额度为每件低碳产品成本价格的5%左右。因此在数值仿真中本书设定$S = 0.03$。

通过图6-7可知，在任何消费意愿下获得补贴后低碳产品销售量都会进一步提升；相反，获得补贴后普通产品销售量都会进一步下降。这图像体现出政府给予低碳补贴后能够进一步推动低碳产品需求量的提升，尤其是在推行低碳消费的初期消费者低碳消费意愿较低时，低碳产品的销量提升更为明显。同时市场上出现低碳产品需求的δ进一步提前。

这充分说明政府补贴在采取低碳消费积分激励的基础上，能够进一步带动提升低碳产品的销量。这是因为商家在获得政府补贴后，就有了推行低碳促销的动

力。而商家受到激励后，在原本采取低碳消费积分激励模式的情况下，消费者所受到的激励将是加倍放大的。

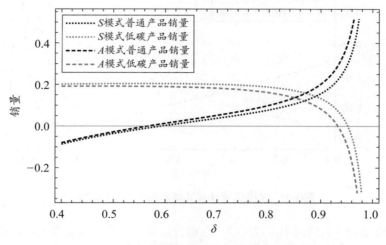

图6-7 S模式与A模式普通产品和低碳产品销量对比

因此，在推行低碳消费时，政府需要对进行低碳营销激励的商家给予适当的政策支持。

图6-8中对获得政府补贴前后采取低碳消费激励模式的售卖价格进行对比，通过图像可以发现，在这两种模式下，普通产品的价格差距微乎其微可以忽略，而获得政府补贴后采取低碳消费积分激励模式下，低碳产品的售卖价格相对来说有一定的下降但不多，并没有抵消采取低碳消费积分激励后的价格涨幅。

这是因为商家投入的发放积分成本要高于所获得的政府补贴，并且在获得政府补贴后，商家和平台之间原有的供应价格与售卖价格的涨幅关系仍然保持不变。这也体现出商家在获得来自政府的政策补贴之后并没有将此部分利益分享给平台，因此消费者也难以从中获得优惠。

虽然根据已有文献得出的结论可以知道[1]，政府将低碳补贴给到低碳产品的生产制造企业是最有利于推动低碳产品发展的补贴路径。但是由于补贴政策并不为消费者所广知，而供应链系统也没有很好地将政府补贴带来的利益逐层分享。因

① 朱庆华，夏西强，王一雷.政府补贴下低碳与普通产品制造商竞争研究[J].系统工程学报，2014，29（5）：640-651。

此政府补贴方式仍然有优化提升的空间，需要适当地、有针对性地提高给予低碳消费群体的优惠福利。

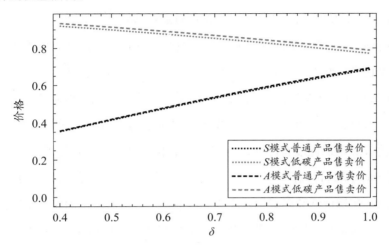

图6-8　S模式与A模式普通产品和低碳产品售卖价格对比

图6-9是受到政府补贴前后商家和平台采取低碳消费积分模式的利润对比。通过仿真图像可以得知，在获得政府补贴的情况下，平台的利润并没有出现太大变化。而获得政府补贴后，商家的利润差异虽然较小，但是利润的极小值点出现了右移，并且随着 δ 的减小、消费者低碳消费意愿不断提升，商家的利润得到提高。

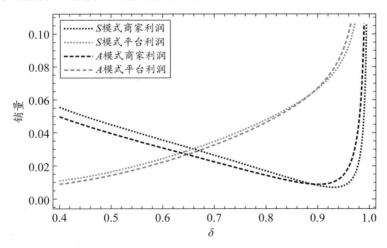

图6-9　S模式与A模式商家和平台利润对比

出现这种情况是因为：政府的低碳补贴是作用于商家的，上述结论中已经说明了供应链系统中利益让渡的有限性，因此平台的利润大体上不受影响。而商家获得补贴后，会有更加坚定的决心推行低碳消费激励。因此商家的利润极小值点将出现右移，也就是在消费者低碳消费意愿较低时出现，此节点反映的是零售商开始采取低碳消费激励，或者说是开始进行低碳产品营销的转型。

从图6-9的分析结果中可以看出，商家在获得来自政府的低碳补贴后，将会更有动力、更有决心、更早地采取低碳消费激励措施。由于在低碳消费开展前期，消费者的低碳意识还没有形成，商家提前采取低碳消费激励会减少自身的收益，但是在低碳消费宣传取得一定效果之后，商家能够获得的利益是更多的。

因此，在推行低碳消费积分激励模式的初期，政府给予商家一定的低碳补贴有助于推动商家开展低碳消费激励，而商家短时间、少量的牺牲将为"双碳"事业的发展带来巨大助力，而商家自身也能够享受消费者低碳消费观念养成带来的利润提升。

第六节　研究结论与建议

一、研究结论

目前，在构建生态文明的过程中，我国在生活消费领域的节能减碳主要依赖于媒体的宣传引导和社会公众环保意识的增强，这种情况表现出较强的自发性和不确定性。实际上，我国生活消费领域长期存在着激励不足、效率低下的问题，也一直未能有效挖掘公众节能减排的巨大潜力。

本书提出商家借助平台的信息化优势开展低碳消费积分的激励措施，消费者在购买低碳产品后将获得一定比例的低碳积分，而积分可直接用于购买低碳产品。本书通过数值仿真的方式发现，在这种激励模式下，低碳产品的销售量得到了大幅提升，尤其是在消费者低碳意识尚未得到有效培养时，低碳消费积分对消费者低碳产品需求的刺激作用更为明显。而由于此模式下系统没有获得来自外部的利益激励，商家会通过提高低碳产品价格来维护自身利益，因此消费者购买商品时平台的售卖价格将会更高。

为此本书进一步探索了商家在获得来自政府的低碳补贴后平台售卖价格以及产品需求量的变化，发现政府补贴能够激励商家开展低碳消费促销活动，低碳产品的销售量也会获得较为明显的提升，但是由于供应链系统利益让渡的局限，低碳产品的售卖价格仅仅出现较小的下降，低碳消费群体并不能享受到政府低碳补贴带来的奖励。

二、建　　议

（1）在"双碳"目标开展的初期，由于消费者群体的低碳意识和低碳购买偏好普遍较低，政府需要给予零售商适当的低碳补贴，以刺激零售商结合自身情况开展合适的低碳产品营销激励措施。

（2）由于供应链系统间利益让渡难以避免，政府需要制定更多的低碳激励手段，有针对性地激励消费者的低碳消费积极性，让具有低碳消费观念的消费者群体能够享受到政府提倡低碳消费的福利，从而影响周围群体，加快提升全体消费者的低碳消费意识。

（3）政府应出台和完善相关政策以支撑低碳消费积分激励机制，政府相关管理部门应引导平台和商家开展更为广泛的低碳消费积分体系，加强主管部门与零售平台等之间的数据共享与协同合作，打通不同平台之间的信息壁垒，构建更为宏大的低碳消费积分系统。

（4）政府部门可以进一步丰富低碳积分的概念和获取渠道，让广大消费者可以通过绿色出行、植树造林、废旧物品回收等方式获得低碳积分，从而实现多领域多层次的协同降碳。

第七章 "双碳"目标下零售消费领域降碳激励和约束政策研究

第一节 研究现状

近年来，随着环保意识的增强和气候变化的威胁日益明显，零售消费领域的降碳已经成为人们关注的热点话题。在此背景下，各国纷纷出台了一系列的激励和约束政策来推动零售消费领域的碳排放降低。目前，国内外零售消费领域降碳激励和约束政策的主要研究现状有以下几个方面。

一、零售消费领域降碳激励政策

目前国内外针对降碳的经济激励政策主要包括货币激励、税收激励、补贴激励等。例如，欧洲联盟针对零售行业的碳减排采取了"碳机制"政策，即对高碳排放产品征税和对低碳排放产品给予回扣。此外，中国政府也在制定"双碳"目标的过程中逐步加大了对碳减排的奖励力度，并逐步实施"碳排放权交易市场"政策，为企业提供了碳减排的经济激励。

（一）经济激励政策

（1）货币激励。零售消费领域的降碳货币激励是指政府对企业和个人的降碳行为进行经济奖励或补贴，以推动他们减少碳排放。目前，国内外对零售消费领域的降碳货币激励已经有了一些研究成果。在国外，欧洲联盟采取了"碳机制"政策，即对高碳排放产品征税和对低碳排放产品给予回扣。此政策可以激励企业生产和销售低碳产品，降低企业碳排放量，同时也可以提高消费者购买低碳产品的积极性。在中国，政府也逐步加大了对碳减排的奖励力度。例如，针对节能环保型产品和服务，政府出台了各种税收减免政策、财政奖励政策等。此外，中国也在实施"碳排放权交易市场"政策，为企业提供了碳减排的经济激励。通过这些政策，政府鼓励企业和个人采取技术改进或行动措施来降低碳排放，从而促进低碳经济的发展。

需要指出的是，货币激励政策只是推动零售消费领域降碳的一个手段，其具体效果需要综合考虑多种因素，包括政策执行力度、市场需求、技术研发等。因此，货币激励应该与其他政策手段结合起来，共同推动零售消费领域的碳减排工作。

（2）税收激励。零售消费领域的降碳税收激励是指政府通过减免税收或对特定低碳产品征收较低的税率，以激励企业和个人采取低碳行动。在国内外，已经有一些研究和实践探索了零售消费领域的降碳税收激励。在国外，一些国家和地区通过降低低碳产品的进口关税或增值税，提供税收优惠，以鼓励消费者购买低碳产品。同时，对高碳产品征收更高的税率，以引导市场向低碳方向转变。举例来说，某些国家对高碳排放的汽车征收高额的燃油税，同时对新能源汽车给予税收减免，鼓励市民购买低碳汽车。

在中国，政府也在推出相关的税收激励政策来促进零售消费领域的碳减排。例如，对于生产和销售节能环保型产品的企业，可以享受一定的税收减免。此外，为了推动新能源汽车的发展，政府还对新能源汽车的购置税进行减免或优惠。这些税收激励政策鼓励企业和个人采取低碳行动，推动零售消费领域向低碳方向发展。

（3）补贴激励。在一些国家，政府通过制定政策和法规来推动零售行业的碳减排工作。例如，一些国家对符合一定标准的低碳产品给予税收减免或补贴，鼓励企业减少碳排放并提供更环保的产品。此外，一些地方政府还会设立专项基金，用于支持零售企业进行碳减排的技术改造和创新。

（二）回收再利用

在市场层面，一些零售企业也主动采取了一系列措施来推动降碳补贴激励。例如，一些企业提供回收再利用的服务，鼓励消费者减少浪费和购买可持续产品；

一些企业使用清洁能源供电，减少碳排放；零售行业的回收再利用发展现状：随着社会对环境保护和可持续发展的意识不断提高，零售企业开始逐渐关注产品生命周期的全过程管理，包括废弃物的回收和利用。目前，零售行业的回收再利用发展主要集中在以下几个方面。

（1）包装回收。包装回收是零售行业最常见的回收再利用方式。企业采用绿色、环保、可降解的材料或者回收再利用包装材料，实现包装资源的最大化利用。

（2）二手物品回收。零售商通过回收二手物品，并加以修理、改造、再次利用，减少废弃物的产生，同时为消费者提供更为经济实惠的购物选择。

（3）食品回收。零售企业通过捐赠、销售近期到期食品、提供食品回收服务等方式，减少食品浪费和资源浪费。

（4）能源回收。零售企业通过采用节能设备、回收制冷剂、回收灯泡等方式，进一步降低企业的能源消耗，减少环境污染。

零售企业的主要回收平台有：

（1）环保公益组织。例如绿色和平、世界自然基金会等环保公益组织，通过开展各种活动和项目，推动大众关注环保问题，提高回收再利用的意识。

（2）政府机构。政府部门也在积极推进可持续发展和废物回收利用的政策措施。例如，国家生态环境部、住建部等部门发布了相关文件，鼓励企业开展回收利用工作。

（3）电商平台。如京东、天猫等，通过开展回收再利用活动，引导消费者将闲置物品卖出或进行捐赠。

（4）社交媒体。如微博、微信等，为消费者提供了便捷的交流渠道，可以通过发布信息寻找回收机构或个人。

零售行业的回收再利用发展正日益成为零售企业可持续经营的重要战略和发展方向。各方面的回收平台都为零售企业和消费者提供了广阔的回收渠道，应加强合作，共同推进废弃物资源化利用，促进环保产业的发展。

（三）其他措施

一些企业积极开展碳中和计划，通过植树造林等方式抵消自身的碳排放。企业实现碳中和通常需要采取以下措施：

（1）碳足迹监测与减排。企业需要对自身的碳足迹进行全面监测，并采取减排措施来降低碳排放量，例如改进生产工艺、提升能源效率、使用低碳能源等。

（2）推广清洁能源。企业可以加大对清洁能源的投资和使用，如太阳能、风能等。同时，通过绿色采购等方式帮助推广清洁能源的应用。

（3）实施碳补偿计划。企业可以通过资金捐赠、植树造林等方式在其他地方开展减排活动，以弥补自身无法避免的碳排放量。

（4）推动供应链低碳转型。企业可以督促供应链伙伴减少碳排放，例如选用低碳材料或物流服务商，鼓励供应链伙伴采取碳减排措施等。

（5）采用碳捕捉和碳储存技术。企业可以采用碳捕捉和碳储存技术，将二氧化碳等温室气体从大气中抓取并储存起来，用于未来的气候缓解。

以上措施通常需要企业在经济、技术和管理等方面进行全面协调和改进。企业实现碳中和不仅可以帮助减少对气候变化的负面影响，也有机会推动企业迈向更为可持续和创新的发展模式。

同时，消费者的认知和态度也在推动降碳补贴激励的研究。随着低碳意识的增强，越来越多的消费者更加注重购买环保产品和支持低碳企业。一些研究机构和学者也在探索如何通过信息透明、教育宣传等方式提高消费者对碳排放的认知，促使他们在购物过程中做出更环保的选择。消费者低碳意识的增强可以促进产品需求转变，促使他们更加关注产品的环境友好性。消费者更倾向于购买低碳、可持续发展的产品，推动企业转型生产更加环保的商品。例如，有报道显示，消费者对可再生能源产品、新能源汽车和节能家电的需求增加，进而促使企业增加这些产品的供应。

（1）消费者低碳意识增强会改变购物行为。环保意识增强的消费者更加注重购物的可持续性，例如，减少一次性包装物的使用、购物袋的回收利用以及选择二手商品等。他们倾向于选择环保认证的商品和品牌，支持社会负责任的企业。

这种购物行为改变迫使企业优化包装设计，减少废弃物的产生。

（2）消费者低碳意识增强会影响生活方式。环保意识的提升还可以改变消费者的生活方式，例如减少能源消耗、饮食习惯的转变等。消费者可能选择步行、骑自行车或者使用公共交通工具，减少使用汽车产生的碳排放。他们也更加倾向于选择素食或植物性饮食，减少畜牧业对温室气体排放的贡献。

（3）消费者低碳意识增强会影响企业战略。消费者环保意识的提高也迫使企业调整战略，以满足消费者对低碳产品的需求。企业开始采取更加环保的生产方式，优化供应链，推动循环经济和可持续发展。一些企业还建立了环保目标，并公开披露自身的碳排放数据，接受社会监督。

总的来说，零售消费领域降碳补贴激励的研究正处于不断发展的阶段。政府、企业和消费者共同努力，推动零售行业向低碳、环保方向发展，将对减缓气候变化和改善环境产生积极的影响。

二、零售消费领域约束政策

目前国内外针对降碳的约束政策主要包括碳税、碳限额和技术约束政策等。

（一）碳税

随着全球气候变暖的趋势加剧，空气污染的加深，世界各个国家都出台了相应的碳政策，其中包括碳税政策、碳限额与碳交易政策、碳标签政策。碳税（carbon tax）是政府针对企业排放的二氧化碳量征收的税，它是为了对企业进行约束，使其减少碳排放从而实现环境保护以及延缓全球变暖的趋势。碳税可以在低成本的基础上实现减少温室气体的排放，做到有效保护环境。西方发达国家很早就开始有关碳税的研究，最早的研究方向是关注碳税对碳减排和国民经济的影响[1]。Cosmo 等[2] 采用欧洲空间研究所的中期宏观经济模型（Hermes）研究碳税对爱尔

① CONEFREY T, GERALD J F, VALERI L M, et al. The impact of a carbon tax on economic growth and carbon dioxide emissions in Ireland[J]. Papers, 2013, 56(7): 934-952.

② COSMO V D, HYLAND M. Carbon tax scenarios and their effects on the Irish energy sector[J]. Energy policy, 2013, 59(8): 404-414.

兰经济的影响。研究指出，每吨碳税为41欧元将导致国内生产总值（GDP）下降0.21%，就业率下降0.08%。更高的碳税则会导致更大规模的产出收缩。Murray 等人对碳税对加拿大不列颠哥伦比亚省碳排放的影响进行了实证和模拟研究。研究结果显示，自实行碳排放税以来，该省的碳排放量降低了5%～15%。此外，民意调查数据表明，在实施碳税三年后，公众普遍改变了之前的反对立场，转而支持实行碳税[1]。

随着对碳税政策的深入研究，一些学者也开始注意到碳税对产业部门的影响。Alton 等[2] 运用与能源部门相关的动态经济模型，研究了碳税对能源部门的潜在影响。研究结果显示，逐步对能源部门征收每吨30美元的碳税，可以实现国家设定的2025年减排目标。基于欧洲森林和农业部门优化模型，Zech 等[3] 进行了碳税对农业部门影响的模拟研究。研究指出，对农业部门实行碳税有助于减少其碳排放，但如果碳税措施未在全球范围内推广，那么对农业部门征收碳税的效果将相对较低。

由于中国近年来实施了碳税政策，因此我国对碳税政策的研究逐渐增加。遵循国外的研究方向，学者们也开始广泛分析碳税政策对碳减排和国民经济的影响。Xie 等[4] 采用了两区域动态可计算一般均衡（CGE）模型，研究了区域间碳税差异对国民经济的影响。研究结果显示，碳税政策的实施能够有效降低碳排放和碳排放强度，有助于实现中国2030年的碳排放贡献目标。然而，这一政策也将对国民经济产生不同程度的影响，其中 GDP 损失范围在1.54%～2.5% 之间。结合中国的实际情况，研究还提出了一些缓解碳税负面影响的政策建议。

与此同时，碳税对各产业部门产品价格的影响以及税率的规划设计问题也成

① MURRAY B C, RIVERS N. British Columbia's revenue-neutral carbon tax: A review of the latest "grand experiment" in environmental policy[J]. Energy policy, 2015, 86: 674-683.

② ALTON T, ARNDT C, DAVIES R, et al. Introducing carbon taxes in South Africa[J]. Applied energy, 2014(116): 344-354.

③ ZECH K M, SCHNEIDER U A. Carbon leakage and limited efficiency of greenhouse gas taxes on food products [J]. Journal of cleaner production, 2019, 213(10): 99-103.

④ XIE J Y, DAI H C, XIE Y, et al. Effect of carbon tax on the industrial competitiveness of Chongqing, China[J]. Energy for sustainable development, 2018, 47(12):114-123.

为国内许多学者关注的焦点。Dong 等[1]采用动态一般均衡模型（CGE）建立了7个不同情景，包括正常经营情景和6个碳税情景，用以评估碳税对中国30个省份的碳减排和经济影响。另一个研究的重点是关注碳税对上下游企业之间的低碳减排技术和绿色创新的影响。李剑等[2]基于 EOQ 模型，探讨了碳税政策对一个由单一供应商和单一零售商组成的两阶段供应链决策的影响。研究结果表明，在适当的碳税情境下，在集中式供应链情况下，供应链成本低于分散式供应链情况，但碳排放强度却高于分散式供应链情况。

邓可欣[3]研究了碳税政策下考虑消费者偏好的可持续供应链契约协调研究，对契约进行了改进以完成合理的供应链协调。喻伟[4]首先以供应链为核心研究了在碳税政策下的非竞争情境。对于由制造商和零售商构成的两级供应链，分别探讨了以零售商为主导的供应链决策和契约选择以及以制造商为主导的供应链决策和契约选择；同时，针对由供应商和制造商组成的两级供应链，考虑了双产品的供应链决策和契约选择。随后，对在碳税政策下的竞争情境进行了研究，涵盖了双供应链决策和合同选择的问题。

（二）碳限额

企业在减少碳排放方面可以分为直接排放、间接排放和供应链相关排放三个范畴。其中，工业供应链的碳排放占据了约90%的社会总碳排放，因此对供应链的碳减排管理显得格外重要。举例来说，一些公司如苹果和西门子（中国）已经将碳减排列入供应商考核标准之中，这意味着供应链企业必须采取相应措施来削

① DONG H J, DAI H C, GENG Y, et al. Exploring impact of carbon tax on China's CO_2 reductions and provincial[J]. Renewable and sustainable energy reviews, 2017, 77(9): 596-603.

② 李剑，苏秦.考虑碳税政策对供应链决策的影响研究 [J].软科学，2015，29（3）：52-58.

③ 邓可欣.碳税政策下考虑消费者偏好的可持续供应链契约协调研究 [D].北京：清华大学，2019.

④ 喻伟.碳税政策下的供应链决策与合同选择研究 [D].南京：东南大学，2019.

减碳排放。然而，由于碳减排需要大量投资并具有较长的回报周期，许多企业对此犹豫不决。

碳配额和碳交易政策在全球范围内得到了广泛应用。目前，欧洲联盟排放交易体系是最大规模的碳排放交易市场，涵盖了欧盟的各个成员国。其他国家和地区，如中国、韩国、加拿大和日本等也在逐步建立和发展自己的碳排放交易市场和配额管理制度。中国是世界上最大的温室气体排放国之一，近年来加大了应对气候变化的力度。中国于2017年启动了全国性的碳排放权交易市场建设，并逐步推行了以碳排放配额为基础的排放权交易制度。中国的排放权交易试点工作已经在多个省份和行业展开，并计划逐步扩大到全国范围。

碳交易政策自实施以来获得了显著的成效，碳交易政策的实施与碳配额制度密切相关，成为其发展的核心问题[1]。碳配额的额度需要控制在一个合理的范围内，过低的碳配额会让企业的成本增加，不利于企业进行减排活动；而当碳配额过高时，多余的碳配额可以激励企业进行减排活动，还可以在市场上进行交易。

因此，在供应链碳减排方面，碳配额的水平至关重要，但在碳市场刚刚兴起的阶段，主要采取了免费分配的方式，不少学者指出免费配额的效果有限[2]，且《碳排放权交易管理办法（试行）》的指示都表明，在碳市场发展初期，免费分配碳配额的效果可能有限。因此，逐步引入付费分配碳配额，并逐步增加有偿配额比例，对于激励制造商进行碳减排并影响供应链决策至关重要。对整个供应链而言，有偿配额的引入也将对供应链成员的碳减排决策产生作用。供应链中的其他参与者，比如零售商和经销商，同样会受到碳价格的影响。他们将根据碳价格来调整产品的定价和需求预测以及选择与环保意识相一致的供应商。因此，有偿配额的引入将使整个供应链更加注重碳减排，并推动供应链中各个环节采取低碳措施。

① LIU L W, CHEN C X, ZHAO Y F, et al.China's carbon-emissions trading: Overview, challenges and future[J].Renewable and sustainable energy reviews, 2015, 49: 254-266.

② XU X P, ZHANG W, HE P, et al. Production and pricing problems in make-to-order supply chain with cap-and-trade regulation[J].Omega: The international journal of management science, 2017, 66: 248-257.

　　张宇翔等 [①]、Cheng 等 [②] 的研究表明，在碳限额交易 - 碳税双重碳政策下，制造企业的决策行为受到多个因素的影响。与碳税和碳补贴相比，碳限额交易政策更具优势。这是因为限额交易政策可以通过引入市场机制，推动企业在减排措施上进行竞争，同时允许企业通过购买碳配额来灵活管理碳排放 [③]。然而，目前对于有偿碳配额下的限额交易研究较为有限。碳配额的分配方法也是关键因素之一。不同的分配方法将会影响到碳市场的效率。对此，学者们进行了一些研究，包括王梅等 [④] 的分析，他们研究了不同分配方法对于碳市场效率的影响。

　　此外，Xu 等 [⑤] 研究了基于限额交易规则的双渠道供应链的最优决策，Wang 等 [⑥] 分析了不同碳交易情况对供应链定价策略的影响，Zhang 等 [⑦] 和令狐大智等 [⑧] 以社会福利为目标，分析了限额交易背景下供应链的碳减排效果。

　　实际上，碳市场的推出导致政府减少了碳排放配额，超出限额的部分需要在

① 张宇翔，谭德庆．双重碳政策对制造型企业决策影响及政府调控策略研究 [J]. 管理评论，2022，34（2）：303-314.

② CHENG M P, JI M G, ZHANG G, et al. A closed-loop supply chain network considering consumer's low carbon preference and carbon tax under the cap-and-trade regulation[J]. Sustainable production and consumption, 2022(29): 614-635.

③ HUANG Y S, FANG C C, LIN Y A. Inventory management in supply chains with consideration of Logistics, green investment and different carbon emissions policies[J]. Computers & industrial engineering, 2020,139:106207.

④ 王梅，周鹏．碳排放权分配对碳市场成本有效性的影响研究 [J]. 管理科学学报，2020，23（12）：1-11.

⑤ XU L, WANG C, ZHAO J. Decision and coordination in the dual-channel supply chain considering cap-and-trade regulation[J].Journal of cleaner production ,2018,197:551-561.

⑥ WANG W B, ZHOU C Y, LI X Y. Carbon Reduction in A Supply Chain via Dynamic Carbon Emission Quotas[J].Journal of cleaner production,2019, 240(10): 118244.

⑦ ZHANG S Y, WANG C X, YU C, et al. Governmental cap regulation and manufacturer's low carbon strategy in a supply chain with different power structures[J].Computers & industrial engineering, 2019, 134(8): 27-36.

⑧ 令狐大智，武新丽，叶飞．考虑双重异质性的碳配额分配及交易机制研究 [J]. 中国管理科学，2021，29（3）：176-187.

碳市场上购买，而支付的单位成本通常高于政府为有偿配额设定的价格。有偿比例、碳配额总量以及碳价格的变化都会对制造商的定价和碳减排决策产生影响，进而影响零售商和供应链的定价和利润。

（三）技术约束

目前很多企业通过技术手段来促进零售业的碳减排。例如，引导企业采用节能环保型设备和材料，或者采用新能源汽车等低碳交通工具。零售行业在碳减排方面采取了多种技术激励措施，并且技术发展也在不断推进。

（1）能源管理和效率提升。零售企业通过采用先进的能源管理系统和技术，监测和控制能源消耗，实现能源的有效利用。例如，智能照明系统、智能温控系统和节能设备的应用都有助于减少能源消耗。

（2）物流优化。零售行业借助物流技术的发展来优化供应链管理，减少运输过程中的碳排放。通过采用智能调度系统、路线优化算法以及改进运输模式，可以降低配送过程中的能源消耗和排放量。

（3）绿色建筑和节能设计。一些零售企业在店铺和仓库的建设中注重使用环保材料、提高建筑节能性能等。同时，借助建筑物自动化管理系统、智能节能设备等技术手段，有效减少能源消耗和碳排放。

（4）数据分析与人工智能。零售行业正在积极利用数据分析和人工智能技术来优化运营和销售策略，从而减少资源浪费和碳排放。通过分析消费者行为数据、供应链数据等，可以更准确地预测需求、优化库存管理，避免过度生产和物流。

（5）可再生能源的使用。零售企业越来越多地选择使用可再生能源，如太阳能、风能等，为店铺和仓库的供电提供清洁能源。此举有助于降低碳排放并减少对传统能源的依赖。

在技术发展方面，零售行业正在积极探索和应用新兴技术，以进一步推动碳减排。例如，物联网技术的应用可以实现设备的智能监测和远程控制，提高能源的使用效率；区块链技术可以提供供应链的透明度和溯源性，减少资源的浪费和过度采购；机器学习和预测算法可以更准确地预测销售需求，减少过剩库存的产生。

新能源汽车作为零售消费行业一个典型的降碳减排领域，它的降碳技术同样引起了国家和消费者的注意。以下是新能源汽车低碳减排技术的一些主要发展现状和采取的技术手段：

（1）电动化技术。电动汽车通过使用电池存储能量驱动电动机，实现零排放运行。目前，锂离子电池是电动汽车主要的能量存储技术，其能量密度和续航里程得到不断提升。同时，快速充电技术的发展也缩短了充电时间，提高了使用便利性。

（2）轻量化材料应用。采用轻量化材料可以降低整车重量，减少能源消耗和碳排放。例如，碳纤维复合材料、铝合金和镁合金等被广泛应用于新能源汽车制造中，以提高车辆的能效和续航里程。

（3）能量回收技术。新能源汽车采用能量回收技术，将制动能量和惯性能量转化为电能进行储存和再利用。通过回收和再利用能量，减少了能源的浪费，提高了能源利用效率和续航里程。

（4）充电基础设施建设。新能源汽车的普及离不开充电基础设施的完善。各地政府和企业正在推动充电桩建设，包括交流充电桩和直流快速充电桩。同时，充电网络的智能化管理将提高充电桩的使用效率和电能利用效率。

（5）智能驾驶和智能交通管理。新能源汽车结合智能驾驶技术具有巨大的潜力，可以为交通运输带来更高的效率和可持续性。智能交通管理系统可以利用实时路况信息和车辆状态数据，对车辆调度和路线进行优化，以最小化行驶里程和碳排放。

（6）车联网技术。新能源汽车结合车联网技术，可以实现车辆与道路、其他车辆和能源系统的互联互通。通过信息共享和智能调度，可以优化车辆使用效率和能源利用效率，减少碳排放。

新能源汽车的低碳减排技术发展正致力于提高能源利用效率、减少碳排放，包括电动化技术、轻量化材料应用、能量回收技术、充电基础设施建设、智能驾驶和智能交通管理以及车联网技术。这些技术手段的应用和不断创新将进一步推动新能源汽车的低碳化发展。

总体而言，零售行业在碳减排方面通过技术激励措施的推动以及技术的不断发展，正在逐步实现更低碳的经营模式，并为可持续发展做出积极贡献。

三、零售消费领域降碳信息披露

碳排放信息披露的具体内容是推动企业公开环境信息，对其碳排放信息进行公示和监管，并加强对企业环保行为的监督和惩罚力度。通常包括以下几个方面：

（1）碳排放量。企业会公开披露其产生的总碳排放量，包括直接排放和间接排放。直接排放包括生产过程中的燃烧排放；间接排放包括企业的供应链、物流运输等环节产生的温室气体排放。

（2）碳排放构成。企业会详细说明不同温室气体的排放量，例如二氧化碳、甲烷、氧化亚氮等。这有助于评估企业对全球变暖的贡献以及寻找降低排放的重点。

（3）数据来源和计算方法。企业会说明碳排放数据的来源和计算方法，确保数据的准确性和可比性，并允许外部机构进行验证和审计。

（4）碳减排目标和措施。企业会公布自己的碳减排目标，并详细介绍已经采取或计划采取的措施。这包括提升能源效率、使用低碳能源、改进生产工艺、推广循环经济等。

各个企业对碳排放披露的回应措施可以包括以下几个方面：

（1）碳足迹管理。企业开始建立和完善碳足迹管理体系，对自身的碳排放情况进行全面评估和监管。这有助于企业了解自己的排放状况，为制定碳减排目标和策略提供依据。

（2）碳减排目标设定。企业制定具体的碳减排目标，旨在降低碳排放量并逐步实现碳中和。这些目标可能涉及不同方面，如绝对减排量、单位产品能耗的下降率等。

（3）能源转型和清洁能源使用。企业加大对清洁能源的投资和使用，减少对高碳能源的依赖。这包括使用可再生能源、改善能源效率、推广节能技术等。

（4）供应链管理。企业与供应链合作伙伴合作，共同降低碳排放。例如，通过优化物流运输，选择低碳材料和供应商，要求供应商遵守环境友好的生产标准等。

（5）普及环保意识。企业通过宣传教育、公益活动等方式普及环保意识，鼓励员工和消费者参与低碳生活和可持续发展。

这些回应措施旨在推动企业实现碳减排目标，减少对气候变化的负面影响，并逐步过渡到低碳经济模式。

需要注意的是，虽然各国对于零售消费领域的碳减排政策与具体实施方法存在差异，但都有一个共同的目标：即通过政策引导，推动企业加大碳减排力度，从而减轻气候变化带来的影响。

第二节　现有政策开展情况

一、政府的政策激励现状

（一）政府针对企业的政策激励措施

（1）能源税收优惠。政府针对使用清洁能源开展生产和服务的企业，实行能源税收优惠政策，减少税负压力，提升其生产率和市场竞争力。

（2）补贴资金支持。政府通过向涉及低碳行业和技术的企业提供投资补贴、贷款贴息政策、技术研发支持等方式，鼓励企业加强创新，降低碳排放量，推动低碳经济发展。

（3）环保标准管理推动。政府通过制定和规范环保标准，指导企业应对环境问题，提高生产过程的环保水平，降低碳排放量。

（4）污染物限排和排污收费。政府对产生较多污染物气体排放的企业实行严格的污染物限排制度，同时对排污收费进行督促和管理，增加对污染物排放的费用负担，促进企业采取更多的节能减排技术及措施。

（5）市场化碳交易。政府通过设立市场化碳交易体系，对高碳排放企业进行限制，并通过市场机制来推动企业降低碳排放量。

（6）碳中和目标规划。政府发布低碳政策文件内容，制定碳中和目标规划，鼓励企业参与其中，推动低碳经济发展。

在具体推行过程中，政府也会针对不同产业和企业开展针对性的政策支持，引导各行各业实现更为可持续和环保的发展。

（二）政府针对企业和消费者的经济补贴

（1）新能源汽车补贴。政府为购买新能源汽车的消费者提供补贴，以鼓励减少传统燃油车的使用。这些补贴可以包括直接资金补贴、购买税收减免、充电设施建设补贴等。

（2）购置补贴。政府对购买符合条件的新能源汽车的消费者提供一定比例的直接资金补贴。补贴金额根据不同车型和能源使用类型而定，一般是以每辆车为单位计算。免征购置税：购买新能源汽车的消费者可以享受免征车辆购置税的优惠政策。

（3）充电设施建设补贴。政府针对新能源汽车充电设施的建设和维护，向符合规定条件的企业或个人提供一定比例的资金补贴。政府通过各类金融机构为购买新能源汽车的消费者提供优惠的金融贷款，以降低购车成本。政府还会为新能源汽车提供一些其他优惠政策，如道路通行费减免、保险费优惠等。

（4）可再生能源发电补贴。政府向可再生能源发电项目提供补贴，以降低投资成本和生产成本。这些补贴可以采用补贴资金、优惠电价或固定收购价等形式。可再生能源发电补贴包括以下几种：①固定补贴。政府向可再生能源发电项目提供固定的资金补贴，以降低项目的投资成本和生产成本，鼓励企业增加可再生能源发电量。这种补贴一般是通过招标和竞争方式进行分配。②费用补贴。政府为可再生能源发电项目提供一定比例的费用补贴，用于支持发电机组的建设、维护、运营和管理等方面的费用，以降低项目的运营成本。③优惠电价。政府为可再生能源发电企业提供优惠的电价政策，即购买电网上未售出的可再生能源发电量时，享受较高的发电补贴价格。④固定收购价。政府确定一定的可再生能源发电价格并承诺在一定期限内回购所有的可再生能源发电，并以固定的价格支付费用。这种补贴形式一般会在初期大规模推广可再生能源发电时采用。

（5）节能环保技术补贴。政府对研发和应用节能环保技术的企业提供补贴，以支持技术创新和推广应用。这些补贴可以用于研发经费、设备购置、技术改造等方面。

（6）资金补贴。政府向采用节能环保技术的企业或个人提供一定比例的直接资金补贴，用于减轻技术改造或设备购置的负担。补贴金额可以根据具体的项目和技术措施而定。①税收优惠。政府为采用节能环保技术的企业提供税收方面的优惠政策，如免征或减免相关税费，降低企业的经营成本。②利息补贴。政府通过金融机构为采用节能环保技术的企业提供利息补贴，降低企业贷款的利息支出。③奖励措施。政府设立奖励基金，对在节能环保领域取得显著成绩的企业或个人进行奖励，以鼓励更多人参与到节能环保事业中来。④公共资源支持。政府提供公共资源支持，包括场地租赁、科研设施使用等，为节能环保技术的研发和应用提供便利条件。⑤培训和指导。政府通过组织培训班、提供专业指导等方式，帮助企业和个人掌握节能环保技术，提高应用水平。

（7）清洁燃料补贴。政府为使用清洁燃料（如天然气、生物质能源等）的企业提供补贴，以减少对传统高碳燃料的依赖。补贴形式可以包括燃料价格补贴、设备购置补贴等。清洁燃料补贴是为鼓励使用清洁能源、减少碳排放而设立的政策。

（8）购买补贴。政府直接向清洁能源设备和燃料生产厂商提供补贴，鼓励生产和销售清洁燃料。例如，对于新能源汽车等清洁能源交通工具的生产厂商，政府向其提供一定比例的购买补贴，使得企业可以更有利地投入清洁燃料的生产和销售。①优先购买。政府通过政策引导，将使用清洁燃料的企业或个人列为优先购买清洁能源设备和燃料的对象，例如，在公共交通领域中优先推广电动公交车、轨道交通等清洁能源交通工具。②监管政策。政府加强对使用清洁燃料的企业或个人的监管，鼓励他们顺应市场需求和环保趋势向清洁能源转型。例如，推动新能源汽车的规范化发展，加强对燃煤、燃油等高碳排放的行业的监管等。

（9）污染治理设备或技术补贴。政府向企业或个人提供资金或其他形式的补贴，用于购买、安装和使用污染治理设备或采用先进的污染治理技术。这可以包括减少排放的设备、处理污水的设备、废气治理设备等。①污染物减排效益奖励。政府根据企业或个人的污染物减排量，给予相应的奖励补贴。这种补贴通常基于实际减排量，并可能根据污染物的性质和影响程度进行评估。②环保产业发展支持。政府为涉及污染治理的环保产业提供资金、税收优惠、土地或场地支持等。这可以帮助推动污染治理技术和设备的研发、生产和应用，促进环保产业的发展。③环保技术研发与示范工程资助。政府支持环保技术的研发和示范工程，为企业或研究机构提供资金、场地或设备等支持，以推动创新环保技术的应用和示范。④税收优惠政策。政府对从事污染治理的企业给予税收方面的优惠政策，如减税、免除环保税等。这可以降低企业的经营成本，鼓励更多企业积极参与污染治理。

这些具体的减排补贴事例旨在通过经济激励手段推动企业和个人减少碳排放和环境污染，促进低碳经济的发展和可持续发展。不同国家和地区的政策可能有所不同，具体的减排补贴政策可以根据实际情况和政府的政策导向而定。

二、降碳约束政策现状

碳约束是指通过各种手段和措施对碳排放进行限制和规范。以下是一些常见的碳约束具体措施及其意义。

（1）碳定价。通过设置碳税或碳交易机制，在经济活动中引入对碳排放的经济成本，激励企业和个人减少碳排放。碳定价可以促进低碳技术的应用和发展，降低碳排放成本，推动经济向低碳方向转型。

（2）碳排放配额和排放权交易。设定碳排放配额限制，将配额分配给企业或部门，并允许在市场上交易这些排放权。通过排放权交易，高效率的企业可以减少排放并获得收益，而低效率的企业则需要购买额外的排放权，从而提供了经济激励来减少碳排放。

（3）环境监管和标准。制定和执行环境法规和标准，要求企业在生产活动中控制和减少碳排放。通过监管和评估，可以确保企业合规，并推动技术创新和改进以减少碳排放。

（4）推广清洁能源和能效技术。加大对清洁能源和能效技术的研发、推广和应用力度。通过提供经济激励、政策支持和技术转让，可以促进可再生能源的使用和提高能源利用效率，从而减少碳排放。

（5）消费者教育和导向。提倡低碳生活方式和消费习惯，鼓励消费者选择低碳产品和服务,并提供相关信息和教育。通过引导消费者的选择和行为,可以减少碳排放和环境影响,并形成可持续的消费模式。

就碳税政策角度来讲,越来越多的学者开始讨论碳税政策对企业及社会的影响,但前期主要以经济学方向为主,与供应链相关的文章大部分都在研究制造商控制的变量,比如产品减排率和碳税之间的相互影响,同时涉及零售商控制的变量,比如营销努力的研究比较少见。因此,政府设计合理的碳税政策,制造商确定合理的产品减排率,零售商付出合理的营销努力,可以引导供应链的决策者最大化地增加产品的减排率、制定最优的产品的价格、创造最大的社会福利。

这些碳约束的具体措施有助于减少温室气体排放,应对气候变化问题,并推动可持续发展。它们可以引导企业和个人采取行动来降低碳排放,促进清洁技术的创新和应用,推动经济绿色转型,提升环境质量,实现生态文明建设和可持续发展目标。

三、降碳技术政策现状

低碳技术的发展现状正处于快速发展的阶段,涵盖了多个领域。包括能源、照明、建筑、交通和经济方面。以下是一些低碳技术的具体发展现状。

能源方面主要包括了可再生能源和能源储存技术,可再生能源包括太阳能和风能等,可再生能源的利用不断提高,光伏和风电产能不断扩大。同时,太阳能和风能的成本也在逐渐降低,越来越多的国家和地区采用可再生能源来替代传统能源。同时随着可再生能源的快速发展,能源储存技术变得尤为关键。电池技术在电动汽车、储能系统等领域得到广泛应用,同时还有氢能储存等新兴技术的研究和推广。

而在节能灯具和智能照明控制方面,LED灯具已经成为主流照明产品,其效率高、寿命长、能耗低。智能照明控制系统通过感应和调节,进一步提高能源利用效率;在建筑业,为了降碳减排,现提倡可持续建筑的营造。绿色建筑概念日益普及,包括使用环保材料、节能设备、可再生能源等,使建筑能够更加高效地利用能源,减少碳排放;交通作为消费领域必不可少的一个方面,新能源汽车的推广和发展有助于降低交通行业的碳排放。同时，充电设施的建设也得到了积极推进。

在低碳的大背景下，循环经济也备受推崇。循环经济模式的发展意味着资源的有效利用和废物的最小化。通过回收再利用、废物处理等手段，实现经济发展与环境保护的协同发展。

低碳发展与数据技术的联合可以通过智慧能源、智慧城市、智慧工厂等领域实现。

（一）智慧能源

智慧能源是指运用物联网、大数据等信息技术对能源系统进行智能化升级，实现能源的高效、清洁利用和分布式供应。具体来说，智慧能源应用了物联网、大数据分析、人工智能等技术，将能源生产、传输、分配和使用纳入一个智能化的系统中，并通过实时监测、数据分析和智能控制，提高能源的利用效率、降低碳排放，促进可持续能源的开发和利用。以下是一些智慧能源的具体应用案例。

（1）智能电网。利用智能计量和数据采集技术，实现对电力系统的精确监测和控制。通过对电网负荷、电力消费和储能设备等数据进行实时分析，可以优化能源供需平衡，减少能源浪费，提高电网的可靠性和稳定性。

（2）分布式能源管理。通过智能计量和数据分析技术，实现对分布式能源设备（如太阳能板、风力发电机、储能系统等）的监测和管理。通过实时获取能源产出和消耗等数据，可以实现能源的精确评估和有效调度，提高分布式能源系统的利用效率。

（3）能源优化调控。通过数据分析和智能预测技术，对能源市场和能源运行进行精确的分析和预测。通过对供需关系、价格波动和能源消耗趋势等数据进行深入分析，可以指导能源调度和能源市场的决策，提高能源利用的效率和经济性。

（4）智能建筑和家居。利用传感器、数据采集和智能控制技术，实现对建筑和家居能源系统的智能化管理。通过实时监测和自动控制，对照明、空调、供暖等能源设备进行优化调节，降低能源的消耗和碳排放。

（5）电动交通和充电基础设施管理。通过智能充电桩、车辆管理系统等技术，实现对电动车辆和充电基础设施的智能化管理。通过数据采集和分析，优化充电桩的布局和使用效率，实现电动交通的智能调度和能源管理。

（二）智慧城市

智慧城市是应用先进的信息技术和物联网等技术手段，对城市进行智能化管理和优化的概念。它们利用数据采集、大数据分析、人工智能等技术，将各个领域的系统和设备连接到一个智能化的网络中，实现智能监控、自动化控制和智能决策，提高效率、降低成本，改善环境和生活质量。具体来说，智慧城市的具体应用如下：

（1）智能交通。利用智能交通信号灯、智能停车系统和交通管理系统等，实现交通流量监测、拥堵预测、优化交通调度，提高交通效率和减少交通事故。

（2）智能能源管理。通过智能电网、智能计量和能源管理系统，实现能源供需平衡、能源消耗监测和调控，促进可持续能源发展和节能减排。

（3）智慧环境监测。利用传感器和监测系统，对空气质量、噪音水平、水质和污染物等环境指标进行实时监测和数据分析，提供环境保护和治理决策的支持。

（4）智慧城市管理。包括智能化的城市规划、土地管理、基础设施建设和公共服务管理，通过数据分析和预测技术，优化城市资源配置、提升行政效率和便民服务。

（三）智慧工厂

智慧工厂是应用先进的信息技术和物联网等技术手段，对工厂进行智能化管理和优化的概念。智慧工厂的具体应用如下：

（1）物联网生产线。通过连接生产线上的各个设备和传感器，实现生产数据的实时采集和分析，实现生产过程的可视化、自动化和优化。

（2）智能物流和仓储。利用物联网技术和智能传感器，实现对物流运输和仓储设施的实时监控和管理，提高物流效率、减少库存成本和损失。

（3）质量控制。引入机器学习和人工智能算法，对生产过程中的质量数据进行分析和判断，及时探测和纠正质量问题，提高产品质量和生产效率。

（4）能源管理和节能减排。通过智能监测和控制系统，实时监测工厂的能源消耗，并提供节能优化建议，降低能源成本和环境影响。

（5）员工管理与安全。采用智能化的员工管理系统、智能安防监控系统和智能安全设备，提高员工生产效率、确保工作安全和减少事故风险。

智慧城市和智慧工厂的具体应用还在不断发展和演进中，未来随着科技的进步和创新，将会出现更多创新的应用场景。总之，低碳发展与数据技术的联合是未来可持续发展的趋势，可以为经济、社会和环境带来多重效益。随着新一代信息技术的不断革新，更多创新型低碳发展项目将涌现出来，推动建设绿色、智慧、可持续的未来城市和工业。

四、碳中和政策现状

近年来，越来越多的企业开始采取碳中和措施，以应对气候变化和减少碳排放。以下是一些主要的企业碳中和报道或事件：

（1）苹果公司（Apple）：苹果公司宣布将实现全球碳中和的目标，计划到2030年内在供应链、产品生命周期和企业运营方面实现净零碳排放。他们将通过使用100%的可再生能源、推广能效和循环利用等措施来实现这一目标。

（2）亚马逊公司（Amazon）：亚马逊公司于2020年宣布"The Climate Pledge"倡议，承诺在2040年之前实现碳中和。他们计划投资数十亿美元以购买可再生能源、改进供应链和运营、推广电动配送车辆等手段来减少碳排放。

（3）谷歌公司（Google）：谷歌公司于2020年宣布已经实现了全球碳中和的目标。他们通过购买可再生能源、进行能源管理和改善供应链等方式来达成减少和补偿碳排放的目标。

（4）微软公司（Microsoft）：微软公司宣布将在2030年前实现碳负排放，并在2050年前清洁和补偿所有历史碳排放。他们计划通过100%可再生能源、碳捕获和油气减排等方法来实现这一目标。

（5）联合利华公司（Unilever）：联合利华公司计划在2039年之前实现其全球运营的碳中和。他们将使用100%可再生电力，在供应链和产品设计方面减少碳排放，同时扩大碳抵消项目。

这些企业通过采取各种措施，包括使用可再生能源、改进供应链、提高能效等，致力于降低自身的碳排放，并为实现全球碳中和目标做出贡献。这些努力对于推动可持续发展和减缓气候变化具有积极意义。

五、碳排放信息披露政策现状

目前全球越来越多的公司正开始关注碳排放信息披露，以下是一些例子：

（1）苹果公司：苹果公司在2019年发布了其产品整个生命周期的碳足迹，还承诺到2030年实现净零碳排放。

（2）谷歌公司：谷歌公司在2019年发布了其全球电力供应链的碳排放数据，并承诺到2022年实现100%使用可再生能源。

（3）微软公司：微软公司在2020年发布了其全球碳排放数据，并承诺到2030年将其减少75%。

（4）雀巢公司：雀巢公司在2020年发布了其产品整个生命周期的碳足迹，并承诺到2050年实现净零碳排放。

（5）三星公司：三星公司在2021年发布了其产品整个生命周期的碳足迹，并承诺到2030年实现减排千万吨级别的目标。

（6）航空公司：包括美国联合航空、英国航空、新加坡航空等在内的多家航空公司也已经开始实行碳排放信息披露。

第三节　激励和约束政策建议

一、提供补贴、减税等激励措施

使用新能源车辆进行物流配送、优化供应链以降低能源消耗等方式来降低碳排放量，并给予相应的补贴或税收减免。推广绿色消费和可持续发展理念，鼓励消费者购买环保、低碳产品，减少不必要的消费和浪费，提高资源利用效率。支持零售企业开展碳排放量披露和环境影响评估工作，促进企业自我约束和逐步改善经营行为，同时引导消费者关注产品的环保和社会责任性。加强政策引导和宣传教育，提高公众对环境问题的认识和意识，促进全社会的共同参与和行动，共建低碳环保的生态社会。

政府可以设立碳减排奖励机制，鼓励企业和个人在碳减排领域进行创新和实践。支持研发和应用低碳技术，开展碳减排示范项目，并提供经济和政策支持来推动低碳转型；政府可以设立专项基金，向符合条件的零售企业提供经济补贴或贷款支持，用于购买节能设备、进行能源管理系统建设、实施节能改造等。此外，政府还可以通过税收优惠政策，减少企业投资环节的成本负担；政府可以设立节能减排的奖励计划，对在节能技术和管理方面取得显著成效的零售企业给予奖励。同时，政府可以颁发节能减排证书，对符合节能标准和要求的企业进行认定和宣传，提高其形象和竞争力。

二、加大宣传力度，激发消费者的低碳购买意愿

随着气候变暖，低碳经济已成为主流的经济模式，在这个过程中，消费者的低碳购买意识逐渐增强，在消费者低碳意识对环境影响的效果越来越大的时候，消费者的消费意愿和消费习惯会对市场经济产生一定的影响。政府可以对消费者的购买行为进行教育。面对这些问题，制造商在其产品中采用了低碳经营管理方式。例如，加强节能减排技术的转型，鼓励其零售商开展有关低碳产品的广告宣传活动。

在产品上增加能耗标准和能效标识，制定严格的能耗标准和能效标识，要求生产商在产品上标注能源消耗水平，并推动消费者选择更节能、更环保的产品。

对消费者使用过的二手电器和家电进行回收，这就要求政府建立完善的废弃电器和家电回收体系，鼓励消费者主动参与回收，减少资源浪费和环境污染。同时加大绿色低碳消费宣传，加大对消费者的环保教育和宣传力度，提高消费者意识，引导消费者购买低碳产品和采取可持续生活方式。并进一步提供节能补贴和优惠：推出节能补贴和优惠政策，降低节能产品的价格，激励消费者购买并使用节能型汽车、家电等产品。获取到消费者倡导组织支持，鼓励消费者组织和非政

府组织参与并监督"双碳"政策的执行，促进环保意识的传播和社会参与。

同时政府也在宣传教育中扮演着重要角色，政府应加强公众教育和宣传，提高社会对碳减排的认识和重视。通过开展宣传活动、教育讲座、媒体报道等方式，提高公众对碳减排的理解，促进节能减排意识的普及和推广；政府可以制定碳减排指南，详细介绍消费者在日常生活中如何减少碳排放。这包括鼓励节约用电、合理使用能源和水资源、选择低碳交通方式、减少废弃物等方面的实用建议。指南可以在政府网站、社交媒体等渠道发布，并通过宣传活动和媒体报道进行推广；政府可以组织各种形式的公众教育活动，向消费者普及碳减排知识和技巧。例如，举办讲座、研讨会、培训班等，邀请专家学者和行业代表分享经验和案例，提供实用的降碳建议。同时，借助社区服务中心、学校等场所，开展宣传展览、互动游戏和演艺活动，吸引公众参与和关注；政府可以建立碳减排信息平台，提供消费者获取相关信息和工具的渠道。例如，开发手机应用程序、网站或在线工具，帮助消费者计算个人碳足迹，了解各种产品和服务的碳排放情况，并提供可替代的低碳选择。

政府还可以建立碳减排咨询热线或在线问答平台，回答消费者关于降碳的疑问和需求；推广和支持经过认证的低碳产品和服务，鼓励消费者选择环保、节能的商品。例如，为符合一定标准的产品颁发低碳认证标识，增加消费者对这些产品的信任度和购买欲望。政府还可以与相关行业协会和组织合作，推出低碳消费倡导活动，提高公众对低碳消费的认知和认同度；政府可以通过各种渠道宣传绿色生活方式，鼓励消费者改变不环保的行为习惯。例如，鼓励消费者购买本地农产品，减少食物运输的碳排放；推广徒步、骑行和公共交通等低碳出行方式；倡导购买耐用品而非一次性使用品，减少资源浪费等。政府可以与媒体、社区组织和环保团体合作，通过播放宣传片、发布文章等方式向公众传递绿色消费理念。

通过以上方式，政府可以有效地对消费者进行降碳教育宣传，提高公众的环保意识和行动能力，推动全社会共同参与降低碳排放的努力。同时，政府还应加强与企业、学术机构和非政府组织的合作，形成联动效应，共同推动可持续发展和低碳经济的建设。

三、供应链与大数据技术融合，实现数字化

政府可通过技术支持和咨询服务，帮助企业和行业实现低碳转型，提供技术评估、培训和信息共享，支持企业采用清洁能源、能源管理和节能技术，促进绿色技术的研发和应用。具体以消费者相关大数据（以下简称 BDI）为例，BDI 为制造商提供了一个充分了解其消费者的机会。例如，从购买记录和在线行为中获取消费者的大数据将有助于设计师很好地理解消费者的需求[①]。大数据分析也被用于提高产品的适应性，并为设计师提供更多的信心[②]。消费者 BDI 可以帮助设计师和制造商评估产品特性和预测趋势。事实上，在汽车行业的大数据获得了消费者的巨大需求[③]。因此，在低碳产品的设计和生产过程中，BDI 的重要性也不言而喻。

在供应链管理领域，大数据的应用得到了广泛的考虑。例如，数据驱动供应链的概念[④]，供应链管理中的界限[⑤]以及大数据时代供应链管理的挑战和机遇[⑥]。研

① JIN J, LIU Y, JI P, et al. Understanding big consumer opinion data for market-driven product design[J]. International journal of production research, 2016, 54(10), 1-23.

② AFSHARI H, PENG Q J. Using big data to minimize uncertainty effects in adaptable product design[C].//ASME 2015 International Design Engineering Technical Conferences and Computers and Information in Engineering Conference.

③ JOHANSON M, BELENKI S, JALMINGER J, et al. Big automotive data: Leveraging large volumes of data for knowledge-driven product development[R]. Paper presented at the IEEE international conference on big data, 2014: 736-741.

④ SANDERS N R. How to use big data to drive your supply chain[J]. California management review, 2016, 58(3): 26-48.

⑤ RICHEY JR R G, MORGAN T R, LINDSEY-HALL K, et al.A global exploration of Big Data in the supply chain[J]. International journal of physical distribution & logistics management, 2016, 46(8), 710-739.

⑥ FLORIAN K, SEURING S. Challenges and opportunities of digital information at the intersection of Big Data Analytics and supply chain management[J]. International journal of operations & production management, 2017, 37(1): 75-104.

究表明，大数据接受率和共享 BDI[①] 对供应链管理有积极的影响。在低碳供应链领域，大数据使用也取得了成果。在定性方面，讨论了大数据在碳减排中的应用。由于大数据可以帮助决策者处理一些不可衡量的问题，许多公司倾向于从审查服务中收集和分析数据[②]。Cai 等[③] 认为，使用大数据技术可以监测单个出租车的碳排放。Gennaro 等[④] 讨论了大数据在低碳运输中面临的挑战和机遇。通过大数据分析技术，可以获得消费者在低碳方面的集体意识信息[⑤]。从中提取对消费者有价值的信息，大数据可以帮助供应链做出一个好的决策。此外，大数据及其分析技术对于绿色创新的成功实现至关重要[⑥]。因此，对于低碳供应链成员，他们应该更加关注消费者的 BDI。

在定量方面，大多数工作都集中在大数据分析方法上。例如，大数据的使用

① SHEN B, CHAN H L. Forecast information sharing for managing supply chains in the big data era: recent development and future research[J]. Asia-Pacific journal of operational research, 2017, 34(1), 136-144.

② ALICKE K, REXHAUSEN D, SEYFERT A. Supply chain 4.0 in consumer goods[EB/OL]. (2017-04-06)[2024-02-01].https://www.mckinsey.com/industries/consumer-packagedgoods/our-insights/supply-chain-4-0-in-consumer-goods.

③ CAI H, XU M. Greenhouse gas implications of fleet electrification based on big data-informed individual travel patterns[J]. Environmental science & technology, 2013, 47(16): 9035-9043.

④ GENNARO M D, PAFFUMI E, MARTINI G. Big data for supporting low-carbon road transport policies in Europe: Applications, Challenges and Opportunities[J]. Big data research, 2016(6) : 11-25.

⑤ JEREMY P, BOURAZERI A, NOWAK A, et al. (2013). Transforming Big Data into Collective Awareness[J]. Computer, 2013, 46(6): 40-45.

⑥ EL-KASSAR A N, SINGH S K. Green innovation and organizational performance: The influence of big data and the moderating role of management commitment and HR practices[J]. Technological forecasting and social change, 2019(7): 483-498.

在最小化和监测碳排放。基于大数据，Jiao 等[1] 提出了一个数据驱动的模型，以减少不确定性和温室气体排放。Lamba 等[2] 考虑了大数据环境下的碳排放，构建了"动态供应商选择模型"。

四、适度提升碳配额价格，增加产品单位减排量

适度提高当前的碳配额价格可以减少低碳产品的每单位碳排放量，增加需求，但需求的增加也会导致总碳排放量上升，因此应该在一定程度上放宽碳限额。有偿碳配额政策有助于减少碳排放量，促进低碳产品的发展，并增加企业利润。对于碳排放较低的行业，增加有偿配额比例可以激励其改进技术，从而降低单位产品的碳排放量；而对于碳排放较高的行业，压缩碳限额更能促进碳排放量的减少。碳交易价格对单位碳减排量有积极影响，但不同生产特点的行业对碳交易价格的接受度各异。

政府应该根据不同行业或产品的碳排放水平合理确定碳配额，以激励那些碳排放程度不同的企业进行减排。以电力行业为例，电力公司内的火电机组和清洁能源机组的装机比例代表了两种发电形式所占比例，清洁能源装机比例越高，企业的碳排放量就越低。因此，可以针对不同机组类别设定不同的碳配额，给予清洁能源机组更多的配额，以进一步提高其减排积极性。这与《2021、2022年全国碳排放权交易配额总量设定与分配实施方案（征求意见稿）》中的表述是一致的。全国碳交易市场应该加快现有配额分配方式的转变，改为按行业碳排放水平来分配配额，以充分发挥碳配额对碳排放的调节作用。对于纳入碳排放市场的制造业企业，应根据其生产特点适当调整碳交易价格，从而促进其减排。此外，政府还

① JIAO Z H, RAN L, ZHANG Y Z, et al. Data-driven approaches to integrated closed-loop sustainable supply chain design under multi-uncertainties[J]. Journal of cleaner production, 2018, 185(1):105-127.

② LAMBA K, SINGH S P. Dynamic supplier selection and lot-sizing problem considering carbon emissions in a big data environment[J]. Technological forecasting and social change, 2019, 144(7):573-584.

应建立相应的碳价波动限制机制，在稳定市场的同时保证碳政策的有效性。

碳排放量的动态预测和碳排放配额交易，一直困扰着碳排放额的交易实施，本课题组研制了基于动态排放量预测的碳排放配额交易方法和系统，其中包括企业碳排放量数据收集、汇总计算、每年碳排放的增长率统计，根据每年碳排放的增长率的增长情况，预测出当年的第一碳排放量，根据当年计划已完成情况，预测出当年的第二碳排放量，并通过第一碳排放量和第二碳排放量计算预测出最终的当年碳排放量，通过比对企业自身的碳排放配额，可以开展碳排放额度的提前布局。通过将两种预测方法进行整合，提高预测的当年碳排放量的准确性，为企业根据当年碳排放量预测开展碳排放配额交易提供了依据。

五、加强法律法规的制定和执行力度

上述激励和约束政策均有助于推动消费领域实现"双碳"目标，促进可持续发展和绿色消费。同时，政府还需要加强法律法规的制定和执行力度，确保政策的有效实施。应当以有约束力的法律法规为基础，推动社会的低碳转型，以确保在实现"双碳"目标的进程中能够达到既定的环保和能源目标。在严格立法的基础上，政府还应该执行严格的法规和政策，以推动企业和个人减少碳排放。这包括设定碳排放配额、推行碳税、实施能源效率标准、促进绿色技术创新等。政府还可以采取经济激励措施，如提供税收减免、补贴和资金支持，以鼓励低碳转型。政府应加强对碳排放的监管和执法力度，确保企业和个人遵守环境法规和碳排放限制。加强执法能力和资源投入，加大对违规行为的处罚力度，提高违规成本，以确保碳约束措施的有效实施和执行。

政府应当打造起全社会合作共治的机制，促进政府、企业和公众等多方参与并共同推动实施"双碳"目标；政府应当鼓励和推动绿色金融和绿色创新，通过为企业提供便利和优惠的融资政策和投资环境，推动低碳产业和能源的发展；政府应当加大基础设施建设力度，包括绿色能源、智能交通、城市规划等领域的建设，为实现"双碳"目标提供支持；政府应当鼓励和推广绿色消费和生活方式，通过减少垃圾产生、鼓励绿色出行、推广低碳饮食等方式，使得公众也能够为实现"双碳"目标贡献一份力量；政府应当积极参与国际合作，加强国际合作机制的建设和运作，推进低碳经济、清洁能源和环保技术等领域的合作，提高我国在国际上的影响力和竞争力。

六、促进供应链协同降碳

政府应当联结制造商和零售商建设绿色供应链，鼓励企业建设绿色供应链，推动生产和销售环节都实现低碳、环保，确保产品的全生命周期都符合环保要求。促使制造商发展可再生能源产业，支持可再生能源产业发展，推动清洁能源的普及和应用，为消费者提供更多选择，降低碳排放。

对于零售商，应当推广低碳产品，比如 LED 灯、节能家电、可回收物品等，以此激励消费者购买更环保的商品；零售商应制定低碳标准，并在产品、业务和服务中加以体现。例如在售卖冷饮时，鼓励消费者使用可重复利用的杯子；零售商应该鼓励顾客使用环保购物袋或使用自带袋来购物并进行回收；零售商可以通过使用可再生能源、优化水和能源消耗等方式来降低碳排放，并同时向顾客展示他们正在采取行动以支持环保事业；零售商可以向员工提供环保培训，鼓励员工采取绿色、低碳的行为，并向他们展示企业在环境保护方面的努力。员工在此过程中也会逐渐认识到低碳行为的重要性；零售商可以通过各种形式宣传低碳理念，如宣传单、社交媒体、电视广告等手段让顾客意识到自己的购买行为对环境的影响。

对于制造商，可以通过改善生产过程中的能源利用效率来减少碳排放。这包括使用高效设备和机械、选择节能型照明系统、优化生产线布局等；制造商可以逐步引入可再生能源，如太阳能、风能等替代传统的化石燃料。通过投资和采购绿色电力，制造商能够降低碳排放并为可持续发展做出贡献；制造商应鼓励供应商和合作伙伴采取低碳生产方式。通过评估供应商的环境性能、选择具有绿色认证的材料和原材料，制造商可以推动整个供应链的低碳化；制造商可以采用循环经济的原则，将废弃物转化为资源。通过回收、再利用和回收利用废弃物，制造商可以降低对自然资源的需求，并减少废物的排放；制造商应该注重产品的环境友好性设计，包括材料选择、产品寿命周期评估等。通过推动可持续创新，制造商可以开发出更加节能、低碳的产品，并满足消费者对环保产品的需求；制造商同样可以通过宣传和教育活动增加员工和消费者对低碳生产的认识和参与度。通过加强内部培训、举办环保活动以及提供相关信息和材料，制造商可以鼓励员工和消费者共同参与低碳生产。

七、加强国际合作与交流

气候变化是全球性挑战，政府应加强与其他国家和国际组织的合作与交流。共享经验、科技创新和政策信息，推动全球碳减排合作，共同应对气候变化挑战。

我国可以与其他国家分享自身在降碳减排方面的成功经验和技术，同时学习和借鉴其他国家在可再生能源、清洁能源和低碳技术等方面的先进做法。通过合作与共享，各国可以相互借力，推动全球范围内的减排行动；我国可以主动参与国际合作项目，与其他国家共同开展能源转型、碳市场建设、碳捕获与封存等领域的研发和实施。这种合作不仅可以推动技术创新，还能够促进产学研用的深度融合，加速可持续发展的进程；我国可以积极参与联合国气候变化框架公约和巴黎协定等国际气候谈判，通过对话和协商，推动全球减排目标的制定和实施机制的建立。此外，我国还可以参与地区性和跨国性的减排合作倡议，如亚太经合组织（APEC）的低碳城市合作网络等；我国可以通过国家间的交流获得更多的资金和技术支持。例如，参与国际气候基金和碳市场机制，吸引外资投资到我国的低碳项目中。同时，我国还可以提供技术援助和培训，帮助其他发展中国家提升低碳技术水平，共同应对气候变化挑战；我国可以建设和参与国际性的低碳信息交流和合作平台，促进多方之间的沟通和合作。这些平台可以提供数据、政策信息、技术指导等资源，便于各国共享信息、交流经验，加强合作，共同推动全球减排行动。通过国家间的交流与合作，我国可以在降碳减排方面与其他国家共同努力，加速推进全球减排目标的实现，为构建可持续发展和低碳环境做出贡献。

这些建议和意见旨在帮助政府加强碳减排工作，促进可持续发展，并为应对气候变化做出贡献。政府在碳减排工作中发挥着重要的作用，通过积极的政策和行动，可以引导社会各界一起努力，实现绿色低碳发展的目标。

第八章　总结与展望

本书围绕"双碳"目标下企业和消费者行为改变的激励机制进行研究，从零售消费领域入手，通过分析企业和消费者低碳行为归纳总结低碳激励措施与减排路径，以此达到提高消费者低碳产品购买意愿、实现低碳商品零售占比提升的目的，进而形成低碳消费者、零售企业与制造企业协同减排的激励机制。

第一节　研究贡献与创新性

本书主要有如下研究贡献：

（1）本书开展了企业和消费者低碳行为分析，并归纳总结低碳激励措施和减排路径。通过对多家制造企业和零售企业进行了访谈，将访谈语句进行编码，定性分析制造业和零售业在"双碳"目标下的低碳行为变化及其影响因素。以问卷调查的方式对消费者的低碳行为进行调研，基于计划行为理论对消费者低碳购买意愿的影响因素进行分析。结合分析企业和消费者低碳行为的相互影响作用，本书初步得出了针对企业和消费者的激励措施和减排实施路径的研究结论。

（2）本书提出构建制造业与零售业协同决策的低碳行为分析模型，针对低碳宣传、节能减排效果，开展制造业与零售业的博弈研究。本书结合消费者低碳行为和低碳宣传水平，构建了无政府补贴的集中决策、有政府补贴的分散决策以及同时考虑政府补贴与成本共担契约的分散决策三种模型。研究结果对于制造商和零售商的决策行为以及政府制定减排补贴的比例具有重要的参考意义。

（3）本书提出通过"政府监管平台、平台监管企业"的方式，构建分层治理降碳格局。研究结果发现，政府加强对网络交易平台的碳排放监管工作，可以间接达到分层监管零售企业的作用，能有效降低零售和消费领域的碳排放量。使绿色低碳的消费观念深入人心，形成低碳消费习惯和生产生活方式。

（4）本书基于网络交易平台实行低碳消费积分的低碳激励模式，重点探讨积分机制设计问题，并考虑消费者的低碳消费偏好，对参与积分兑换过程的零售商和网络交易平台的策略选择问题进行研究。借助网络交易平台发展普及的契机，通过平台实行个人低碳消费积分制度，能丰富公众生活消费领域节能减碳的机制手段，促进公众绿色生活方式形成。

（5）本书对我国目前推行的低碳相关政策开情况进行了系统分析，并提出了改进建议。分析发现我国政府在制定"双碳"目标的过程中逐步加大了对碳减排的奖励力度，并逐步实施"碳排放权交易市场"政策，为企业提供了碳减排的经济激励。此外，本书还从激发消费者的低碳购买意愿、促进低碳供应链与大数据技术融合、加强法律法规的制定和执行力度等方面提出了具有针对性的建议。

第二节　研究局限与展望

（1）本书重点对改变企业和消费者低碳行为的激励机制进行研究，未对提升消费者低碳消费意识的培养手段进行全面剖析。通过问卷和访谈调研发现，目前我国的消费者群体的低碳消费意识并不强烈，低碳购买意愿相对较低。因此必须要丰富培养消费者低碳消费意识的方式，加快提升消费者群体的低碳购买意愿，以此达到促进低碳产品需求量提升、碳排放量降低的目的。

（2）本书的研究发现目前政府对于低碳消费的补贴主要针对低碳制造商，然而来自政府的补贴并没有很好地逐级让渡，零售商和消费者难以享受到"低碳福利"。本书虽然对制造企业和零售企业的成本分担利益分享契约进行了决策分析，但是还没有构建有效通道让低碳消费群体获得实质性的优惠，以此来保证低碳消费积极性。

（3）本书提出的低碳消费积分激励机制能有效提升消费者低碳购买意愿，但是激励方式与手段仍然有进一步扩展的空间。目前刺激消费的手段中发放消费券成效很好，未来我们将会对发放低碳消费券的激励模式进行探索设计并验证其开展效果。此外，在丰富激励手段的基础上，还要形成科学系统的长效低碳消费激励机制。